花・庭木・野菜・果樹・水稲
85品目521種

すぐわかる 病害虫ポケット図鑑

大阪府植物防疫協会 編

農文協

はじめに

大阪府植物防疫協会は、1969年の発足以来、農作物の病害虫・雑草の適正な防除技術の普及を目的として、農薬の安全使用の啓発、新農薬の試験、防除技術に関する研修会・講習会などの事業を行なってきました。

1994年、この図鑑の前身である『ひと目でわかる 花と野菜の病害虫』（A4判）を発刊しました。主要な農作物の病害虫について、特徴がよくわかる写真を掲載し、被害の特徴、生態、防除のポイントを平易に解説したもので、府内の農家の方々、農業関係者はもちろん、園芸愛好家の皆様にもご利用いただき、2000年、2003年（web版）、2005年、2011年（ポケット版）と改訂を重ねてきました。

府内だけで流通していましたが、手ごろな図鑑として好評で、府外からもお問い合わせをいただくようになったため、このたび、全面的に改訂して再編集し、全国向けの書籍として発刊する運びとなりました。新たに問題となってきた病害虫を加え、農薬の情報も追加・更新しました。手軽に持ち歩けて、病害虫と防除法がすぐわかるポケットサイズの強い味方として、ご活用いただければ幸いです。

この図鑑の発刊にあたって、病害虫の写真をご提供いただきました関係者の方々、また、病害虫の解説や農薬情報をご執筆いただきました大阪府立環境農林水産総合研究所 食と農の研究部 防除グループ、大阪府 環境農林水産部 農政室 推進課 病害虫防除グループの皆様に、心からお礼を申し上げます。

むすびに、この図鑑が、ご利用いただきます皆様のお手元で、末永くお役に立ちますことを念じて、発刊の言葉といたします。

2018年6月

大阪府植物防疫協会
会長理事　金田　守

目 次

はじめに……………………………3
この図鑑の使い方…………………6

花の病害虫

アイリス類……………………7
インパチェンス………………8
カーネーション……………10
観葉植物……………………13
キク…………………………14
ケイトウ……………………22
コスモス……………………23
サルビア……………………24
シクラメン…………………25
シバ…………………………26
ゼラニウム…………………29
セントポーリア……………30
チューリップ………………31
ナデシコ……………………32
パンジー……………………33
ヒマワリ……………………36
ヒョウタン…………………37
フリージア / グラジオラス… 38
マリーゴールド……………39
ユリ…………………………40
洋ラン（カトレア）…………41
洋ラン（シンビジウム）……42
洋ラン………………………44

庭木の病害虫

アジサイ……………………45
カイヅカイブキ……………46
カエデ / モミジ……………47
カシ類（ウバメガシ、アラカシなど）
…………………………………49
カナメモチ / シャリンバイ…53
キンモクセイ（モクセイ、ヒイラギを含む）……………54
サクラ………………………56
サルスベリ…………………58
サンゴジュ…………………59
ジンチョウゲ………………60
ツゲ…………………………61
ツタ…………………………62
ツツジ / サツキ……………63
ツバキ / サザンカ…………66
バラ…………………………68
ピラカンサ / プラタナス…72
マキ（イヌマキなど）……73
マサキ………………………74
マツ類………………………76

野菜の病害虫

アスパラガス……79
イチゴ……80
エダマメ……86
エンドウ……89
オクラ……91
カボチャ……92
キャベツ……93
キュウリ……98
クワイ……107
サツマイモ（かんしょ）…109
サトイモ……112
シソ……114
ジャガイモ（ばれいしょ）……115
シュンギク……117
スイカ……120
ダイコン……124
タマネギ……130
トウモロコシ……133
トマト……134
ナス……145
ニンジン……155
ネギ……156
ハクサイ……160
ピーマン……165
非結球アブラナ科葉菜類…169
フキ……173
ブロッコリー……174
ホウレンソウ……175
ミツバ……178
レタス……180

果樹の病害虫

イチジク……182
ウメ……186
カキ……189
カンキツ類……192
クリ……199
ブドウ……203
モモ……212
モモ/ウメ……218

水稲の病害虫

イネ……219

主な農薬と防除法……232
花の病害虫……233
庭木の病害虫……236
野菜の病害虫……239
果樹の病害虫……249
水稲の病害虫……253

索引……255
病害虫名索引……256
植物別病害虫索引……263

執筆者・写真提供者……271

この図鑑の使い方

この図鑑では、花・庭木・野菜・果樹・水稲の 85 品目で発生する主な病害虫 521 種を扱っています。病害虫の特徴がわかる写真を示し、解説はなるべく専門用語を使わずに平易な文章としました。

花　**ナデシコ**　ナデシコ科

萎凋病

〈被害の特徴と発生生態〉

- 維管束が侵され株全体がしおれ、下葉から枯れ上がる。
- 罹病株の茎を割ると、維管束部が褐変している。

〈防除〉

- 連作を避ける。
- 病原菌は土壌中に長期間生存するので、太陽熱利用により土壌消毒する。
- 抵抗性品種の利用が効果的である。

萎凋病

白星病

〈被害の特徴と発生生態〉

- 主に葉に発生し中央部が灰白色で周縁部が褐色〜濃紫色の類円形の斑点が現れる。
- 発生が著しくなると、葉はよじれる。
- 病斑状の柄子殻が伝染源となり、雨滴などにより胞子が飛沫して蔓延する。

〈防除〉

- 罹病葉を摘み取り、頭上からの灌水は避ける。

白星病

さび病

〈被害の特徴と発生生態〉

- 主に葉に発生し、茎にも認められる。
- はじめ淡褐色の小斑点が生じ、やがて長楕円形でやや盛り上がり、表皮が破れ黄褐色、粉状の胞子塊（夏胞子）が現れる。秋以降には濃褐色の胞子塊（冬胞子）となる。
- 罹病植物残渣上で胞子が生存し伝染源となり胞子が水滴や風雨で飛沫して蔓延する。
- カーネーション、セキチク、ヒゲナデシコなどにも発生する。

〈防除〉

- 発病葉はていねいに取り除き、発病初期の防除に努める。
- 耐病性品種の導入を図る。

さび病（夏胞子）

32

植物を花、庭木、野菜、果樹、水稲の 5 グループに分けました。各グループの中の植物は 50 音順に並べ、科名も記載しました。

病害虫の発生時期、被害の症状、生態、特徴、見分け方などを箇条書きで平易に解説しました。

農薬に頼らない防除法を解説しました。各植物に登録のある主な農薬については「主な農薬と防除法」（p.232 〜）に掲載しました。

病害虫の標準的な発生時期について、1 年を通じて図示しています。防除時期の目安などに活用してください。

白絹病

〈被害の特徴と発生生態〉
- 地際部の葉鞘が色あせ、しだいに淡褐色から褐色に変色し、内部に腐敗が進む。地上部の葉はしだいに黄変し、やがて株はしおれて枯れる。
- 地際部には、白色綿毛状の菌糸が蔓延し、淡褐色で粟粒状の菌核が多数形成される。
- 病原菌は高温多湿条件下で繁殖力が旺盛で、盛夏時に発生が多い。菌核が土壌中に残り、翌年の発生源となる。

〈防除〉
- 高うね栽培をし、水はけをよくする。
- 被害株を除去し、株まわりの菌核はていねいに取り除く。畑を湛水すると発生が減少する。

アブラムシ類

〈被害と虫の特徴〉
- 株元の葉に体長1～2㎜の薄い緑色の虫が群生して吸汁する。
- 数十～数百匹の集団をつくるため、株はしだいに衰弱して小さくなる。
- 軒下、ベランダのような雨が直接当たらないところで発生しやすい。
- チューリップヒゲナガアブラムシの発生が多い。
- やや小型のムギワラギクオマルアブラムシが発生することもある。

白絹病

チューリップヒゲナガアブラムシ

ムギワラギクオマルアブラムシ

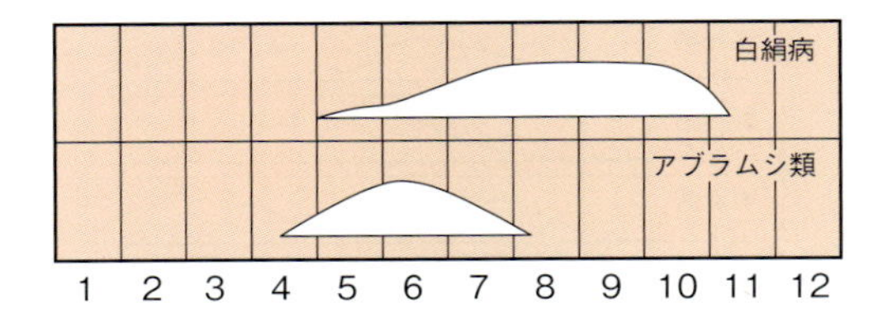

インパチエンス ツリフネソウ科

立枯病

青枯病

斑点病

立枯病

〈被害の特徴と発生生態〉
- 地際部の茎が褐色～黒褐色に変色し、腐敗する。被害株は、しおれて枯死する。
- 花壇などでは被害が円形に広がり、坪状に被害が発生する。発病は5月頃の気温の上昇する時期から多く認められる。

〈防除〉
- 株が繁茂すると、株間が高温多湿となり発生が増加する。茎を間引いて通風をよくする。
- 罹病株は早めに除去する。

青枯病

〈被害の特徴と発生生態〉
- 日中、株が急にしおれるようになり、やがて青枯状になって枯死する。
- 盛夏時を中心に高温多湿条件下で多発し、急速に伝染する。

〈防除〉
- 病原菌は土壌伝染性の細菌で、土壌中に生息して伝染を繰り返す。
- 発病した畑では、繰り返し被害が発生することがある。
- 移植時に根を傷めると発生しやすい。

斑点病

〈被害の特徴と発生生態〉
- 葉に灰白色～白色で周辺が赤紫色～褐色の円形病斑が生じる。
- 病斑が多数できると葉が黄化して落葉する。
- 多湿条件下では病斑上に灰色のビロード状のカビが生じる。

〈防除〉
- 肥料切れの畑で被害が多くなる。生育期には肥料切れしないように管理する。
- 斑点のたくさんできた被害株は、除去する。

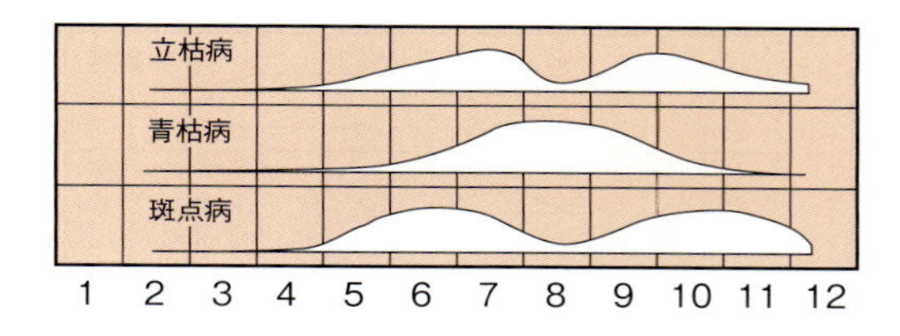

ホコリダニ類

〈被害と虫の特徴〉

- はじめは新葉がねじれて小さくなる。被害が進むと新葉の展開が止まり、いわゆる芯止まりになる。
- 芯止まりになると花つきも急激に悪くなり、花が少なくなる。
- ホコリダニ類は新芽の先端に寄生しているが、非常に小さくて肉眼では見つけることはできない。
- ベランダ、軒下など雨が直接当たらないところで栽培すると発生が多くなる。

〈防除〉

- 芯止まりの発見が早ければ、被害茎を切り取り、雨の当たるところに移動すると発生が抑えられる。

ベニスズメ / セスジスズメ

〈被害と虫の特徴〉

- 黒褐色の大きな虫が葉を激しく食害して丸坊主にするため、太い茎のみになる。また、株元には大きな黒い虫糞が散乱する。
- 両種とも体の表面は黒褐色でビロードのような感じで、尾端に角のような突起がある。この突起はスズメガ類の特徴である。
- セスジスズメは体の上に7対の明瞭な黄色の眼状紋（目玉模様）があるのに対し、ベニスズメは2対の紋のみである。

〈防除〉

- 被害が大きくても幼虫の数は少ないので、幼虫を見つけて捕殺する。

チャノホコリダニによる葉の奇形

チャノホコリダニによる葉の奇形と芯止まり

セスジスズメの幼虫

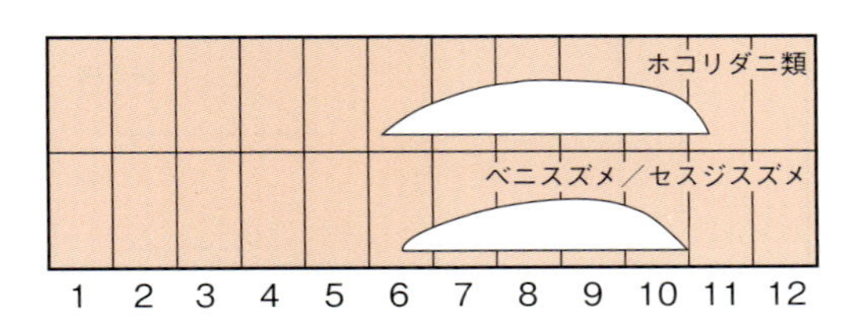

斑点病

さび病

斑点病

〈被害の特徴と発生生態〉

- 葉、茎、つぼみのがくに発生する。はじめ下位葉に油浸状の小斑ができ、やがて淡黄色または淡褐色の円形～楕円形の斑点ができる。
- 病斑が大きくなると、葉や茎はねじれ、やがて枯死する。
- 茎では分岐した芽に発生しやすく、侵された芽は変色して枯死する。
- 病斑上には黒い粉状のカビが生じる。多発すると下葉から枯れ上がり、商品価値が低下する。
- 露地栽培では９～10月に発生が多い。
- 被害葉や茎の中で病原菌が越冬する。
- 風雨により病原菌が飛散し、伝染する。

〈防除〉

- 病斑のできた葉や茎は摘み取り、処分する。
- ハウス内では換気し湿度を下げる。

さび病

〈被害の特徴と発生生態〉

- 葉や茎に褐色の小斑点ができ、やがて褐色の縦に長い大きな斑点となる。
- 病気が進むと、病斑が破れて、褐色粉状の病斑となる。
- 被害葉上で越年し、翌年の伝染源となる。
- ナデシコ類、セキチクにも発生する。

〈防除〉

- 病斑のできた葉は早めに摘み取り、処分する。

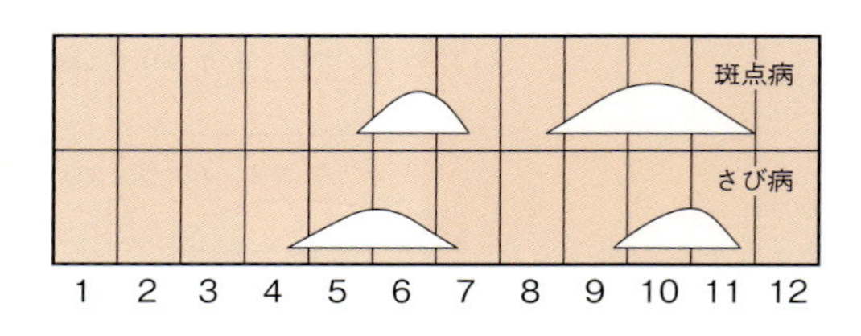

立枯病

〈被害の特徴と発生生態〉

- 地際部の茎や地上部の分岐した茎にオレンジ色〜ピンク色の粉状のカビができる。やがて、その部分が腐敗し、侵された茎はしおれる。
- 土壌中に病原菌が残り、伝染する。

萎凋細菌病

〈被害の特徴と発生生態〉

- 葉が生気を失い、葉色が薄くなり枯死する。
- 根や茎がとけるように腐敗し、茎の表皮をはぐと、白い粘液状の細菌の塊が見られる。
- 土壌、さし芽、刃物による接触により伝染する。高温期に発生する。

〈防除〉

- 発病を認めたら、株を土ごと除去する。

萎凋病

〈被害の特徴と発生生態〉

- 葉や茎がしおれ、やがて枯死する。茎の片側だけの葉がしおれることが多い。
- 被害株の茎を切ってみると、茎の中が輪状に褐変している。高温期に発生しやすい。
- 土壌中に病原菌が残り、伝染する。

〈防除〉

- 立枯病の防除を行うと発生は少ない。
- 抵抗性品種の利用が効果的である。

立枯病によるしおれ症状

萎凋細菌病による葉枯れ症状

萎凋病による黄化としおれ症状

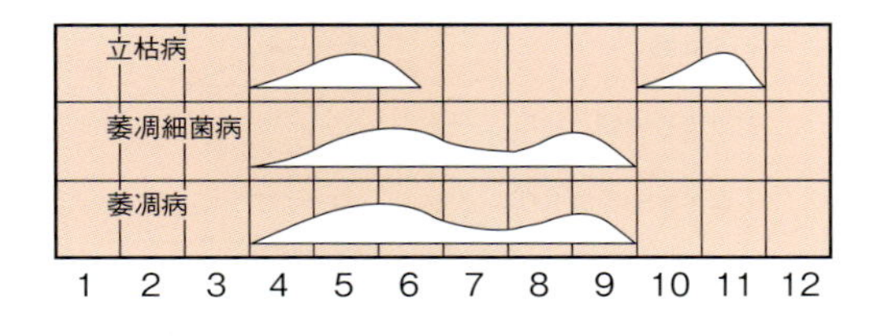

花　カーネーション　ナデシコ科

ハダニ類による葉の被害

アザミウマ類による花の被害

シロイチモジヨトウの幼虫と葉の被害

ハダニ類

〈被害と虫の特徴〉

- 葉の裏に体長 0.5㎜の小さな赤いダニがたくさん寄生し、吸汁するので葉が白くなる。
- 多発すると茎やつぼみの先端に群がりクモのように糸を吐いて葉を覆うこともある。
- 夏に発生が多いが、ハウス内では一年中発生する。

アザミウマ類

〈被害と虫の特徴〉

- 開花直前のつぼみが先端から白くなる。開花しても白斑が花びらに残る。
- つぼみの中や花びらの間に体長 1 ㎜の細い黄色の虫がいる。
- 多発すると花が奇形になったり、開花しないまま腐敗する。

シロイチモジヨトウ

〈被害と虫の特徴〉

- 葉に穴があく。
- 葉や地際部に淡緑色のイモムシがおり成長すると体長は３㎝に達する。

〈防除〉

- 見つけしだい幼虫を捕殺する。

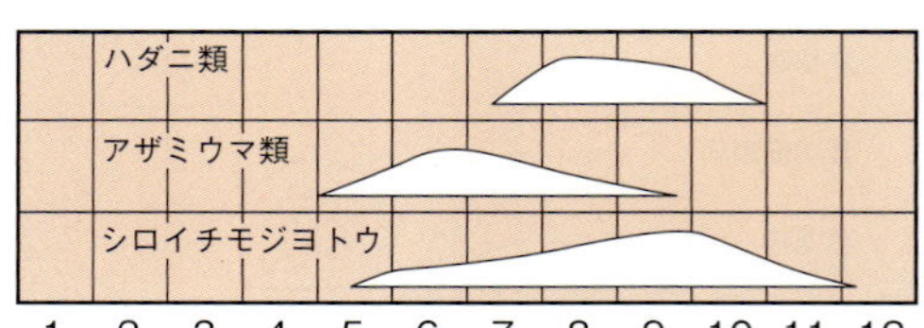

ハンエンカタカイガラムシ

〈被害と虫の特徴〉

●アジアンタムなどのシダ植物の葉裏に体長2～3㎜、黄色～褐色のドーム状の虫が数十～数百匹群生して吸汁する。

●体の表面が硬くなっているのが成虫で、幼虫はやや偏平で軟らかい。

●冬期以外は常に大小いろいろな生育段階の虫が見られる。

アオキシロカイガラムシ

〈被害と虫の特徴〉

●ヤシ類やゴクラクチョウの葉に直径1～2㎜、白色、偏平な虫が点々と付着する。

●虫は固着したままで養分を吸うため、虫が寄生した部分は黄化する。

ナガオコナカイガラムシ

〈被害と虫の特徴〉

●ドラセナ、クロトンなど多くの観葉植物の新芽、葉裏、葉の付け根に体長3～4㎜、白色、ワラジ状の虫が群生して吸汁する。

●排泄物にすす病が発生し、虫の周囲はいつも黒く汚れる。

●一般にカイガラムシ類は移動することはないが、コナカイガラムシ類には脚があり、自由に歩き回ることができる。

〈防除〉

●体の上にいつも殻を背負っているので防除の難しい虫である。

●発生に気づいたらピンセットや歯ブラシで虫をこすり落とすのが最も効果が高い。

●虫は植物に付着して移動するので、観葉植物を買うときにはよく調べて、虫の付着していないものを選ぶ。

ハイエンカタカイガラムシ

アオキシロカイガラムシ

ナガオコナカイガラムシ

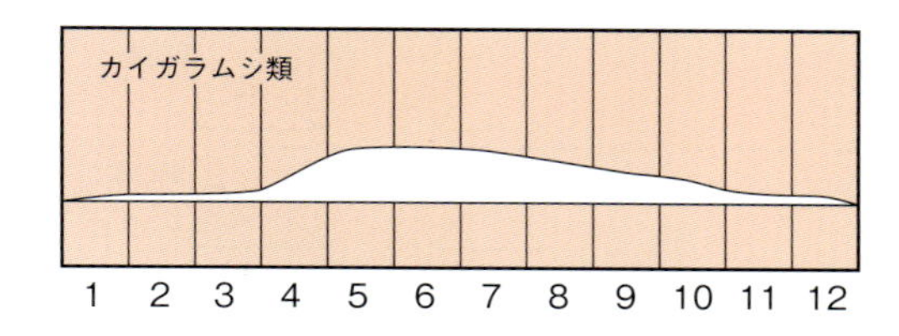

花　キク　キク科

黒斑病による被害

黒斑病（拡大）

褐斑病

黒斑病

〈被害の特徴と発生生態〉

- 露地栽培のキクで最も発生が多い病害である。夏ギクで被害が少なく、秋ギク、寒ギクでは被害が多い。
- 葉に暗褐色～黒褐色の小斑点ができ、しだいに拡大して直径３～15㎜の円形～長円形または不整形の黄褐色～褐色の病斑となる。健全部分との境は明瞭である。
- 病斑が多数できると落葉する。多発すると下葉から葉が枯れ上がり、株上部の葉を残すのみとなる。
- 病斑上には黒点（柄子殻）が見られる。
- 病原菌の生育適温は24～28℃ぐらい。病原菌は柄子殻で越冬し、風雨により土壌から胞子が跳ね上げられ感染する。

〈防除〉

- 発病葉や茎は除去する。
- 下葉の風通しをよくする

褐斑病

〈被害の特徴と発生生態〉

- 発生時期、病徴とも黒斑病に類似している。
- 黒斑病に比較し病斑の境界部がやや不鮮明である。黒斑病と同時に発生することもあり両者の区別は難しい。病原菌は黒斑病と同属の菌で、顕微鏡で観察しないと区別できない。

〈防除〉

- 発病葉を除去する。
- 下葉の風通しをよくする。

黒斑病

褐斑病

1　2　3　4　5　6　7　8　9　10　11　12

白さび病

〈被害の特徴と発生生態〉

- 施設栽培で発生が多い。施設では盛夏時にやや発生が減少するが、一年中発生する傾向がある。露地栽培では初夏と秋期に多い。
- 葉の表面に黄緑色～淡黄色の病斑ができ、裏面は白色で隆起したイボ状の病斑（冬胞子層）になる。やがて、病斑は肌色～淡褐色になる。
- 病斑が多数できると葉が巻き上がり、奇形となり、枯れることがある。
- 発病適温は 17℃前後で、過湿条件下で多発する。

〈防除〉

- 親株の防除を徹底し、健全株を育てる。
- ハウスでは過湿にならないようにする。
- 発病葉は早めに取り除き、処分する。

黒さび病

〈被害の特徴と発生生態〉

- 露地栽培で発生が多い。5～6月頃および気温の低下する秋期に発生する。
- 葉に黄緑色～淡褐色の小斑点ができ、病斑裏側に盛り上がった小さな褐色～黒褐色の斑点ができる。裏側の病斑の表皮が破れ茶褐色～暗褐色の粉状の胞子ができる。多発すると葉がねじれたり、奇形になって枯れ上がる。

〈防除〉

- 被害葉を取り除き、過湿にしない。

白さび病（葉表）

白さび病（葉裏のイボ状病斑）

黒さび病（葉裏）

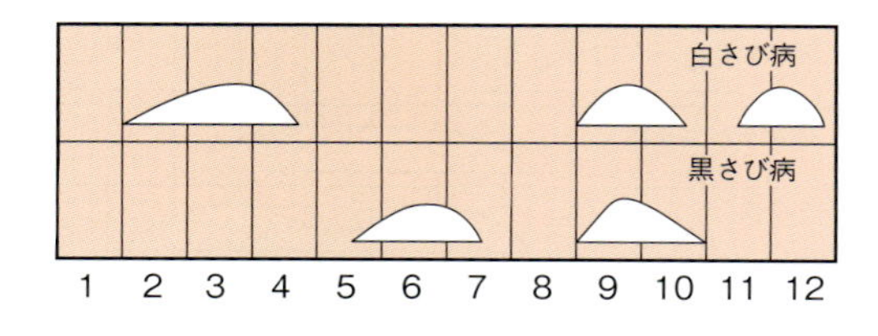

菌核病による茎枯れ

根頭がんしゅ病による根のコブ

えそ病（葉の病徴）

えそ病（茎のえそ）

菌核病

〈被害の特徴と発生生態〉

- 地際部の茎が侵され、下葉から黄化してしおれ、株は枯死する。
- 枯れた茎を割ると白いカビが認められ、ところどころにネズミの糞のような菌核が見られる。
- 病原菌の菌核が土壌中で越冬し、伝染源となる。発病は20℃前後の多湿条件で多くなる。

〈防除〉

- 被害茎葉を除去する。
- ハウス栽培では換気して、湿度を下げる。

根頭がんしゅ病

〈被害の特徴と発生生態〉

- 夏ギクで発生が多く、地際部の茎や根にコブが生じ、多発すると株が生育不良となる。
- 病原菌は土壌伝染する細菌で、バラにも感染し根頭がんしゅ病を発生する。

〈防除〉

- 罹病株からの繁殖を避ける。

えそ病

〈被害の特徴と発生生態〉

- 葉が黄化し、輪紋状のえそ（褐色になる）が生じる。えそはつぼみ、茎にも見られる。
- 病原体はウイルスで、アザミウマ類で伝染し、主に生育後期から着蕾期に発生する。
- キク科作物のほか、ナス、トマトなどにも感染する。

〈防除〉

- 罹病株からの繁殖を避ける。
- アザミウマ類を防除する。

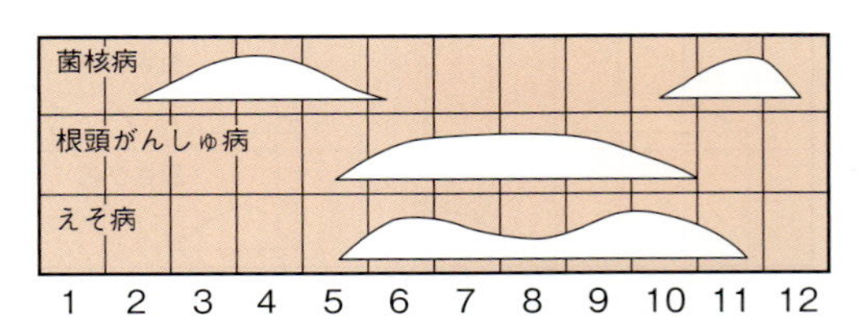

茎えそ病

〈被害の特徴と発生生態〉

- はじめ葉に黄化、えそ症状が見られ、症状が進むと茎にもえそが発生して、えそ部より上位が枯死する。
- 病原体はウイルスで、ミカンキイロアザミウマによって伝染する。
- えそ病と症状が酷似しており、病徴からは判断が困難である。

〈防除〉

- 罹病株からの繁殖を避ける。
- アザミウマ類を防除する。

茎えそ病（葉の病徴）

茎えそ病（茎のえそ）

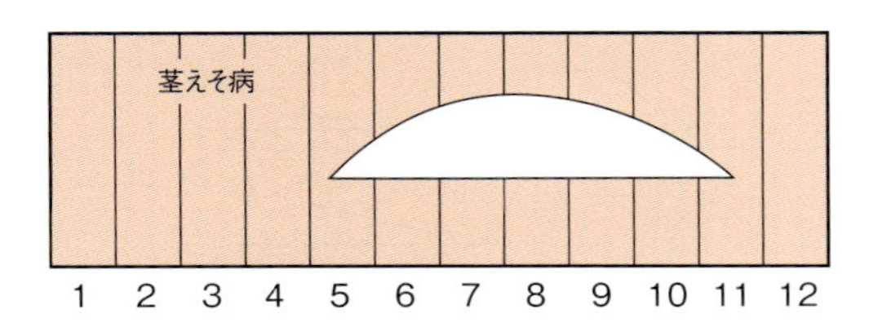

キクヒメヒゲナガアブラムシ

ワタアブラムシ

葉裏のナミハダニ

アブラムシ類

〈被害と虫の特徴〉

- 茎の先端に小さな虫が密集している。
- 吸汁のため芽の生育が衰え、茎の伸びが悪くなる。また排泄物や虫の抜け殻が付着するので葉が汚れる。
- 赤褐色のキクヒメヒゲナガアブラムシや黄色または緑色・黒色のワタアブラムシなどが寄生する。
- ワタアブラムシは花の中に潜って吸汁するため、花びらの伸びや花もちが悪くなる。

ハダニ類

〈被害と虫の特徴〉

- 葉が白くなる。葉の裏には体長 0.5㎜の小さな白っぽいダニがいる。
- 多発するとクモのように糸を吐いて、花や葉を覆うこともある。
- ハウスの中など雨のかからない高温、乾燥になりやすい場所で発生が多い。ベランダや軒下の鉢栽培でしばしば多発する。

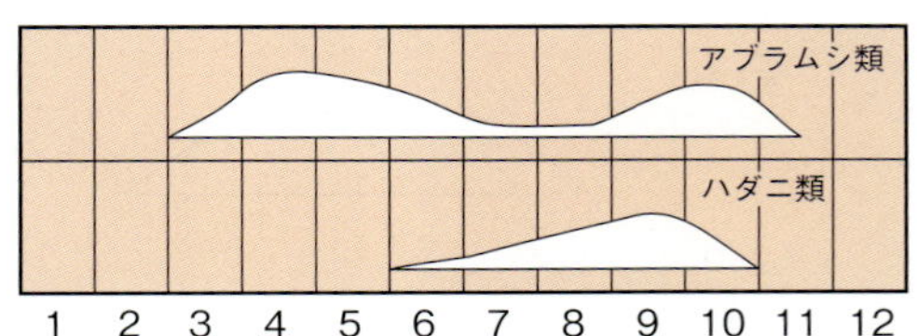

キクモンサビダニ

〈被害と虫の特徴〉

- 葉の色が輪紋状に薄く抜けるので、一見モザイク病か肥料の養分欠乏のように見える。
- 肉眼では見えない非常に小さなダニが芽の中や新葉に寄生して吸汁する。
- 被害を受けた部分が葉の生長に伴ってしだいに大きくなり、モザイク症状となる。

〈防除〉

- 苗による持ち込みに注意し、さし芽は健全株から採る。

ハガレセンチュウ

〈被害と虫の特徴〉

- 葉の一部が褐変し、しだいに広がる。その周囲が太い葉脈で明確に仕切られているのが特徴である。
- 被害は、はじめ下葉から始まり、上位の葉へと進み、多発すると株全体が枯死する。
- 体長1㎜の細長いセンチュウが葉の内部に寄生する。
- 枯葉内で越冬し、春になると新しい葉に寄生する。

〈防除〉

- 苗による持ち込みに注意し、さし芽は健全株から採る。

キクモンサビダニによるモザイク症状

ハガレセンチュウによる葉の黄化

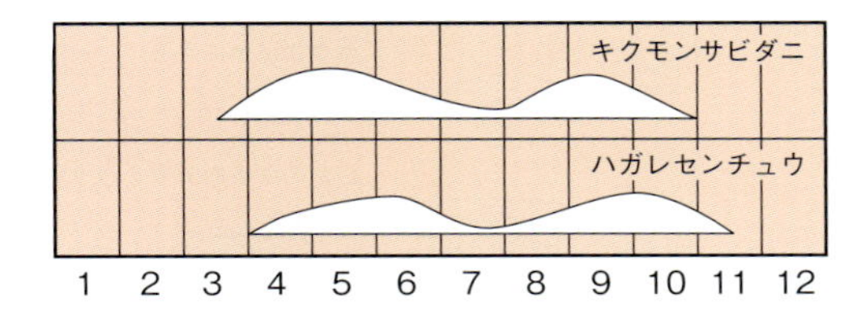

キクスイカミキリによる茎折れ

キクスイカミキリの成虫

ミナミキイロアザミウマによる葉の被害

キクスイカミキリ

〈被害と虫の特徴〉
- ５月、新芽の先端がしおれて枯死する。この茎を引っ張ると茎の途中から簡単に折れる。
- カミキリムシの成虫が産卵時に茎を傷つけることによって被害が生じる。
- 成虫は体長１㎝、黒色で細長く、背中に赤い斑点がある。
- 幼虫は茎の内部を食害しながら株元まで行き、株元の茎の中で越冬する。
- 野生のヨメナやノギクにも寄生するため、山に近い畑で発生が多い。

〈防除〉
- 畑周辺の雑草を除去する。
- 株元の茎内で越冬するため、古株を処分する。

ミナミキイロアザミウマ

〈被害と虫の特徴〉
- 葉に白いひきつれたような傷が見られる。
- 黄色で体長１㎜の小さな虫が新芽に寄生し、その食害痕が葉の生長につれて大きくなって傷になる。
- 土中で蛹になる。

〈防除〉
- 畑周辺の雑草を除去する。
- ビニールなどで土壌表面を覆い、土中で蛹になるのを防ぐ。

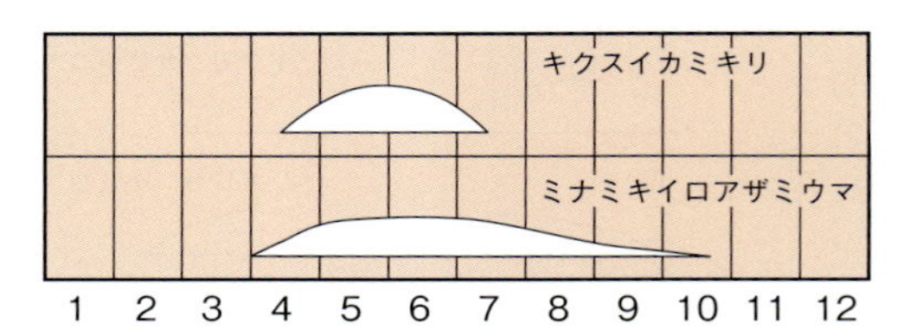

オオタバコガ

〈被害と虫の特徴〉

- 幼虫が葉や新芽を食い荒らし、花蕾や花に食入する。
- 幼虫は緑色または褐色で、成長すると体長は４㎝になる。

〈防除〉

- 葉や花蕾に発生している幼虫を見回って捕殺する。
- 防虫ネットにより成虫の飛来を防ぐ。

シロイチモジヨトウ

〈被害と虫の特徴〉

- 幼虫が葉や新芽を食い荒らす。
- 卵は 100 個くらいの塊で葉に産みつけられるので、卵から孵化した幼虫が集団で葉を食べる。
- 幼虫は緑色で、成長すると体長は４㎝になる。

〈防除〉

- 幼虫が集団で発生している葉を切り取って処分する。
- 防虫ネットにより成虫の飛来を防ぐ。

ミカンキイロアザミウマ

〈被害と虫の特徴〉

- 葉では吸汁された部分が褐変する。
- 花では花弁の色が褐変したり、脱色したりする。
- 体長は１～２㎜で細長く、体色は成虫では黄褐色、幼虫では黄白色である。

〈防除〉

- 畑内や周辺の除草を行う。
- うね面をマルチして土中での蛹化を防ぐ。

オオタバコガの幼虫

シロイチモジヨトウの幼虫

ミカンキイロアザミウマによる被害

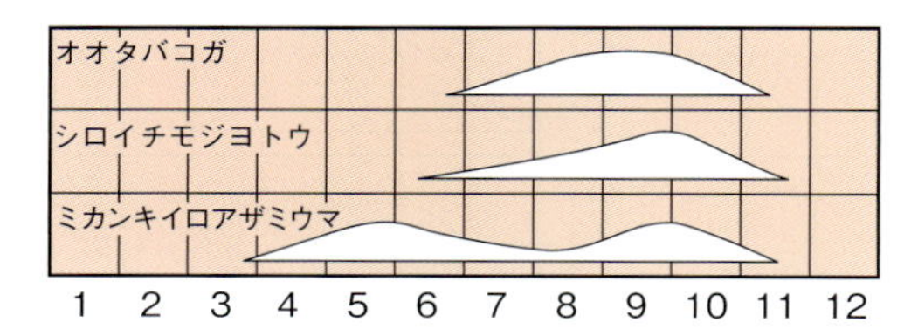

ケイトウ　ヒユ科

ホコリダニ類による花の変色

ホコリダニ類による葉の被害

シロビノメイガによる葉の食害

シロオビノメイガの幼虫

ホコリダニ類

〈被害と虫の特徴〉

- 黄色になるべき花が黄褐色のさえない花になる。これは、ホコリダニが花びらの間にいるためである。公園や道ばたの花壇の花でも多発することがある。
- 赤色の花でも発生し、色づき始めた花が褐色になり、被害の激しいときには十分開花せずに枯死する。
- 新芽に寄生すると、新葉は縮れて細い葉になる。
- ダニは体長 0.2㎜で、顕微鏡を使わないと見えない。被害が出た花や茎では、その先端部に数十匹のホコリダニが寄生している。

〈防除〉

- 軒下など雨のかかりにくい場所で栽培すると発生が多くなるので、雨の当たるところに移す。

シロオビノメイガ

〈被害と虫の特徴〉

- 葉の裏側に体長 1 ～ 2 ㎝の幼虫が寄生して葉の裏側のみを浅く食害する。そのため、上から見ると葉の一部が窓のように透けて見える。
- 多発すると食害を受けた部分は抜け落ちて、穴があく。
- 成虫は 1 円硬貨ぐらいの大きさの茶色いガで、翅に白い帯があり、葉を揺り動かすと飛び出す。

〈防除〉

- 葉の被害に注意し、葉裏の幼虫を捕殺する。

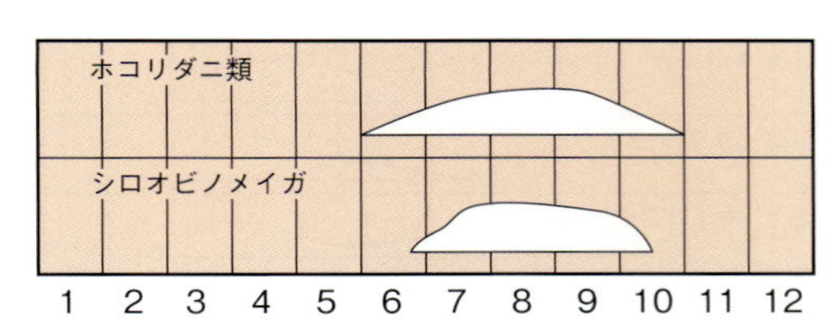

うどんこ病

〈被害の特徴と発生生態〉

- 葉や茎が小麦粉を振りかけたように白くなる。
- 多発すると葉が汚れ観賞価値が低下するとともに、下葉から黄化し、やがて枯れる。
- 高温乾燥条件で発生が多くなる。

〈防除〉

- 被害株を除去するとともに、肥料切れに注意する。

ユキヤナギアブラムシ

〈被害と虫の特徴〉

- 茎の先端の新芽の部分に体長１㎜の緑色の虫が数十～数百匹の集団をつくる。
- 虫が寄生した新芽は赤くなるとともに、団子状になってねじれる。

カンザワハダニ

〈被害と虫の特徴〉

- 葉に長さ 0.5㎜の小さな赤色のダニが寄生して吸汁するため、しだいに葉の色が抜けて白くなる。
- 下葉での発生が多く、吸汁された葉は褐変して枯れる。このため、下半分が枯れて上のほうだけ緑色に残っている株がよく見られる。

うどんこ病

ユキヤナギアブラムシ

カンザワハダニ

カンザワハダニによる葉の変色

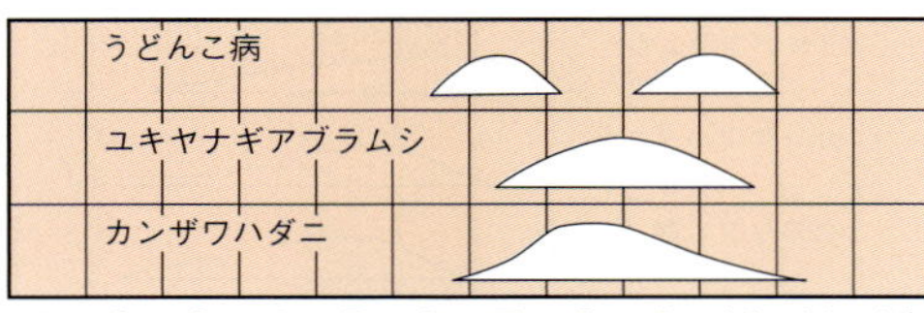

サルビア　シソ科

ワタアブラムシ

カンザワハダニによる葉の被害

ホコリダニ類による花びらの変色

ワタアブラムシ

〈被害と虫の特徴〉

- 花びら、がく（花びらのように見える）、花穂に体長1㎜の小さな虫が集団をつくって寄生し、吸汁する。
- 花や葉が虫の排泄物と抜け殻によって汚れる。

カンザワハダニ

〈被害と虫の特徴〉

- 葉の一部が点状あるいはカスリ状に白く色が抜け、葉の裏側に赤色で体長0.5㎜の小さなハダニが寄生する。

ホコリダニ類

〈被害と虫の特徴〉

- 初期の被害はがくの色がカスリ状に白く抜ける。被害が進むとがくの肥大が止まり、花びらの突出もなくなり、最後には花穂もねじれて、伸びが止まる。
- 虫は名前のとおりホコリのような小さなダニで、肉眼では見つけることはできない。
- 軒下、ベランダのような雨が直接当たらないところで栽培すると多発しやすい。

〈防除〉

- 鉢を雨の当たるところに移す。

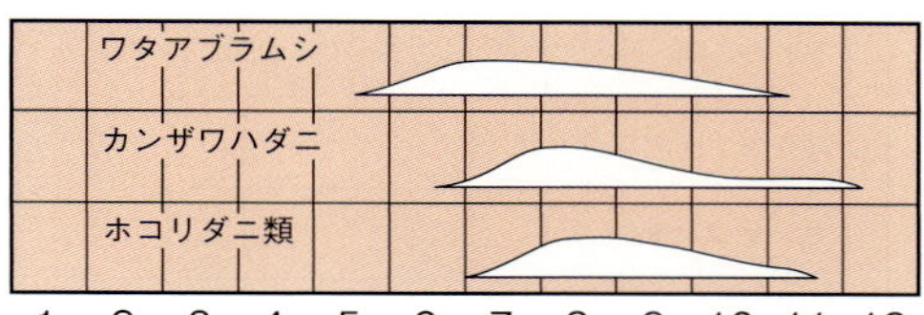

炭疽病

〈被害の特徴と発生生態〉

- 葉に褐色の円形病斑ができ、大きくなると直径約5㎜の輪紋のある病斑となる。茎には周辺部が紫褐色のややくぼんだ病斑ができる。
- 塊茎表面にも暗褐色の円形〜楕円形の病斑ができ、塊茎は軟らかくなって腐敗する。
- 多発すると株の生育が悪くなり、葉をゆがめたり、枯死することもある。
- 春や冬の湿度が高い時期に発生しやすい。

〈防除〉

- 室内の風通しをよくし、湿度を下げる。

灰色かび病

〈被害の特徴と発生生態〉

- 花びらでは淡褐色の小斑点ができ、やがて全体が水浸状になって腐敗する。多湿条件下では腐敗した花に灰色のカビが生じる。
- 花柄や葉柄では暗紫色で水浸状の病斑ができ、病斑部分はくびれたり、腐敗してくぼむ。葉は黄化して垂れ下がり花柄も倒れる。
- 多発すると葉柄はゆがみ、ひどい場合は株元が侵され、株全体が枯死する。
- 20℃前後の多湿条件で発生しやすい。

〈防除〉

- 下葉を除去し、風通しをよくする。
- ハウスでは換気を行い湿度を下げる。

炭疽病（右上：典型的な病斑）

灰色かび病

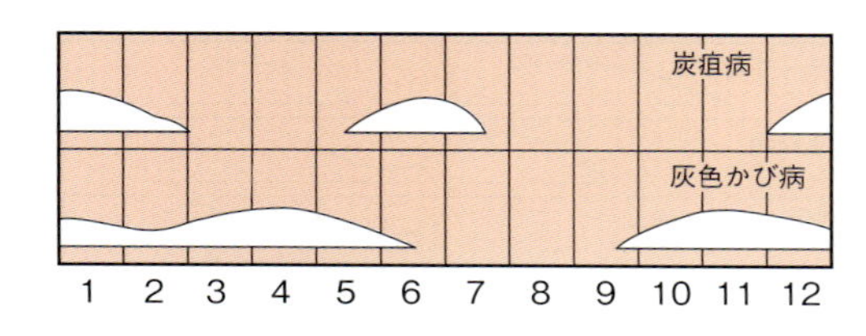

ラージパッチ

葉枯病

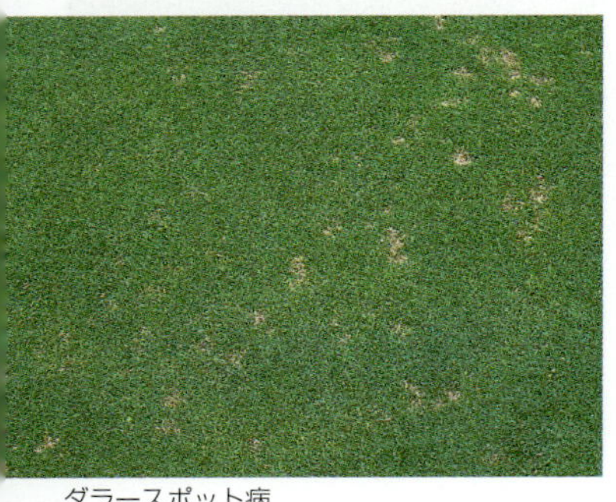
ダラースポット病

ラージパッチ（葉腐病）

〈被害の特徴と発生生態〉

- 日本シバに４月中旬～５月初旬にかけて発生する。夏は発生がほとんどおさまり、秋になると再び増加する。
- 褐色の斑点が芝地のところどころにでき、大きくなると直径４～５ｍ大にもなる。
- 病気のシバを持ち込むことによって発生することが多い。芝刈機、サッチによっても広がっていく。

葉枯病

〈被害の特徴と発生生態〉

- ４月中旬頃から発生し、５～６月に多発する。芝地に淡褐色から褐色の不定形の被害部が現れる。健全部との境がはっきりしない。

ダラースポット病

〈被害の特徴と発生生態〉

- 洋シバ（ベントグラス）に直径５㎝大の円形の褐変した被害部ができる。
- ４月下旬頃から発生し、盛夏時はやや少なくなるが、９月以降多発する。

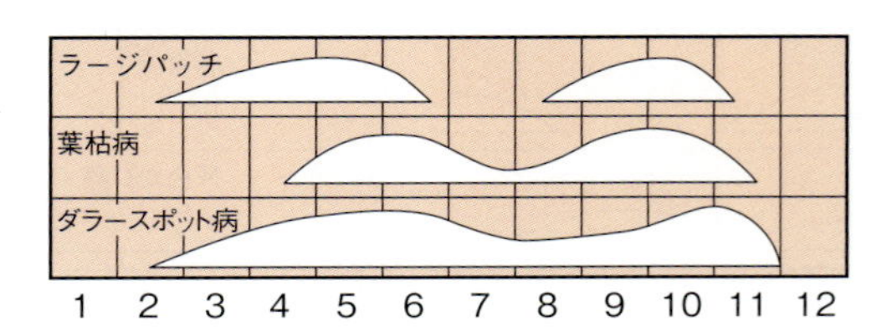

スジキリヨトウ（シバヨトウ）

〈被害と虫の特徴〉

- 草丈の長いところや樹木の根元付近で発生が多い。
- 芝地の一部がスポット状に褐色になって枯れる。病気とまぎらわしいが、よく見ると葉が食い荒らされているので区別できる。
- 幼虫は年３回発生し、７～８月の発生が多い。芝草の根部付近におり、地上部には出てこない。

〈防除〉

- 芝地をつくるときには幼虫が寄生していないシバを選び、虫の持ち込みに注意する。
- ６～９月に幼虫密度を下げるためにシバを刈り込む。

シバツトガ

〈被害と虫の特徴〉

- 幼虫がシバの新芽の軟らかい部分や地際部の茎葉を食べるので、シバが枯れる。
- 幼虫は年３～４回発生し、８～９月の発生が多い。

〈防除〉

- 芝地をつくるときには幼虫が寄生していないシバを選び、虫の持ち込みに注意する。

スジキリヨトウによる被害

スジキリヨトウの幼虫

スジキリヨトウの成虫

シバツトガの成虫

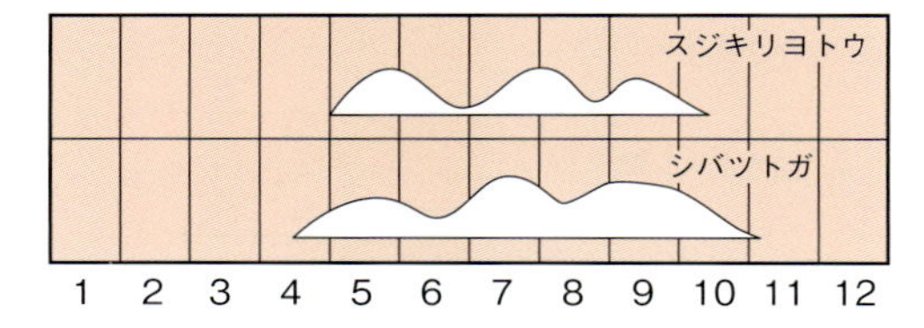

シバオサゾウムシの成虫

マメコガネの成虫

ドウガネブイブイの成虫

コガネムシ類の幼虫

シバオサゾウムシ

〈被害と虫の特徴〉

- シバが褐変して枯れ、引っ張ると簡単に抜ける。根にかじられた痕があり、根は短く、少なくなっている。
- 周辺の土を掘り返すと幼虫が見つかる。体長1㎝、体が白く、頭が赤い。脚はなく、体はくの字形にやや曲がっている。
- 成虫は体長8㎜、体は硬く、黒褐色または灰色である。頭がちょうど象の鼻のように長く伸びているのでゾウムシという名がついている。

コガネムシ類

〈被害と虫の特徴〉

- シバが褐変して枯れ、根が食い荒らされる。8～9月の被害が大きい。
- 土を掘り返すと幼虫が見つかる。体長1～4㎝、体が白く、頭は黄色で、体はU字形に曲がる。シバオサゾウムシに似るが、脚が3対あるので見分けることができる。
- 成虫はブイブイとも呼ばれ、カブトムシの仲間である。
- シバを加害するコガネムシ類は10種類以上が知られており、マメコガネ、ヒメコガネ、ドウガネブイブイの被害が大きい。

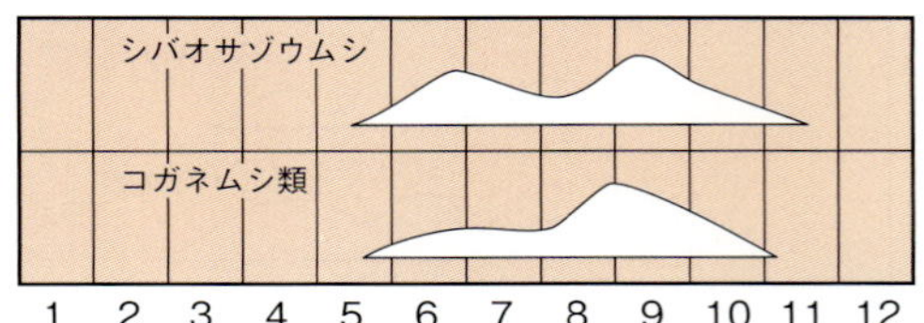

茎腐病

〈被害の特徴と発生生態〉

- 気温の高くなる７月頃から発生が見られる。
- はじめ茎の地際部が褐色・水浸状になり、そこからくびれて腰折れ状態となる。
- 発病部分はやがて褐色から黒褐色になり、軟腐状態となって株全体がしおれて枯死する。
- 株によっては根部も侵されて褐変し、細根が少なくなる。

〈防除〉

- 病原菌は発病した株内に卵胞子を形成して土壌伝染する。栽培には新しい土を用いる。
- 水のやりすぎなど過湿状態にすると発生しやすいので、水はけのよい土を用いる。

茎腐病

ヨトウムシ（ヨトウガ）

〈被害と虫の特徴〉

- ５～６月と９～10月、葉に大小の穴があき、ときには葉がまったくなくなるほど食害されることがある。
- 食害された葉の裏側を見ると体長１～４cmの緑色または褐色・黒色の幼虫が見つかる。通常、昼間は葉裏でじっとしており、夜間に活動して葉を食い荒らす。
- 葉の被害が大きいにもかかわらず虫が見つからないことがあるが、これは虫がすでに大きくなり、昼間は土の中に潜んでいるためである。

〈防除〉

- 葉の食害に気づいたら、被害葉とその周囲の葉を調べて虫を捕殺する。
- 虫が見つからないときは、夜に見回り、葉の上の虫を捕殺する。

ヨトウムシ（ヨトウガの幼虫）

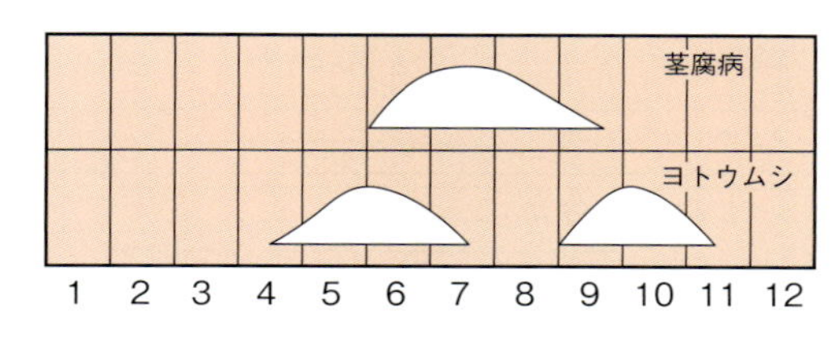

セントポーリア　イワタバコ科

疫病

コナカイガラムシ類

シクラメンホコリダニによる芯止まり

疫病

〈被害の特徴と発生生態〉

- 茎の地際部や葉柄の基部、葉の縁が水浸状となり、暗緑色～褐色となって腐敗する。
- 株元を侵された場合には急速にしおれ、やがて枯死する。

〈防除〉

- 鉢植えでは水はけのよい土を用いる。

コナカイガラムシ類

〈被害と虫の特徴〉

- 葉や葉柄に白い綿状の小さな虫が付着する。
- 風通しや日当たりの悪いところで発生が多い。

〈防除〉

- ピンセットや歯ブラシなどで虫をこすり落とす。

シクラメンホコリダニ

〈被害と虫の特徴〉

- 芯の葉が大きくならず、肉厚の葉や奇形の葉になる。そのため、株の中央に葉が団子状に固まる。
- ホコリダニが寄生するため被害が出るが、体長0.3㎜と非常に小さいので肉眼では見えない。
- 8～9月の高温期に発生が多い。ハウス内では一年中発生する。

〈防除〉

- 被害株とその周囲の株を除去し、ホコリダニが他の株へ移動するのを防ぐ。

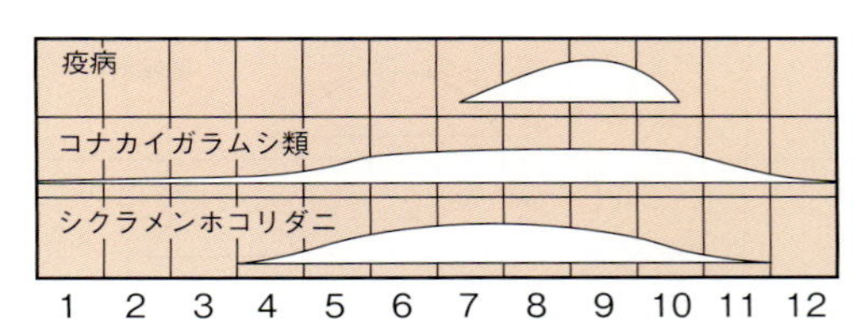

モザイク病

〈被害の特徴と発生生態〉

- 花びらに白色や黄色など花本来の色と異なった色が混じり込み、色が薄くなった部分が生じ、いわゆる「斑入り」になる。
- 葉や花柄でも淡緑色の混じった斑入り症状となる。

〈防除〉

- ウイルスはアブラムシ類が媒介するため、アブラムシ類を防除する。
- 家庭の花壇では被害株を発見しだい抜き取る。

チューリップヒゲナガアブラムシ

〈被害と虫の特徴〉

- 葉裏または花びらに体長1～2㎜、淡緑色の虫が集団で寄生して吸汁する。
- 多発すると葉の枯れ上がりが早くなる。

チューリップサビダニ

〈被害と虫の特徴〉

- 開花期になっても花びらに緑色の部分が残り、花びらが奇形になる。
- 虫は花びら上にいるが、非常に小さいので顕微鏡を使わなければ見えない。
- 施設栽培で発生することが多い。

モザイク病による花の斑入り

チューリップヒゲナガアブラムシ

チューリップサビダニによる花の被害

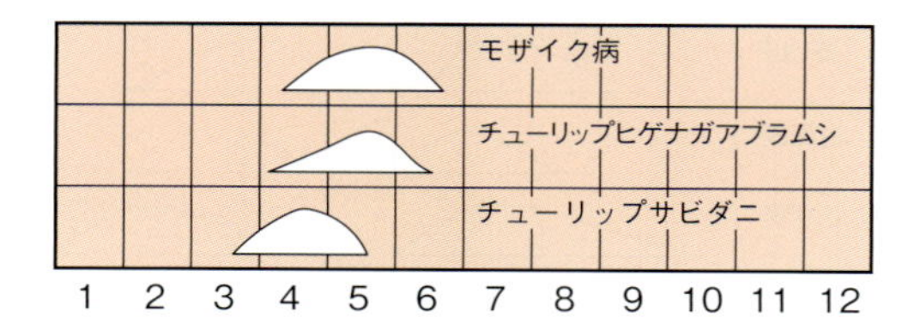

花　ナデシコ　ナデシコ科

萎凋病

萎凋病

〈被害の特徴と発生生態〉

- 維管束が侵され株全体がしおれ、下葉から枯れ上がる。
- 罹病株の茎を割ると、維管束部が褐変している。

〈防除〉

- 連作を避ける。
- 病原菌は土壌中に長期間生存するので、太陽熱利用により土壌消毒する。
- 抵抗性品種の利用が効果的である。

白星病

白星病

〈被害の特徴と発生生態〉

- 主に葉に発生し中央部が灰白色で周縁部が褐色～濃紫色の類円形の斑点が現れる。
- 発生が著しくなると、葉はよじれる。
- 病斑状の柄子殻が伝染源となり、雨滴などにより胞子が飛沫して蔓延する。

〈防除〉

- 罹病葉を摘み取り、頭上からの灌水は避ける。

さび病（夏胞子）

さび病

〈被害の特徴と発生生態〉

- 主に葉に発生し、茎にも認められる。
- はじめ淡褐色の小斑点が生じ、やがて長楕円形でやや盛り上がり、表皮が破れ黄褐色、粉状の胞子塊（夏胞子）が現れる。秋以降には濃褐色の胞子塊（冬胞子）となる。
- 罹病植物残渣上で胞子が生存し伝染源となり胞子が水滴や風雨で飛沫して蔓延する。
- カーネーション、セキチク、ヒゲナデシコなどにも発生する。

〈防除〉

- 発病葉はていねいに取り除き、発病初期の防除に努める。
- 耐病性品種の導入を図る。

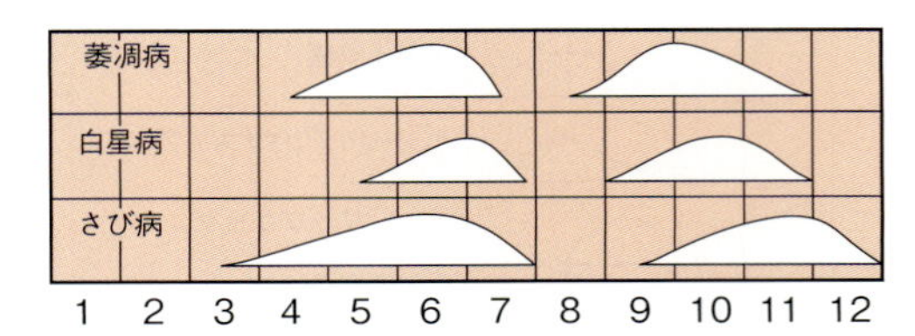

立枯病

〈被害の特徴と発生生態〉

- 株の下葉が黄化し、株全体が元気なく、しおれたようになる。このような株を引き抜くと、容易に抜け、根はアメ色に変色している。
- 病原菌は土壌中に生息している糸状菌で、15～28℃の多湿な条件下で多発する。
- 灌水過多、底面給水、苗の植え傷み、肥あたりから発生することが多い。

〈防除〉

- 播種床、育苗用土には新しい土を使う。
- 過湿とならないよう適度に水はけのよい土を用いる。

立枯病

根腐病

〈被害の特徴と発生生態〉

- 地上部の生育が悪くなり、下葉から黄化する。発病株を引き抜くと、根が黒変している。
- 病原菌は土壌中に厚膜胞子を形成して土壌伝染する。

〈防除〉

- 播種床、育苗用土には新しい土を使う。
- 過度な灌水を避ける。

根腐病

斑点病

〈被害の特徴と発生生態〉

- 葉に青白色で周辺が紫色の、明瞭な円形病斑が多数できる。
- 多発すると葉が黄化する。
- 病斑上には、黒い小点（柄子殻）ができ、胞子が形成され、雨風や灌水で広がる。

〈防除〉

- 病斑のできた葉は取り除く。また、花壇に移植する際には発病株を取り除く。
- 密植しない。

斑点病

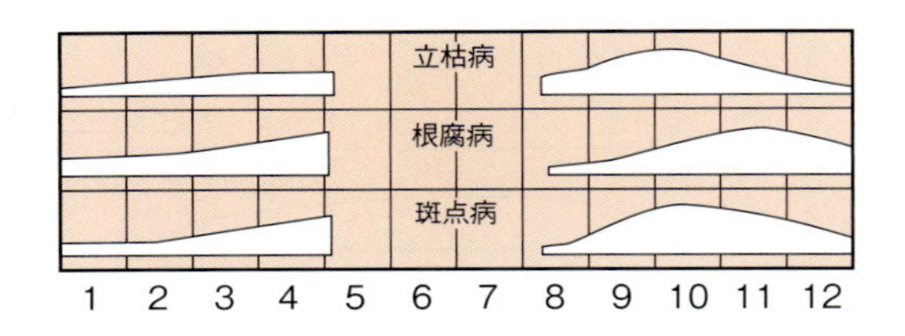

灰色かび病

ツマグロヒョウモンの幼虫

灰色かび病

〈被害の特徴と発生生態〉

- 葉の縁に淡褐色の斑点ができ、しだいに広がり大型病斑となる。湿度が高いと病斑部分には灰色のカビが密生する。
- 花でも葉と同じような斑点ができ、しだいに広がって枯死する。
- 20℃前後の湿度の高いところで発生しやすく、ビニールハウスや室内での発生が多い。
- 灰色かび病は多くの花や野菜に発生し、病斑上に胞子を形成して伝染する。

〈防除〉

- 室内の換気を行い、湿度を下げる。
- 発病葉や咲き終った花びらは取り除く。

ツマグロヒョウモン

〈被害と虫の特徴〉

- 葉にレンガ色の毛虫が寄生して葉を丸坊主にする。
- 春から秋まで虫が見られる。
- 成虫は黄色のやや大型のチョウで、スミレの周囲をよく飛び回っている。

〈防除〉

- 見た目は非常に恐ろしい毛虫に見えるが、人畜には無害である。幼虫を捕殺する。

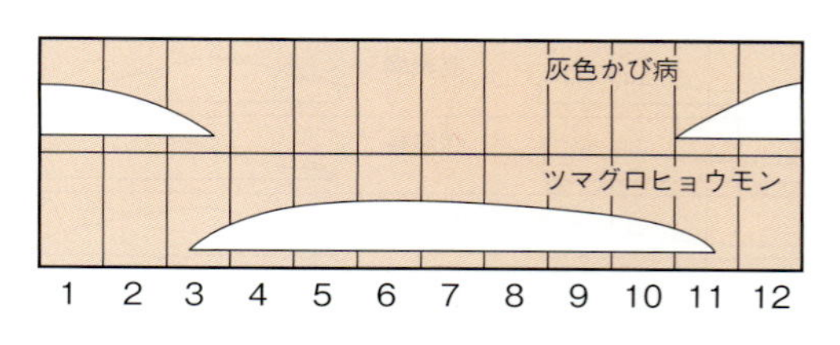

アブラムシ類

〈被害と虫の特徴〉

- 葉の裏、新芽や花に黄緑色～緑色の小さな虫が群がって吸汁する。
- 多発すると激しい吸汁のため葉がしおれ、株全体がしだいに衰弱する。
- ベランダや室内など雨のかからないところで発生が多い。

ヨトウムシ（ヨトウガ）

〈被害と虫の特徴〉

- 葉の縁が大きく食害されるばかりでなく、ときには花びらも食害される。
- 黒色の大きな糞を葉の上にするため、この糞の有無で虫がいるかいないかがわかる。
- 幼虫の体色は緑色、褐色、黒色で、成長につれて黒くなり、大きくなると体長は4㎝に達する。
- 幼虫は昼間株元や葉裏に隠れており、もっぱら夜間に活動するため、夜盗虫（ヨトウムシ）と呼ばれる。
- 幼虫に触れると体を丸める習性がある。
- 5～6月と10～11月の2回発生する。

〈防除〉

- 夜間に見回り、幼虫を捕殺する。

モモアカアブラムシ

ヨトウムシによる花びらの食害

ヨトウムシによる葉の被害　　ヨトウムシ

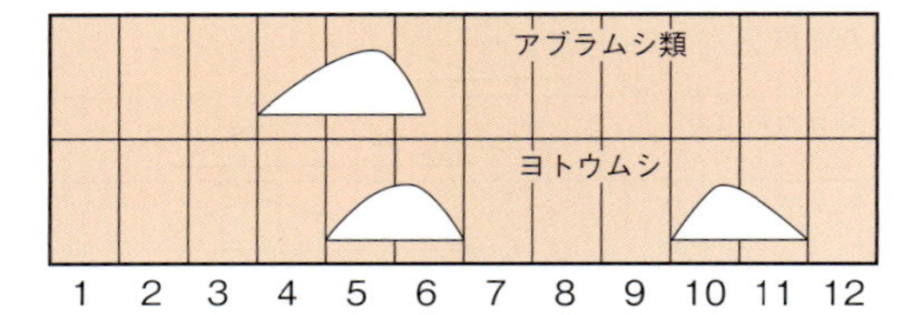

花　ヒマワリ　キク科

斑点病

斑点病

〈被害の特徴と発生生態〉

- 葉に発生し、はじめ濃褐色の小斑点を生じ、やがて不整形、周縁部が不鮮明な褐色病斑となる。
- 病斑の裏にはオリーブ色のカビ（胞子塊）が生じる。

〈防除〉

- 罹病葉の胞子が雨や灌水で飛沫して伝染するので、発病した葉は早期にていねいに取り除く。

オオタバコガの幼虫

オオタバコガ

〈被害と虫の特徴〉

- 幼虫が葉や新芽を食い荒らし、花蕾や花に食入する。
- 幼虫は緑色または褐色で、成長すると体長は4㎝になる。

〈防除〉

- 葉や花蕾に発生している幼虫を捕殺する。
- 防虫ネットにより成虫の飛来を防ぐ。

ハスモンヨトウの幼虫

ハスモンヨトウ

〈被害と虫の特徴〉

- 幼虫が葉や新芽を食い荒らす。
- 卵は 100 個くらいの塊で葉に産みつけられるので、卵から孵化した幼虫が集団で葉を食べる。
- 幼虫は緑色、灰色、黒褐色などさまざまで、体長は1～4㎝である。
- 頭の後ろに1対の小さな黒い斑紋があるので、他のヨトウムシ類と区別できる。

〈防除〉

- 幼虫が集団で発生している葉を切り取って処分する。
- 防虫ネットにより成虫の飛来を防ぐ。

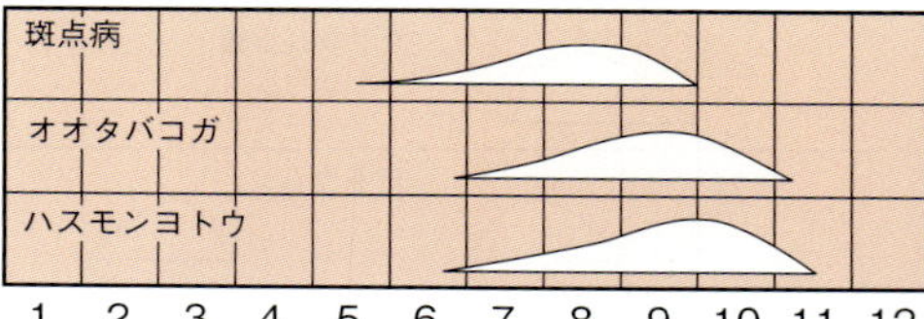

うどんこ病

〈被害の特徴と発生生態〉
- 葉に直径1cm程度の輪郭のぼやけた黄緑色の病斑が現れ、白色のカビが見られる。
- やがて葉全体が小麦粉をかけたように真っ白になる。
- 病気が進むと葉が黄色～淡褐色になり、やがて乾いたようになり枯れる。

〈防除〉
- 高温乾燥条件で発生しやすい。肥料切れに注意する。

ワタアブラムシ

〈被害と虫の特徴〉
- 葉裏に体長1mmの黄色または黒色の虫が集団で寄生して吸汁する。
- 数十～数百匹の集団をつくり、葉は虫の排泄物と抜け殻が付着して汚れる。

ウリキンウワバ

〈被害と虫の特徴〉
- 葉の1枚が突然しおれて垂れ下がる。
- 葉裏に淡緑色のシャクトリムシが寄生し、葉の裏側を浅く食害する。
- 果実の表面が浅く食害されるため、収穫時には褐色の傷となって残る。

〈防除〉
- 幼虫を見つけしだい捕殺する。

うどんこ病

ワタアブラムシ

ウリキンウワバの幼虫

ウリキンウワバの食害痕

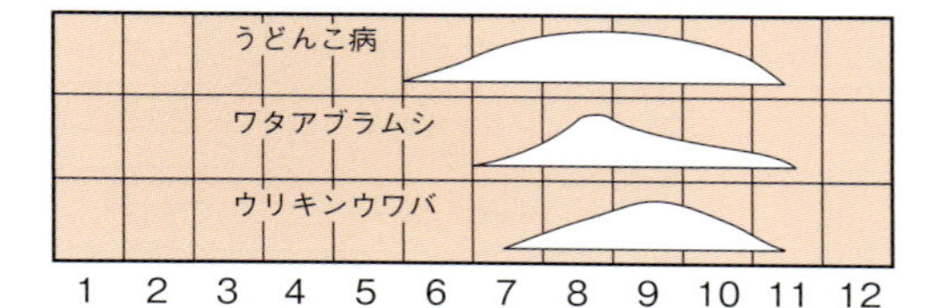

フリージアモザイク病

フリージア首腐病

グラジオラス首腐病

フリージアモザイク病

〈被害の特徴と発生生態〉

- 葉に黄色から白色のカスリ状の斑点を生じ、モザイク症状を呈する。
- ときには斑紋、筋状のえそを生じる。
- 病原体はウイルスで、アブラムシによって伝染する。

〈防除〉

- 発病した植物の球根を利用しない。
- アブラムシ類の防除を行う。

フリージア首腐病

〈被害の特徴と発生生態〉

- 株の地際部が赤褐色になり、拡大して黒褐色のシミ状の病斑となる。株はやがてしおれて腐敗する。
- 病原菌は、土壌に生息する細菌で、アイリスやグラジオラスにも感染する。

〈防除〉

- 発病した畑で球根を採取しない。

グラジオラス首腐病

〈被害の特徴と発生生態〉

- 地際部に赤褐色～黒褐色の斑点が生じ病斑は球根部分に達し、やがて葉鞘全体が褐色になって腐敗し、株は枯死する。
- 病原菌は細菌で、春～秋にかけての高温多湿条件下で発生する。

〈防除〉

- 発病した畑で球根を採取しない。

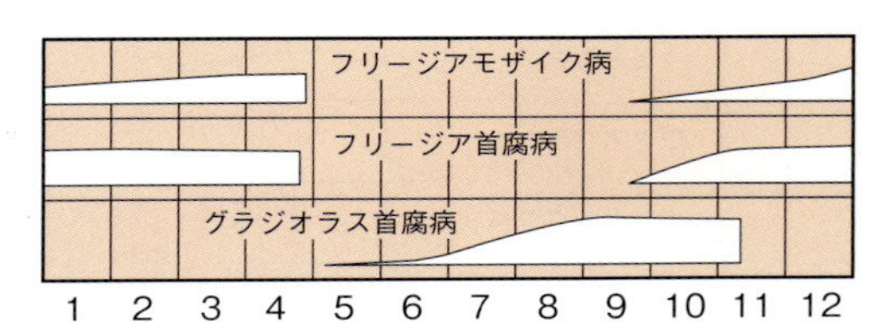

ワタアブラムシ

〈被害と虫の特徴〉

- 花びらに体長 1㎜の小さな虫が集団で寄生して汁を吸う。体の色は一定していないが、灰色または黄色のものが多い。
- 多発すると花びらに虫の抜け殻が付着するので花が汚くなる。

カンザワハダニ

〈被害と虫の特徴〉

- 葉裏に体長 0.5㎜の小さな赤色のハダニがついて吸汁するため、葉の色がカスリ状に抜ける。多発時には褐変して枯れる。
- ベランダ、軒下のような雨の当たらないところで栽培すると発生が多くなる。

〈防除〉

- 鉢を雨の当たるところに移す。

チャコウラナメクジ

〈被害と虫の特徴〉

- 夜間、株の上に現れて葉や花びらを食害する。小さな苗では致命的な被害となる。
- 開花中の花では、花びらに粘液が付着して汚れる。

〈防除〉

- 夜に見回って捕殺する。

ワタアブラムシ

カンザワハダニによる被害

チャコウラナメクジ

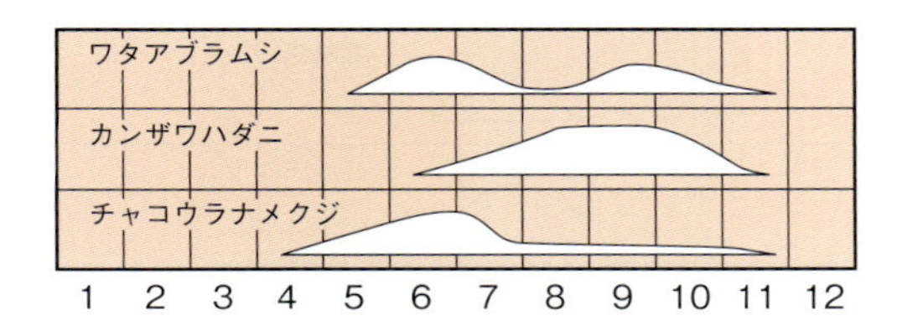

ユリ　ユリ科

葉枯病

ワタアブラムシ

ワタアブラムシ（拡大）

葉枯病

〈被害の特徴と発生生態〉

- 葉に赤褐色の円形～楕円形のくぼんだ病斑ができる。病斑は融合し大型の不整形病斑になり、やがて葉が枯れてしおれる。
- 花茎、つぼみ、花びらにも発生し、赤褐色の楕円形病斑ができ、開花せずに花腐れや茎腐れを起こすこともある。
- 灰色かび病菌によって発生し、湿度の高いときには被害部分に灰色のカビが見られる。

〈防除〉

- 施設栽培で発生が多い。ハウス栽培では過湿にならないよう、敷わらなどでマルチをする。

ワタアブラムシ

〈被害と虫の特徴〉

- 新芽の先端、つぼみ、葉裏などに体長１㎜、黄色または黒色の小さな虫が群生して吸汁する。
- 多発すると葉の伸びが悪くなり、ときには葉が枯れることもある。
- 葉にたまった排泄物に虫の抜け殻が付着し、すす病を誘発するので美観を損なう。

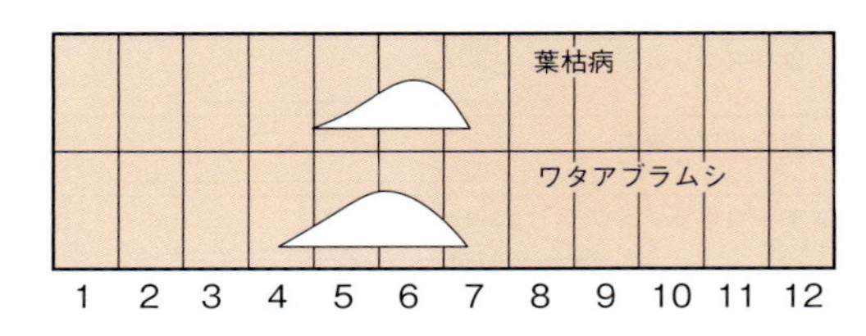

ウイルス病

〈被害の特徴と発生生態〉

- 葉にリング状の斑紋が生じ、斑紋の中心部が盛り上がる。
- 花びらでは激しい斑入りとなることがある。
- 株分けや発病植物に触れたハサミや鉢から流れ出た水などから伝染する。アブラムシ類による伝染はしない。

炭疽病

〈被害の特徴と発生生態〉

- 葉と芽に発生する。葉に淡黄色の病斑ができ、しだいに拡大して暗褐色～灰褐色の病斑になる。
- 病斑は融合して大型の不整形病斑となることがある。

〈防除〉

- 冬期の寒さや夏期の高温障害、日焼け、肥料切れが原因で発生するので、栽培管理に注意する。

ランシロカイガラムシ

〈被害と虫の特徴〉

- カトレア、デンドロビウム類のバルブ、特に葉がバルブに接している部分のすきまに直径2㎜、白色、円盤状の虫が数十匹寄生して、吸汁する。
- 排泄物にすす病が発生するため、葉やバルブは黒く汚れて、美観を損なう。

〈防除〉

- 植物について移動するので、虫を持ち込まないようにする。
- 多発した葉は切り取って処分する。
- 発生が少ないときは歯ブラシ、へら、ピンセットなどでこすり落とす。

ウイルス病

炭疽病

ランシロカイガラムシ

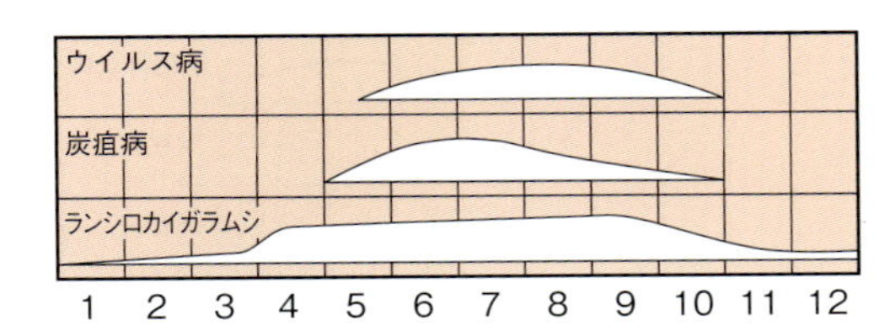

洋ラン（シンビジウム） ラン科

褐色腐敗病

葉枯病

炭疽病

褐色腐敗病

〈被害の特徴と発生生態〉

- 葉先、葉の縁が水浸状・褐色になって腐敗する。発病が激しい場合、葉全体が侵され、バルブも腐敗する。鉢、用土などから伝染し、灌水によって胞子が飛散して被害が広がる。

〈防除〉

- 植え替えには新しい植え込み材料を使う。
- 底面給水にする。

葉枯病

〈被害の特徴と発生生態〉

- 葉にくぼんだ黒褐色の病斑が生じ、しだいに暗褐色～淡褐色になる。病斑部分には黒色小粒点が多数できる。
- 発病が激しいと病斑は融合し、不整形の大型病斑となり、葉全体が枯れ上がる。

〈防除〉

- 病斑部分にできた胞子が飛散して伝染する。日焼けや高温障害、寒さが原因で発生するので、管理に注意する。

炭疽病

〈被害の特徴と発生生態〉

- 葉の先端部に褐色小斑点ができ、拡大して円形の病斑となる。やがて、融合して大型病斑となり葉先から枯れる。病斑上には小黒点ができ、多湿条件では鮭肉色の胞子塊ができる。

〈防除〉

- 日焼けや寒害などで衰弱した株に発生するので管理に注意する。被害葉を除去し、過湿に注意する。

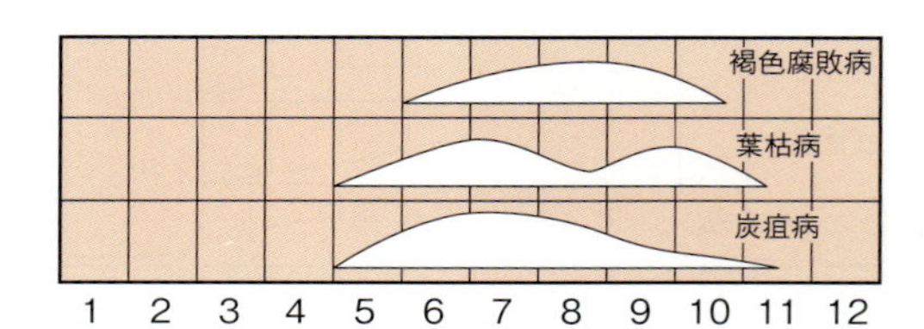

ナガクロホシカイガラムシ

〈被害と虫の特徴〉

- 葉全面に体長1～2㎜、淡褐色、楕円形の偏平な虫が葉脈に沿って付着し、吸汁する。
- 観葉植物など温室で栽培される多くの植物に寄生する。

ナガクロホシカイガラムシ

タブカキカイガラムシ

〈被害と虫の特徴〉

- 葉に体長3～4㎜、褐色、楕円形の偏平な虫が寄生して吸汁する。多発すると1枚の葉に数十～数百匹の虫が寄生する。
- 体長1㎜、白色、ロウ質の細長い虫が群生しているのがしばしば見られるが、これは雄の終齢幼虫である。

〈防除〉

- 植物について移動するので、虫を持ち込まないようにする。
- 多発した葉は切り取って処分する。
- 発生が少ないときは歯ブラシ、へら、ピンセットなどでこすり落とす。

タブカキカイガラムシ

アブラムシ類

〈被害と虫の特徴〉

- つぼみ、開花中の花びらに体長1～2㎜の小さな虫が群生して吸汁する。
- 虫の抜け殻、排泄物による汚れとすす病が問題になる。葉には寄生しない。
- ワタアブラムシ（灰色または黄色）、チューリップヒゲナガアブラムシ（淡緑色）、モモアカアブラムシ（緑色）などが寄生する。

チューリップヒガナガアブラムシ

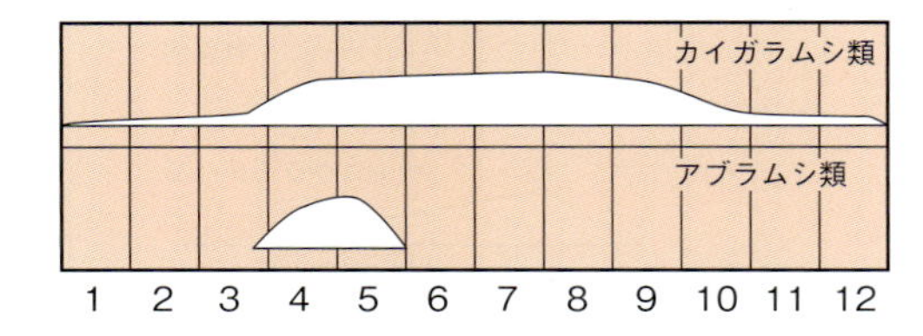

軟腐病

チャコウラナメクジ

軟腐病

〈被害の特徴と発生生態〉

- 茎、葉、バルブに発生する。はじめ新葉がしおれ、やがて株全体が急激にしおれ、数日のうちにバルブ内部が腐敗する。
- 腐敗したバルブは特有の臭いがある。腐敗したバルブは内部が溶け出し皮だけとなり、ミイラ化する。
- ファレノプシス、シプリペディウムなどで発生が多い。また、夏期の高温時に発生が多くなる。

〈防除〉

- 被害部分を切り取って処分する。
- 葉などを傷つける害虫の防除を十分に行う。
- 葉に直接水をかけないようにする。

チャコウラナメクジ

〈被害と虫の特徴〉

- 新芽やつぼみがえぐり取られたように食害される。また、開花中の花や花びらが食い荒らされてボロボロになる。
- 食害部分にナメクジ特有の粘液物を残すため、ヨトウムシ類の被害と区別できる。

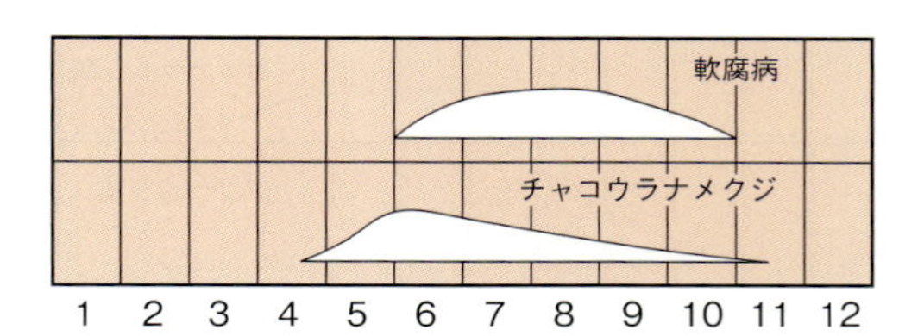

炭疽病

〈被害の特徴と発生生態〉

● 葉や花に多数の直径１～２㎜の円形、周辺部が紫色～褐色、中央部が灰褐色～灰白色の病斑ができる。病原菌は雨しぶきで伝染する。

〈防除〉

● 被害葉は枝ごと切り取り、処分する。

うどんこ病

〈被害の特徴と発生生態〉

● 葉の表面に白色粉状の病斑ができ、しだいに拡大して葉全体を覆う。

● 発生は梅雨期から秋まで続くが、盛夏時には停止する。秋期に病斑部に黒色の小さな粒（子嚢殻）が形成される。

〈防除〉

● 秋に落葉を集めて処分する。

アオバハゴロモ

〈被害と虫の特徴〉

● 新梢や葉裏に集まって吸汁する。幼虫が出す白い分泌物が、虫がいなくなっても枝や葉に残って、美観を損なう。

● 成虫は体長１㎝の薄い緑色で、横から見ると烏帽子の形をしている。

● 幼虫は５～７月、成虫は７～９月に多く見られる。

● 風通しや日当たりの悪いところで多発する。

〈防除〉

● 剪定して風通しや日当たりをよくする。

炭疽病

うどんこ病

アオバハゴロモの幼虫

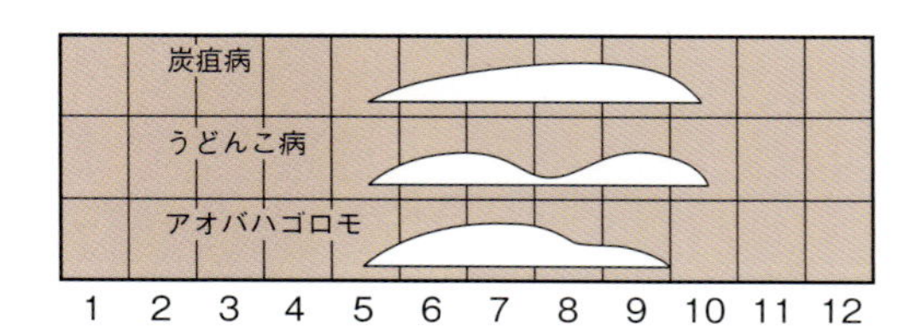

カイヅカイブキ　ヒノキ科

さび病

イブキチビキバガの葉の被害と葉の穴

さび病

〈被害の特徴と発生生態〉

- ４～５月に葉と葉の間に舌状、円錐状、または角状の小さい褐色の菌の塊ができる。
- この塊は、雨が降ると水を吸収し、著しく膨らんで寒天状になる。乾燥するとまた元の大きさになる。
- 多発すると菌の塊が目立つようになり、美観を損なう。

〈防除〉

- 病原菌はナシ、ボケ、カリンなどの植物がないと生活できないので、これらの植物を近くに植えないようにする。
- 病原菌はナシなどバラ科の樹木に寄生して赤星病を発生させるので、果樹園付近では注意が必要である。

イブキチビキバガ

〈被害と虫の特徴〉

- 葉の先端が急に褐変して枯れてくる。
- 枯れた葉には小さい穴があり、この中に体長５㎜の薄緑色の虫が葉の内部を食害している。
- 年３回発生し、７～８月の食害が激しく、褐変した被害葉はやがてポロポロと落下する。

ビャクシンハダニ

〈被害と虫の特徴〉

- 体長 0.5㎜の小さな赤褐色のダニが葉を吸汁するので、葉の色があせて白っぽくなる。
- 雨が少なく、乾燥すると多発する。

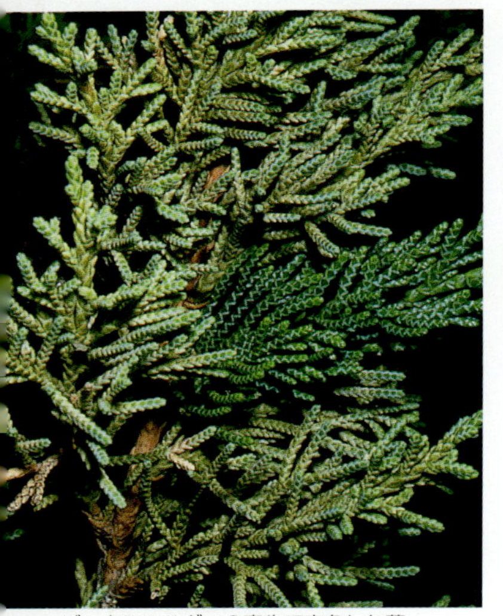
ビャクシンハダニの寄生で変色した葉

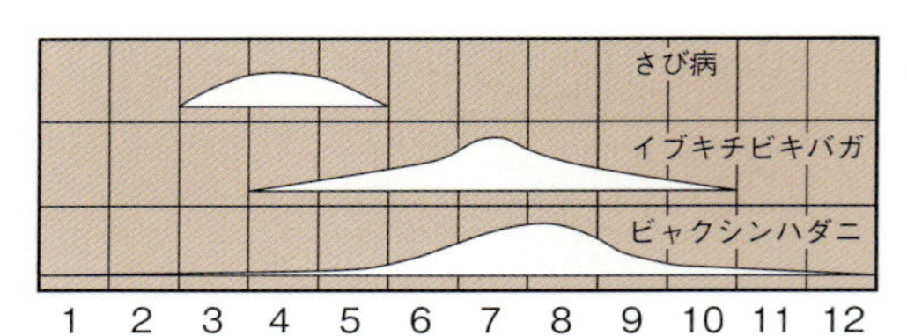

うどんこ病

〈被害の特徴と発生生態〉

- 展開してまもない若い茎葉に発生する。はじめ葉に白色の粉状のカビが生じ、やがて葉全体が白色になり、新しい枝全体が小麦粉状のカビで覆われる。葉はねじれたり奇形になり、やがて枝が枯死する。
- 成熟した葉では白色の病斑ができる。また、被害葉は落葉が遅く、樹上に遅くまで残る。秋期になると病斑上に多数の黒い小さい粒ができる。
- 落葉した被害葉が翌年の発生源になる。
- 風通しや日当たりが悪いと発生しやすい。

〈防除〉

- 落葉を集めて処分する。
- 剪定して、風通しや日当たりをよくする。

首垂（くびたれ）細菌病

〈被害の特徴と発生生態〉

- トウカエデの新葉が開いた４月中旬～５月にかけて、新梢に発生する。
- 葉の基部から葉脈に沿って黒褐色～黒色の水浸状の病斑が現れ、葉柄の基部から幼茎枝に入り病斑が枝をひとまきすると、その上部はしおれる。激しい場合は、新葉をつけた枝がすべてしおれて褐変し、枯れたようになる。
- ５～６月が低温の年には発生期間が長びき、冷夏の年には夏にも再発することがあるが、通常８月には緑が回復する。

〈防除〉

- 樹木では数の少ない細菌病で発生生態に不明な点が多い。他の病害同様、発病した枝や葉の除去は有効と思われる。

うどんこ病

うどんこ病による新梢の奇形

首垂細菌病の典型的な症状

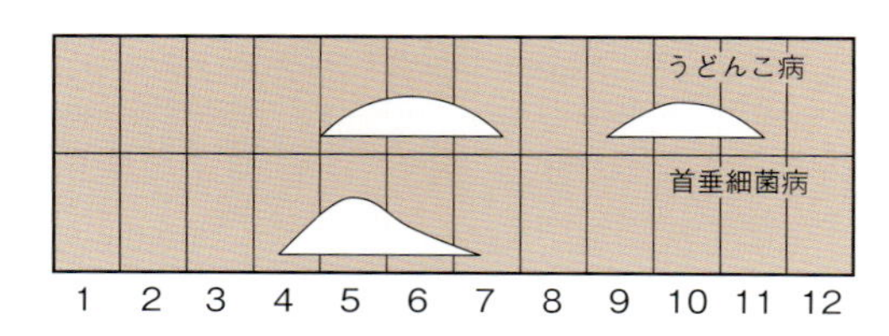

モミジニタイケアブラムシ

アブラムシ類の排泄物

モミジワタカイガラムシ

モミジニタイケアブラムシ

〈被害と虫の特徴〉

- 4～5月、新葉・新梢・花に体長2～3㎜、赤褐色または黒褐色の虫が群生して吸汁する。
- 発生が多いと被害葉は小さくなり、黄変する。また、虫の排泄物の上にすす病が発生するため、葉や枝は黒く汚れて美観を損ねる。
- 6月以降はいなくなったように見えるが、虫は姿を変えて一年中葉の裏側にいる。夏～秋の虫は薄い黄色、偏平で、数が少ないので気がつかない。

カイガラムシ類

〈被害と虫の特徴〉

- モミジワタカイガラムシ：体長8～10㎜、円形～楕円形の偏平な虫で、灰色の地に黒い模様、または褐色の地に灰色の模様がある。
- 年1回発生し、5月に雌成虫は綿状の白い卵の袋をもつ。幼虫は5～6月に現れる。
- チャクロホシカイガラムシ：体長1～2㎜、楕円形の偏平な虫で、体色は黄褐色または灰褐色である。雌は体の幅が広く、雄は狭い。
- 幼虫は年2回発生し、5月と9～10月に現れる。

〈防除〉

- 虫をブラシなどでこすり取る。

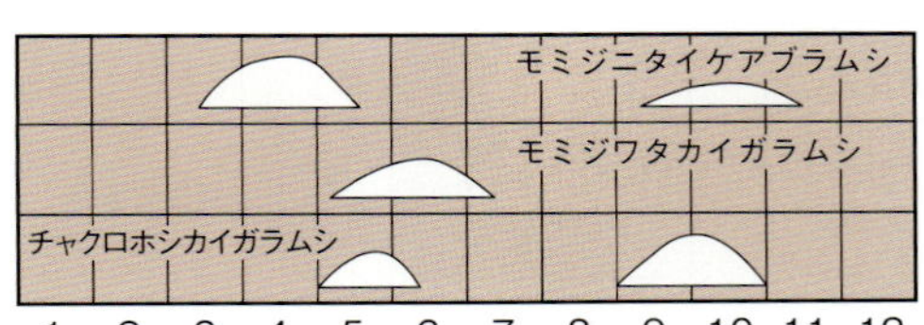

うどんこ病

〈被害の特徴と発生生態〉

- カシ類には7種類のうどんこ病が知られている。新芽、若い葉や新梢に白色または灰色のカビ状の病斑ができる。
- 多発すると、枝全体の葉が白くなり、ときには葉や枝が奇形になる。
- 病原菌は風によって運ばれ、伝染する。
- 茎や葉が混み合って風通しや日当たりが悪いところで発生が多い。
- 裏うどんこ病は病原菌の種類が異なり、葉裏に白色のカビが生える。多発すると、葉裏全体が白色になり、葉の表はやや黄緑色となる。

〈防除〉

- この病気で樹が枯れることはないが、樹勢が悪くなる。日当たりと風通しをよくし、病葉は早めに取り除いて処分する。

紫かび病

〈被害の特徴と発生生態〉

- 若い葉の裏面に、はじめ白色のカビが生える。
- このカビは褐色から濃紫褐色になり、最後には黒褐色となる。
- 葉の表面には、輪郭が不鮮明な淡黄色の病斑ができる。
- この病気はうどんこ病菌の一種が感染して発生する。

〈防除〉

- この病気で樹が枯れることはないが、樹勢が悪くなる。日当たりと風通しをよくし、病葉は早めに取り除いて処分する。

アラカシのうどんこ病

シラカシの紫かび病（葉表）

シラカシの紫かび病（葉裏）

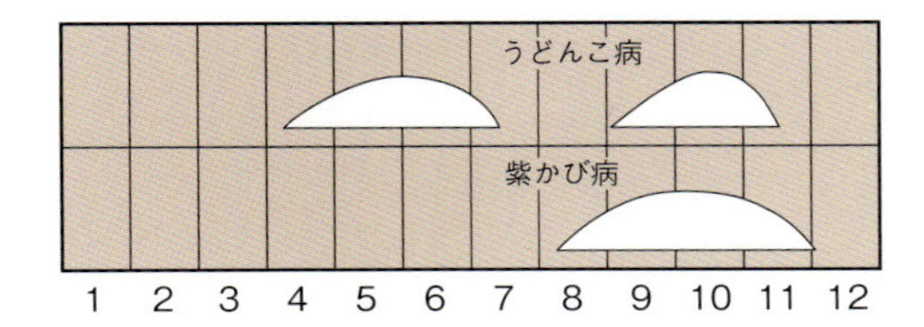

カシ類（ウバメガシ、アラカシなど）

ブナ科

マイマイガの幼虫

オオトビモンシャチホコによる食害

オオトビモンシャチホコの幼虫

マイマイガ

〈被害と虫の特徴〉

- ●幼虫は黄褐色～黒褐色の毛虫で、黄色・青色・赤橙色の小斑点がある。
- ●成長すると体長6㎝になり、よく目立つ。
- ●卵から孵化した直後は群生するが、その後は単独行動をとる。
- ●しばしば大発生し、葉を激しく食害して丸坊主にする。

〈防除〉

- ●毛虫は見つけしだい捕殺する。
- ●幹や枝に産みつけられた黄褐色の卵塊で越冬するので、見つけしだい処分する。

オオトビモンシャチホコ

〈被害と虫の特徴〉

- ●赤と黒の縞模様をもつ幼虫が集団で葉を食害する。
- ●大きな幼虫は体長5㎝になり、大発生して葉を食いつくし、樹が丸坊主になることがある。
- ●外敵に対して体を反らし、臭い液を吐く習性がある。

〈防除〉

- ●集団で加害するので、幼虫の集団を枝ごと切り取って処分する。

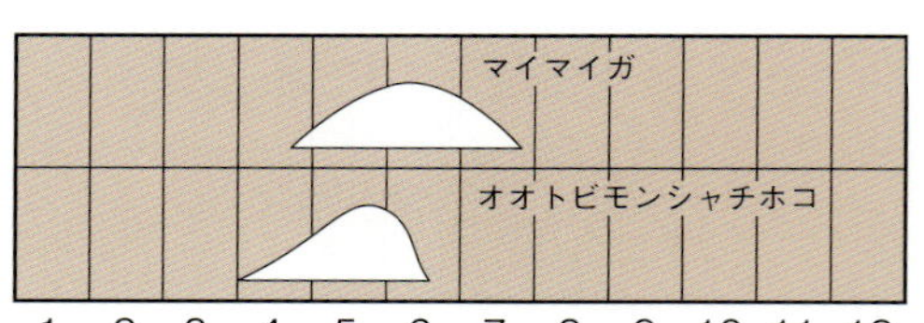

オビカレハ

〈被害と虫の特徴〉

- 青色がかった毛虫で、背中に橙黄色の細い線が２本ある。
- 幼虫は枝の分岐部に灰白色で、テントのような巣をつくって群がる。
- 幼虫は成長すると巣を離れ、太い幹の陰に50～200匹集まる習性がある。大きくなると体長6㎝になる。
- しばしば大発生して集団で葉を加害するため、大きな被害を出す。

〈防除〉

- テント状の巣を枝ごと切り取り処分する。
- 小枝に帯状に産みつけられた灰白色で楕円形の卵を冬期に集めて処分する。

チャハマキ

〈被害と虫の特徴〉

- 葉を２～３枚綴り合わせた巣の中に、体長１～2㎝、淡緑色の虫がいる。さわると後方に逃げ、糸を出して落下する。
- 幼虫は巣内で葉の裏側を食害し、被害部は褐変する。
- 雑食性のため、広葉樹ばかりでなく針葉樹も加害する。

〈防除〉

- 綴られた被害葉を開いて幼虫を捕殺する。
- 冬でも気温の高いときは食害を続けるので注意が必要である。

オビカレハの幼虫

チャハマキにより綴り合わされた葉

チャハマキの幼虫

チャハマキの成虫

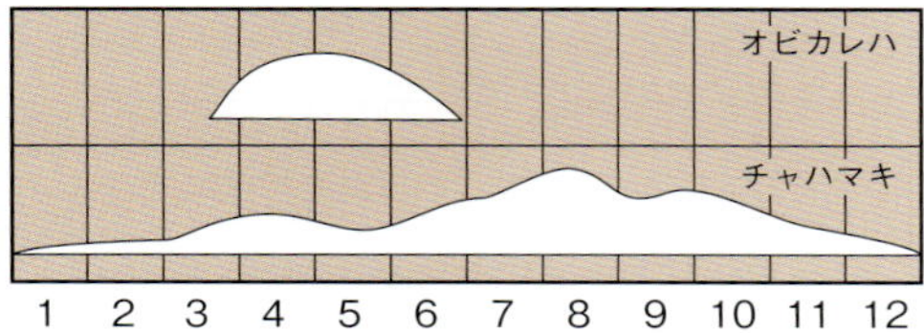

カシ類（ウバメガシ、アラカシなど）

ブナ科

オオミノガのミノ

オオミノガの雄成虫

ミノガ類による被害

クリオオアブラムシ

ミノガ類（ミノムシ）

〈被害と虫の特徴〉

- 枝や葉を糸で綴り合わせてミノをつくって潜み、体の前半分を乗り出して葉を食害する。
- 雌は成虫になっても翅や脚がなく、一生ミノの中で過ごし外へ出ることはない。雄は成虫になると黒褐色のガとなり、雌を求めて飛び回る。
- オオミノガはミノの体長3.5～5㎝、紡錘形で、主に葉を利用し、枝はあまり使わない。年1回発生し、7～10月に激しく葉を食害する。
- チャミノガはミノの体長2.5～4㎝、円筒形で、小枝を縦にびっしりつけている。 4～5月に葉を盛んに食害する。夏に卵から孵化した幼虫は9～10月に葉を食べるが、食べる量は少ない。

〈防除〉

- ミノを見つけしだい集めて処分する。特に冬期は見つけやすい。

クリオオアブラムシ

〈被害と虫の特徴〉

- 新梢や小枝に体長4㎜の黒色のアブラムシが数十匹群がり、樹液を吸う。
- 多発すると新梢の伸びが悪く、枝枯れを起こし、樹勢が悪くなる。
- 人が近づくと尾端を左右に激しく揺り動かす習性がある。

〈防除〉

- 幹に産みつけた黒色の卵塊を冬期に木槌で叩きつぶすか、歯ブラシでこすり取る。

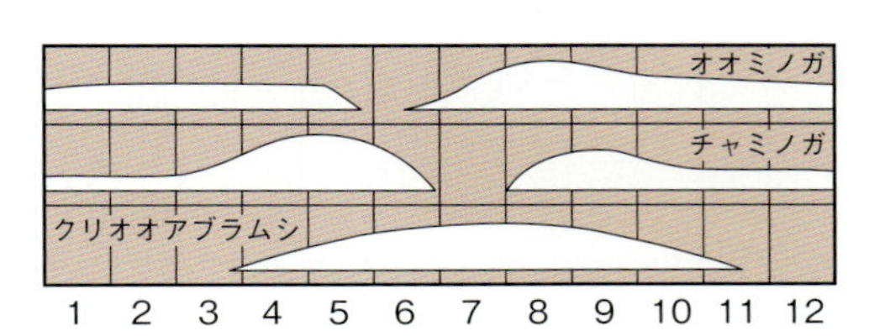

バラ科　カナメモチ／シャリンバイ　庭木

ごま色斑点病

〈被害の特徴と発生生態〉

- 葉の表面に紅色の小斑点が多数でき、やがて紫紅色～紫黒色で縁どられた灰褐色の３～５㎜の円形の斑点になる。融合して大型病斑になることもある。病斑の中央部には黒色で光沢のあるカサブタ状のものができ、これから白い塊（胞子）が出てくる。
- 病斑部の裏面は周辺が不明瞭な紫色～紫紅色の不整形の病斑になる。
- 新葉が次々に発病し、やがて紅変して落葉する。このため、葉の数が少なくなり、樹勢もしだいに衰え、枯れることもある。
- 被害葉が伝染源となり、新葉の展開期以降、雨滴によって広がる。

〈防除〉

- 雨よけ栽培にし、マルチをすると発生が減少する。庭木では被害葉を摘み取ったり、落葉を集めて処分する。

さび病

〈被害の特徴と発生生態〉

- 葉や枝に発生する。はじめ小さな退色斑がしだいに橙黄色の円状斑になり、やや膨らんで橙黄色の突起を多数つくる。最後にこれが破れて多量の黄色の粉（胞子）が飛び散る。
- 葉や枝はねじれるなど奇形になるが、胞子の飛散後は黒色に変色して枯れる。春の被害が大きい。

〈防除〉

- 病気の葉や枝は剪定して処分する。

カナメモチのごま色斑点病

シャリンバイのごま色斑点病

シャリンバイのさび病

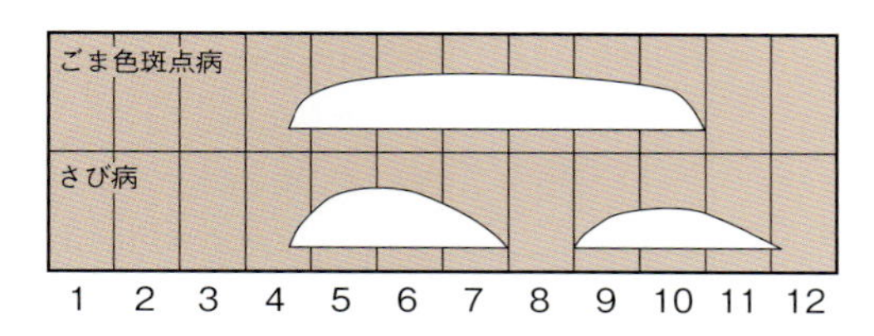

庭木　キンモクセイ（モクセイ、ヒイラギを含む）　モクセイ科

ヘリグロテントウノミハムシの成虫

ヘリグロテントウノミハムシの食害痕

マエアカスカシノメイガの被害葉

マエアカスカシノメイガの幼虫

ヘリグロテントウノミハムシ

〈被害と虫の特徴〉

- 成幼虫とも葉を食害する。幼虫は葉の中に潜って内部を食害するので、その部分が火傷を負ったように褐色に変わる。
- 成虫は体長３～４㎜、体は黒色で２個の赤い斑紋が背中にあり、テントウムシによく似ている。後脚が太くなっており、ピョンと飛び跳ねる習性がある。
- 幼虫は黄白色の偏平な虫で、大きくなると体長５㎜になり、土の中で蛹になる。

〈防除〉

- 成虫を捕殺する。
- 褐変した被害葉は切り取って処分する。

マエアカスカシノメイガ

〈被害と虫の特徴〉

- 幼虫が若い葉を糸で綴り合わせて巣をつくって食害する。葉の表皮を残して食害するため、その部分が褐変して枯れる。
- 成虫は体長３㎝のガで、翅は銀白色である。幼虫は体長２㎝で、薄い緑色である。
- キンモクセイでは４～５月の新葉展開期に発生する。６月以降に展開葉が糸で綴り合わされることがあるが、これはチャハマキという別の虫である。

〈防除〉

- 被害の出ている枝葉ごと摘み取って処分する。または、被害葉を開いて虫を捕殺する。

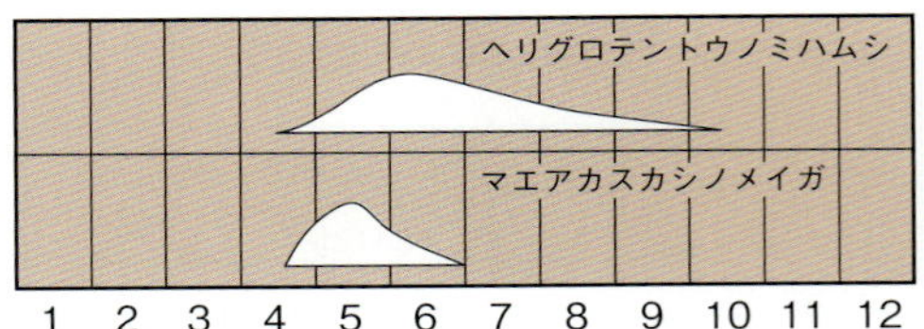

モクセイハダニ

〈被害と虫の特徴〉

- 葉の汁が吸われ、その部分の色が点状に白く抜ける。多発すると肥料切れのような感じで葉が白っぽくなり、美観を損なう。
- 樹全体の葉が白くなるほど多発しても、普通は樹が枯れることはない。
- 成虫は体長0.5㎜で非常に小さく、体色は赤色である。7～9月の高温乾燥時に多発する。
- 建物の陰など比較的雨がかかりにくいところで、しばしば多発する。

モクセイハダニの被害葉

ヒイラギハマキワタムシ

〈被害と虫の特徴〉

- 4～6月、樹内の枝に白色、綿状の大きな塊が並ぶ。
- 綿を取り除くと、体長3㎜、体の表面を白色綿状のロウ物質で覆われた虫が見つかる。
- 枝が混み合った場所、風通しの悪い場所で発生が多い。
- 多発すると枝や葉に付着した排泄物にすす病が発生するので枝幹が黒く汚れる。

ヒイラギハマキワタムシ

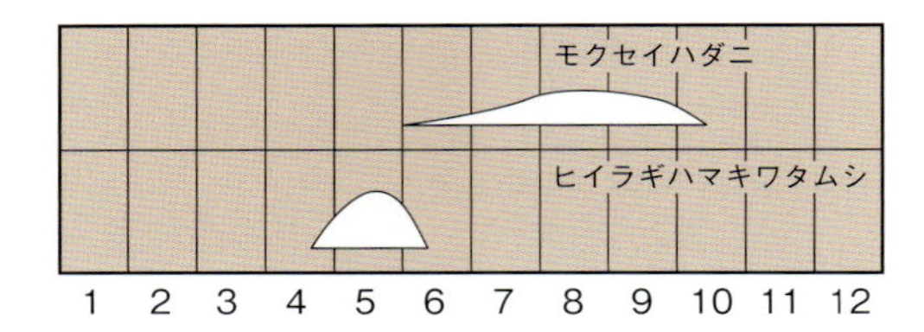

てんぐ巣病

ササキコブアブラムシによる葉のコブと中の幼虫

ヤマトコブアブラムシによる巻葉

てんぐ巣病

〈被害の特徴と発生生態〉

- 枝の一部が膨らみ、そこから多数の枝がホウキ状に出て、あたかも「天狗の巣」のようになることから、この名前がある。
- ホウキ状になった枝の葉は縮れ、裏面に病原菌の胞子ができて伝染する。
- ソメイヨシノで被害が著しい。

〈防除〉

- 冬から春にホウキ状になった枝やコブを切り取り、処分する。

アブラムシ類

〈被害と虫の特徴〉

- ササキコブアブラムシ：4～5月、葉の葉脈に沿って体長2～3cm、黄色または赤色の袋状のコブができる。その中には黄色い小さな虫が多数寄生し、吸汁する。
- ヤマトコブアブラムシ：5～8月、葉の縁が裏側に縦に巻き込む。その筒の中には黒い小さな虫が多数寄生し、吸汁する。この被害を受けた葉はしだいに褐変し、落葉する。

〈防除〉

- ササキコブアブラムシでは虫コブを見つけしだい取り去る程度でよい。

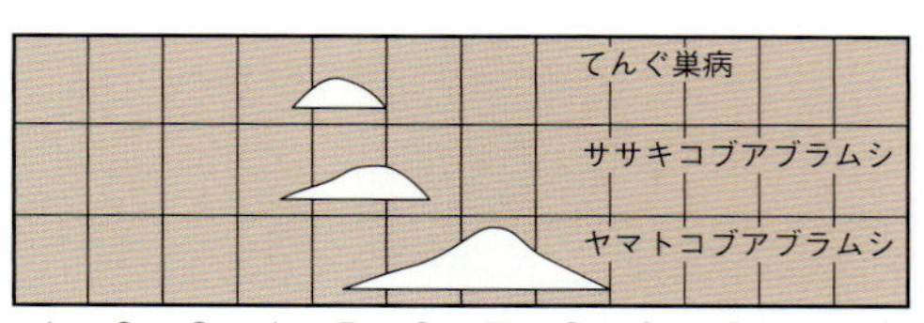

アメリカシロヒトリ

〈被害と虫の特徴〉

- ６、８、９月の３回、枝先の葉を巻き込んで白いテント状の巣ができ、中に白っぽい毛虫が多数いる。
- 毛虫は大きくなるとテントから外へ出て広がり、まわりの葉を食べる。多発すると、樹全体が丸坊主になる。

〈防除〉

- 幼虫が集団でいる巣を枝ごと切り取り処分する。

オビカレハ

〈被害と虫の特徴〉

- ３～４月に、枝の股のところにテント状の巣ができ、中に青い毛虫が多数いる。
- 毛虫は大きくなるとテントから外へ出て広がり、まわりの葉を食べる。

〈防除〉

- 枝にリング上に産みつけられた卵塊を冬期に除去する。
- テント状の巣を幼虫ごと取り去る。

モンクロシャチホコ

〈被害と虫の特徴〉

- ８～９月に赤褐色の毛虫が葉裏に群生し、葉を食害する。多発すると樹全体が丸坊主になる。

〈防除〉

- 群生している幼虫を葉や枝ごと切り取り処分する。

アメリカシロヒトリの幼虫とテント状の巣

オビカレハの幼虫

モンクロシャチホコの幼虫

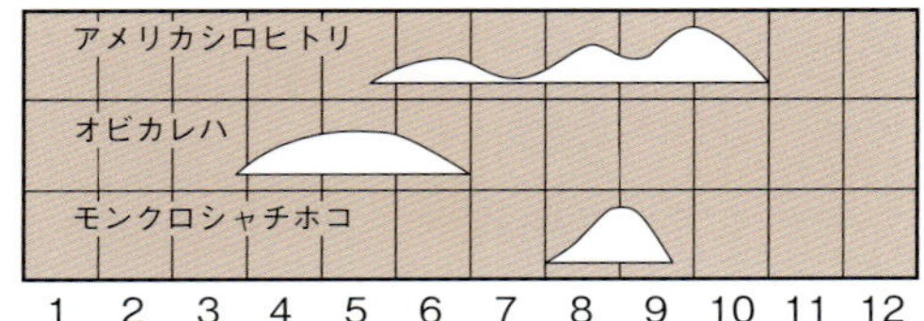

庭木　サルスベリ　ミソハギ科

うどんこ病

サルスベリヒゲマダラアブラムシ

サルスベリフクロカイガラムシ

うどんこ病

〈被害の特徴と発生生態〉

- 葉や新梢に多発する。葉に白色の小斑点ができ、後に葉全体が白い粉で覆われる。つぼみも白い粉で覆われる。
- 風通しや日当たりが悪いと発生しやすい。

〈防除〉

- 日照不足にならないように剪定する。
- 発病葉を集めて処分する。

サルスベリヒゲマダラアブラムシ

〈被害と虫の特徴〉

- 主に葉裏に寄生して吸汁する。多発すると葉表、新梢、花にも寄生し、排泄物にすす病が発生するため、葉や枝幹は黒く汚れて美観が悪くなる。
- 体長 1.5㎜、淡黄色で、成虫の翅には黒い模様がある。
- 枝上の卵で越冬し、１年に数回発生を繰り返す。

サルスベリフクロカイガラムシ

〈被害と虫の特徴〉

- 枝や幹に集団で寄生して吸汁する。すす病も発生するので美観が悪くなる。
- 年２～３回発生する。成虫は体長３㎜、楕円形で、赤紫色の虫であるが、いつも白色の分泌物で覆われている。

〈防除〉

- 虫をブラシでこすり落とす。
- 多発した被害枝は切り取って処分する。

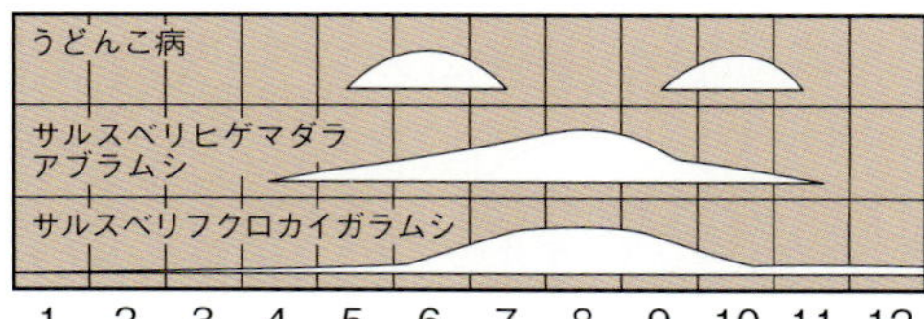

サンゴジュハムシ

〈被害と虫の特徴〉
- 4～5月に体長1㎝のウジムシ状の幼虫が葉裏から食害し、葉に直径5㎜の褐色の傷痕ができる。
- 多発すると樹が丸坊主になることがある。
- 6月に黄褐色の成虫が現れ、幼虫と同じように葉を食害する。

アブラムシ類

〈被害と虫の特徴〉
- 5～6月、新芽や新葉に体長1㎜の小さな虫が群生する。
- 多発すると虫からの排泄物が葉に付着し、すす病が発生するため葉や枝が黒く汚れる。
- 暗褐色のハゼアブラムシと緑色のユキヤナギアブラムシが発生する。

サンゴジュニセスガ

〈被害と虫の特徴〉
- 4月に新芽がしおれて枯れる。多発すると樹の大半の芽が垂れ下がる。
- しおれた芽の基部には小さな穴があり、中に黄褐色の虫がいる。
- 6月に幼虫が花を糸で綴って食害する。

〈防除〉
- しおれた新芽は切り取って処分する。

サンゴジュハムシの成虫　サンゴジュハムシの幼虫

ハゼアブラムシ

サンゴジュニセスガによる新芽の被害

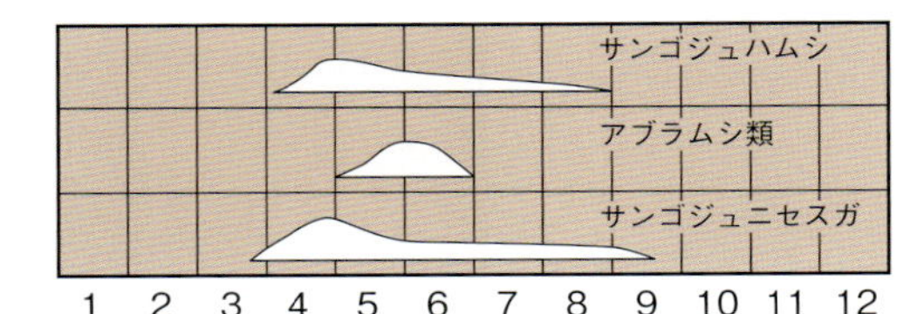

ジンチョウゲ

ジンチョウゲ科

白絹病による株のしおれ

黒点病

白絹病

〈被害の特徴と発生生態〉

- 初夏～秋にかけて株全体が生気を失い、新梢がしおれ、葉は黄化し落葉する。やがて株全体がしおれて枯れる。
- 被害株の根や地際の幹に白色の糸が絡まり、株元付近に淡褐色～褐色の栗粒大の塊（菌核）が多数できる。
- 病原菌は菌核で越冬・越夏し、菌糸を伸ばして感染する。

〈防除〉

- 被害株はていねいに掘り取り、処分する。
- 未熟有機物を多用しない。

黒点病

〈被害の特徴と発生生態〉

- 葉、葉柄、若い枝に発生する。春先の新梢が伸びる時期から秋まで発生する。
- 葉、葉柄と若い枝に1～3㎜の黒点が多数できる。1葉に数百の斑点ができ、黒点の中央部に白色の胞子の塊がつくられる。
- 被害葉は早期に落葉し、激しいときは展開葉が侵され、新梢頂部の葉を残して落葉する。新梢はねじれて曲がり、しばしば株が枯れることもある。多発すると被害株が次々と枯れ、大きな被害になることがある。
- 一度発病すると、毎年発生を繰り返す。
- 発病株が翌年の第一次伝染源となり、生育中は被害葉などが伝染源となる。

〈防除〉

- 発病すると防除は難しい。
- 被害株は直ちに掘り取るとともに、落葉も集めて処分する。

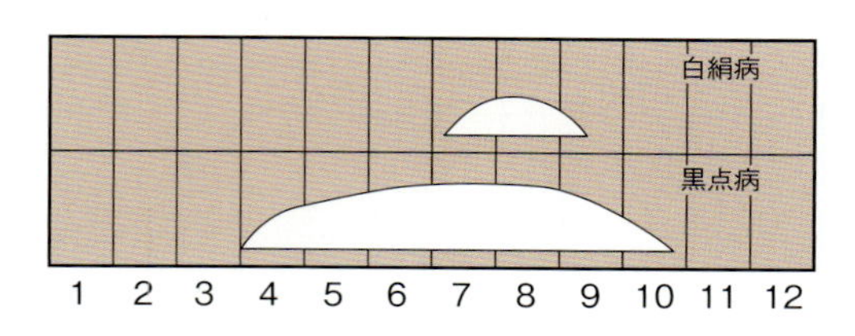

ツゲノメイガ

〈被害と虫の特徴〉
- 幼虫が新梢に糸を張り、葉や新梢を食害する。毎年同じ場所で発生する傾向があり、多発すると樹を丸坊主にし、ときには樹を枯らすことがある。
- 年3回発生する。幼虫は体長 3.5㎝、頭部は黒色、胴部は黄緑色で、黒い斑紋がある。

〈防除〉
- 被害枝を切り取り、処分する。

クロネハイイロハマキ

〈被害と虫の特徴〉
- 幼虫がイヌツゲの枝先の葉を糸で綴って巣をつくり、新葉や新梢を食害する。多発すると樹の生長が止まる。
- 葉表を残して食害するので被害葉は白っぽく見えるが、後に褐変して、美観を損なう。
- 年数回発生する。幼虫は体長1㎝、褐色である。

〈防除〉
- 被害枝を切り取り、処分する。

チビコブハダニ

〈被害と虫の特徴〉
- 被害葉は点状に色が抜けて白っぽくなる。多発すると葉色が悪くなり、美観を損なう。
- 体長 0.5㎜の赤褐色のハダニで、8～9月に発生する。
- 建物の陰など雨のかかりにくい場所で多発する傾向がある。

ツゲノメイガの被害　ツゲノメイガの幼虫

クロネハイイロハマキの被害

チビコブハダニの被害葉

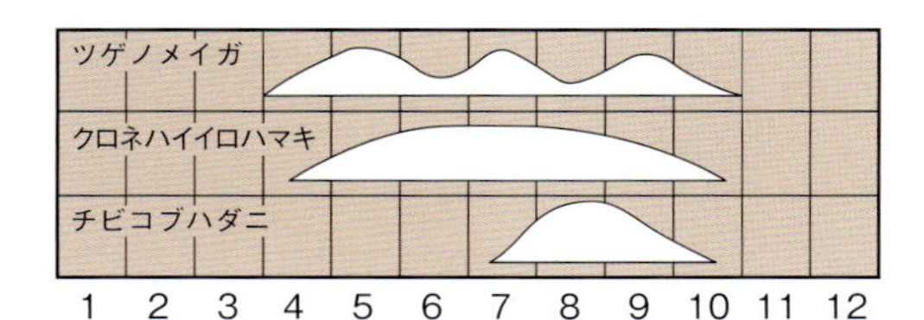

褐色円斑病

トビイロトラガの幼虫

褐色円斑病

〈被害の特徴と発生生態〉

- 生け垣や壁に這わせたツタに普通に見られる病害で、多発すると美観を損ねる。
- ５月中旬から葉に小さな褐色の斑点ができ、しだいに大きくなって直径５㎜の病斑となる。
- 病斑の周辺部は茶褐色で、その内部が灰褐色になり、６月下旬以降には、病斑上にかなり小さな黒色の粒ができる。病斑は古くなると穴があく。
- 発病しても葉が早期に落葉することはなく、夏以降も斑点のある葉が残る。
- 病原菌は発病葉で越冬し、翌年再び胞子を飛散して感染、発病を繰り返す。

〈防除〉

- 発病した葉は集めて処分する。放置すると毎年発病する。

トビイロトラガ

〈被害と虫の特徴〉

- ６～９月、葉が少なくなり、やがて葉身がまったくなくなって葉柄のみになる。
- 葉の食害部を注意して見ると、体長２～３㎝、頭がオレンジ色で、体全体に黒色と白色の縞模様のある幼虫が見つかる。

〈防除〉

- 葉の食害に気づいたら、被害葉とその周囲の葉を調べて幼虫を見つけしだい捕殺する。
- 虫が大きくなると１匹当たりの食害量も多くなるので早期発見がポイントである。

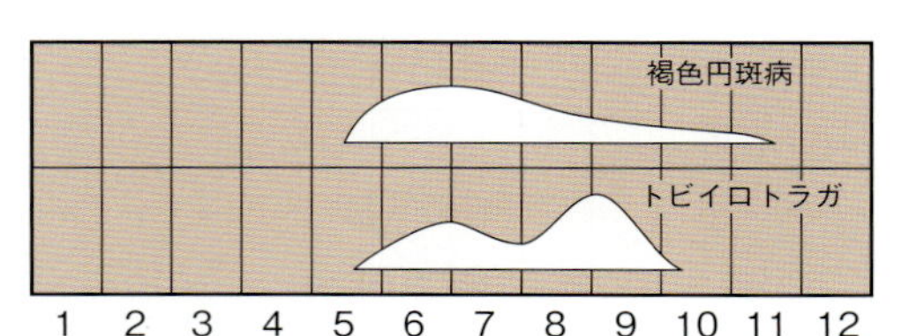

もち病

〈被害の特徴と発生生態〉

- 葉、花、枝で発病する。葉ではモチのように膨らんで光沢のある淡緑色～淡桃色になり、後に白い粉が表面を覆う。古くなると、黒く固くなってミイラ化する。
- 株が枯れることはないが、放置しておくと毎年発生し、花つきが悪くなる。
- 日当たりが悪い場所、降雨の多い年に発生しやすい。

〈防除〉

- 病気にかかった葉や花を見つけしだい切り取り、処分する。

褐斑病

〈被害の特徴と発生生態〉

- 葉に葉脈で区切られ角ばった、大きさ５㎜前後の褐色病斑ができる。葉に多数の斑点ができ、融合して大きな不整形の病斑になる。
- 被害葉は冬に病斑の周囲から黄色くなり、春には病斑の褐色を残し葉全体が黄化する。
- 被害葉は成熟胞子をもったまま春まで残り、再び新葉展開期から伝染する。
- 風通しが悪かったり、秋～冬に雨が多いと発病しやすい。

〈防除〉

- 冬に落葉や病斑のある葉を集めて処分する。

もち病

褐斑病

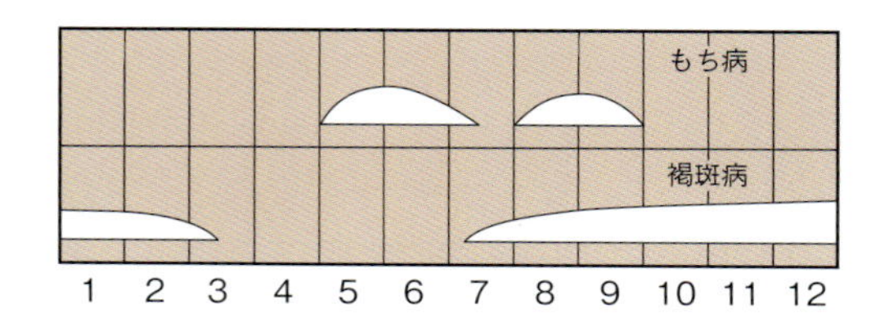

ツツジグンバイの被害　ツツジグンバイの成虫

ベニモンアオリンガの被害　ベニモンアオリンガの幼虫

ツツジグンバイ

〈被害と虫の特徴〉

- 成幼虫とも葉裏に寄生して吸汁するので、葉表は白いカスリ状になる。また、葉裏には黒いタール状の斑点（糞）が見られる。
- 発生が多い場合は黄変して落葉し、枝の伸びや花つきが悪くなる。
- 1年に数回発生する。成虫は灰色で「軍配」の形をした体長3㎜の虫で、翅には網目状の紋がある。
- 幼虫は黒色で、成長すると2～3㎜になり、トゲをもつ。
- 高温乾燥下で発生が多い。

ベニモンアオリンガ

〈被害と虫の特徴〉

- 幼虫が新芽やつぼみに食い入って、内部を食い荒らし、新芽を枯らす。
- 4～10月の間に2～3回発生し、夏に被害が非常に目立つ。
- 幼虫は褐色で白い斑紋があり、成長すると体長1㎝になる。
- 虫は新芽に食い込んでいるが、普通はその周辺を探しても見つからないことが多い。1匹の虫がいくつもの新芽を次々にかじるので被害の割には虫は少ない。

〈防除〉

- 翌年のつぼみができる7～8月の発生に注意し、被害芽は切り取って処分する。

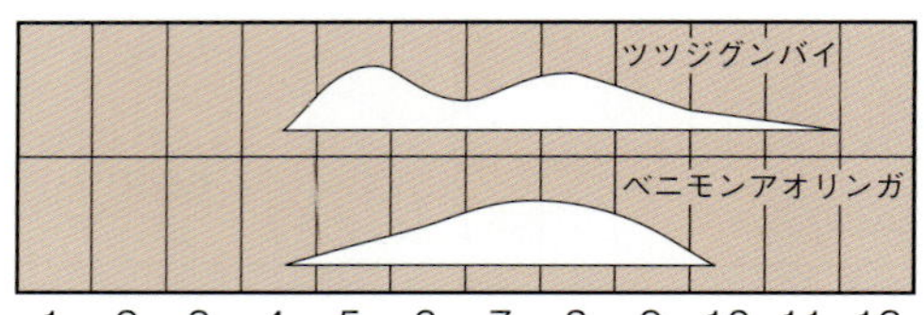

ルリチュウレンジ

〈被害と虫の特徴〉

●幼虫は集団で葉を食害するため短期間に樹の一部が丸坊主になる。つぼみも同様に食われてしまう。

●年３回発生する。幼虫は体長２～３cm、頭は黒色、体は薄い緑色で、多数の黒点がある。

●成虫はアシナガバチの半分くらいの大きさの青いハチで、ツツジの葉上によく止まっているのが見られる。

〈防除〉

●発生初期の幼虫が集団でいるときに枝ごと切り取って処分する。

ツツジコナジラミ

〈被害と虫の特徴〉

●葉に人が触れたり、風が吹いて葉が強く揺れ動くと体長１mm、ハエのような白色の虫がひらひらと飛び出してくる。

●植え込みのヒラドツツジなど、葉が混み合った状態になったところで多発しやすい。

●直接の吸汁被害より排泄物の上に発生するすす病の被害による汚れが目につく。

●幼虫は体長１～２mm、偏平で楕円形の薄い黄色である。葉の裏側に群生しているが、色が薄いので見つけにくい。

〈防除〉

●枝や葉を剪定し、風通しをよくする。

ルリチュウレンジの幼虫

ルリチュウレンジの成虫

ツツジコナジラミの成虫

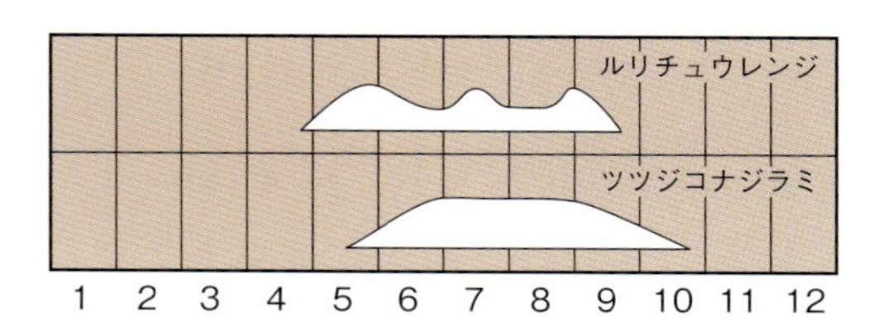

サザンカのもち病

ツバキの輪紋葉枯病

もち病

〈被害の特徴と発生生態〉

- 春先、新葉の展開する頃、若葉が緑白色になり、しだいに分厚くなる。厚くなった葉の表面は白色の粉で覆われる。古くなると腐ったり、黒く固くなってミイラ化する。
- ツバキでは花芽も侵され、子房や雄しべ、花びらの肥大も見られる。
- 日当たりが悪く、多湿のところで発生しやすい。
- ツバキでは葉が分厚くならずに、円形の黄色斑ができ、裏面に白い粉をふく「粉もち病」も発生する。

〈防除〉

- 表面に白い粉がふく前に被害部分を切り取り、処分する。

輪紋葉枯病

〈被害の特徴と発生生態〉

- ツバキ、サザンカなどの常緑広葉樹に発生する。葉に褐色の小さな斑点ができ、急速に拡大して直径1～2㎝大の円形病斑となる。
- 病斑部分には直径0.4～0.5㎜、高さ0.2㎜で灰白色の微小な菌体が多数できる。
- 病斑は赤褐色で、しばしば輪紋となり、ツバキでは1葉当たり1～2個の病斑ができる。
- サザンカでは実にも病斑ができ、未熟なうちに落果する。
- 病葉は早期に黄化し落葉する。激発すると樹勢が衰え、枯れることがある。

〈防除〉

- 早期に発病葉を摘み取り、落葉した葉は集めて処分する。

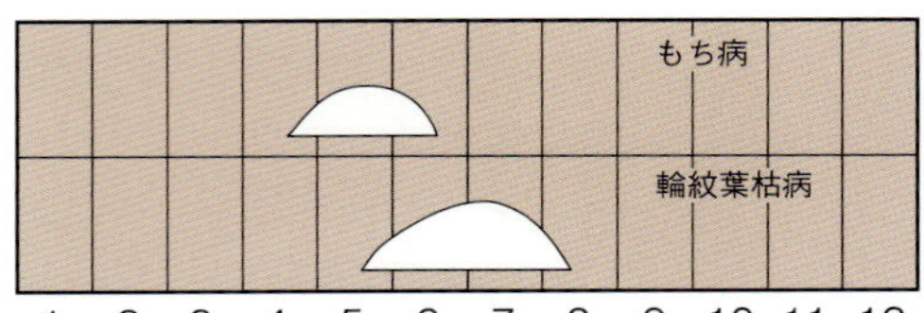

チャドクガ

〈被害と虫の特徴〉

- 幼虫は集団で生活し、はじめ葉の表皮を残して食害するので、葉が白く透ける。成長すると葉全体を食べ、多発すると樹を丸坊主にしてしまう。
- 幼虫は体長２～３㎝、体は黄褐色で２列の黒褐色のコブがあり、白色の長い毛が生えている。
- 幼虫のほか、卵塊、マユ、成虫、死骸、抜け殻の毛に触れてもかぶれる。

〈防除〉

- 幼虫の集団を見つけしだい、その葉や周辺の葉を切り取り、処分する。

ロウムシ類

〈被害と虫の特徴〉

- 幹や葉にロウの塊のような虫が寄生して汁を吸い、多発すると枝や樹が枯れる場合もある。また、すす病も発生して美観を損なう。
- 幼虫は移動するが、成虫になると脚が退化して移動できなくなる。
- ルビーロウムシは直径４㎜で赤褐色、ツノロウムシは直径８㎜で白色、どちらも半球形で､幼虫は年１回発生する。

〈防除〉

- 発生が少ないときはブラシでこすり取ったり､被害枝を切り取る程度でよい。

チャドクガの被害

チャドクガの幼虫

ルビーロウムシ

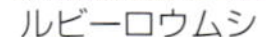

ツノロウムシと葉のすす病

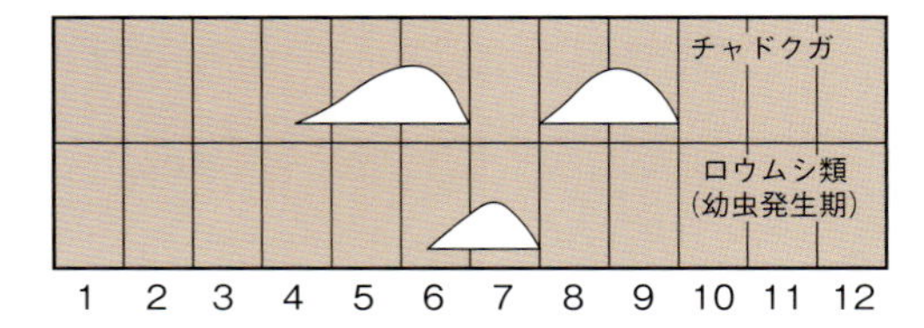

うどんこ病

黒星病

うどんこ病

〈被害の特徴と発生生態〉

- 新葉、新梢、つぼみに白色の小麦粉をつけたような病斑ができ、しだいに広がり葉全体を覆うようになる。病斑は時間がたつと灰色になる。
- 発病した葉はねじれたり、波打ったようになり、著しい場合は早期に落葉する。
- ハウス栽培では一年中発生する。

〈防除〉

- 被害を受けた枝は翌年の発生源となるので、早めに切り取り処分する。

黒星病

〈被害の特徴と発生生態〉

- 葉と葉柄に発生し、新梢やつぼみにも発生する。
- 葉では、はじめ紫色〜褐色の小さな斑点ができ、その後、大きくなって紫黒色〜黒褐色の円形から不整形の病斑となり、その周囲は黄色になる。
- 病斑上には小さい黒点が見られ、病斑のできた葉は落葉しやすくなる。
- 葉柄や枝では暗黒色の病斑となり、多発すると落葉して枝は枯れる。
- 春先から発生し、降雨の多いときに発生が多い。夏から発生すると遅くまで発生が続く。

〈防除〉

- 病斑上に胞子を形成して伝染する。発病した葉や枝は早めに取り除き処分する。

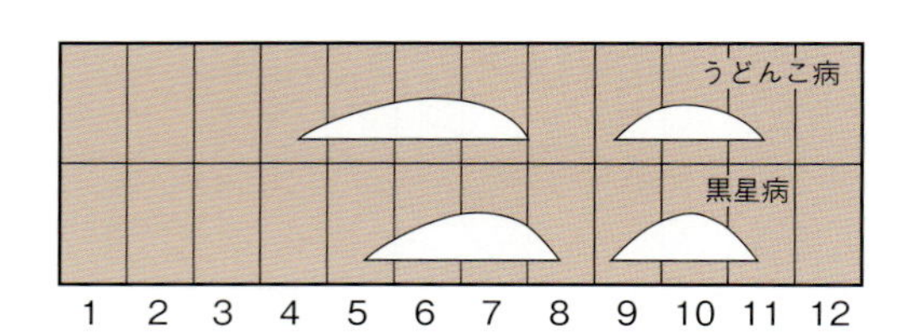

灰色かび病

〈被害の特徴と発生生態〉

- 主に花に発生し、つぼみ、葉、枝にも発生する。
- 花では淡褐色の小斑点ができ、全体に広がって腐敗し、ネズミ色のカビで覆われる。つぼみに発生すると開花しない。
- 葉が侵されると変色し、小さくなりネズミ色のカビが生える。枝では切り口に発生して、ゆでたように変色し枝全体に広がり、株が枯れることがある。

〈防除〉

- 発病した花などは早めに取り除き処分する。

根頭がんしゅ病

〈被害の特徴と発生生態〉

- 根や地際の茎の部分に白色の大小さまざまなコブができる。コブの表面はごつごつして、後に、褐色〜黒褐色に変わり固くなる。コブを削り取っても再び新しいものができる。
- 株は枯死することはないが、しだいに樹勢が弱くなる。

〈防除〉

- 発病株は早めに土とともに掘り上げる。
- 病原菌は土壌中に生息し根の傷口などから侵入する。病原菌が付着した刃物で切ると切り口から感染する。

灰色かび病　　つぼみの灰色かび病

根頭がんしゅ病による地際部のコブ

根頭がんしゅ病による根のコブ

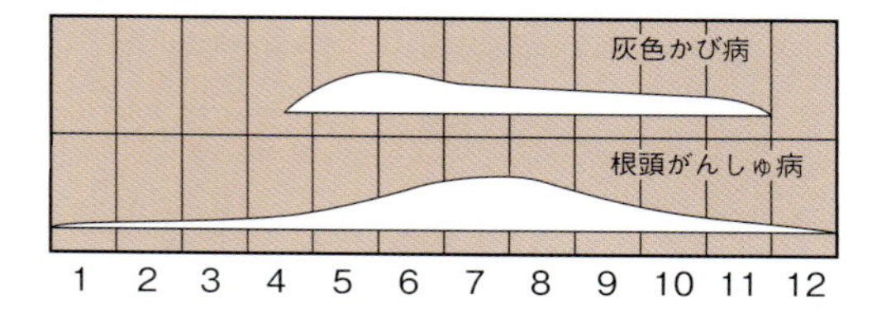

アカスジチュウレンジの幼虫

クロケシツブチョッキリによるつぼみの被害

クロケシツブチョッキリの成虫

アカスジチュウレンジ

〈被害と虫の特徴〉

- 幼虫は薄い緑色で、黒いゴマのような斑点がたくさんあり、体をくの字に曲げる習性がある。
- 成長すると体長3㎝になり、群生して葉を食害するため、しばしば樹全体が丸坊主になる。
- よく似た虫にチュウレンジハバチがいる。この虫は頭が黒く、胴は緑色で斑紋がないことで区別できる。両種が同時に発生していることもある。

〈防除〉

- 葉裏に群がっている幼虫を捕殺する。

クロケシツブチョッキリ

〈被害と虫の特徴〉

- 新芽、新梢、小さなつぼみなどが突然しおれ、最後に褐変して枯れる。
- 被害部には体長3㎜で黒く、頭の先端が象の鼻のように突き出ている虫がいる。
- 頭をドリルのように動かし、新梢に穴をあけて食害するので、その部分から上がしおれて枯れる。
- つぼみのできる新梢が次々に食害を受けて枯れるため、被害は大きい。

〈防除〉

- わずかな振動でも脚を縮めて地上に落下する習性があるので、下に捕虫網を置いて樹を急にゆすり、落下した虫を捕殺する。

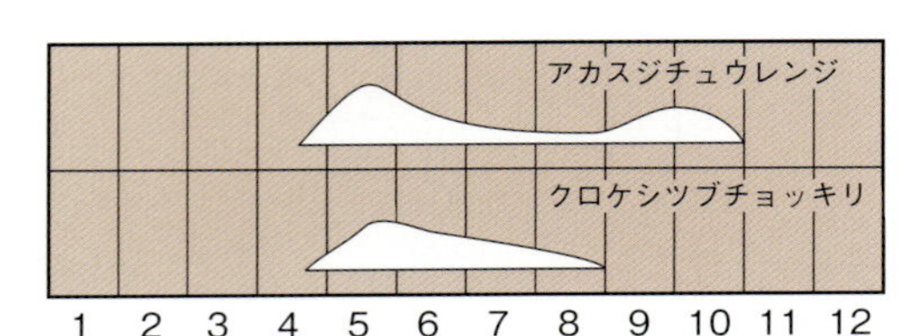

イバラヒゲナガアブラムシ

〈被害と虫の特徴〉

- つぼみ、葉裏に緑色の成幼虫が群がり吸汁する。特に春の新芽の伸びる時期に発生が多い。
- 多発すると樹の生育が悪くなり、排泄物によって葉が汚れ、その上にすす病も発生するので美観が悪くなる。
- 新梢が伸びる頃に急激に増えるので、発生に注意する。

ナミハダニ

〈被害と虫の特徴〉

- 葉裏に体長 0.5㎜のハダニが群がって吸汁するため、葉に細かいカスリ状の白い小さな点が見られる。
- 葉は生気を失い、しだいに全体が白っぽくなって艶がなくなり、早く落葉する。
- 高温時にはごく短期間に増えて大きな被害を与える。
- ガラス室やベランダなど雨が当たらないところで多発しやすい。

アブラムシの排泄物で汚れた葉

バラヒゲナガアブラムシ

ナミハダニによる被害葉

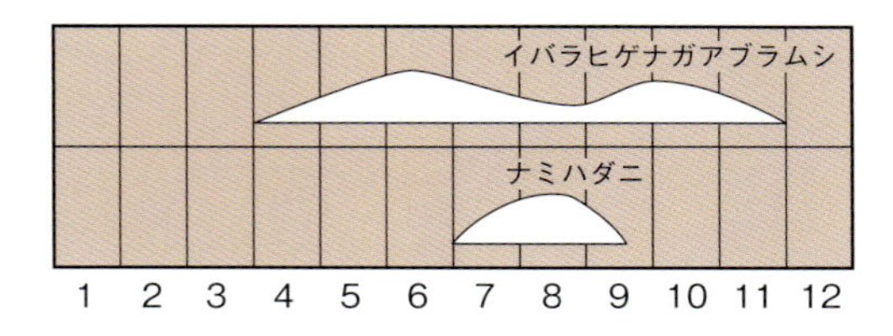

ピラカンサ / プラタナス

バラ科 / スズカケノキ科

ウメエダシャクの幼虫

プラタナスグンバイによる被害

プラタナスグンバイの成虫

ウメエダシャク

〈被害と虫の特徴〉

- 幼虫は全体が黒色で、オレンジ色の細かい斑点をもつシャクトリムシである。
- 葉を縁からかじる。多発すると樹が丸坊主になる。
- 幼虫は4～6月に年１回発生する。
- ウメやピラカンサなどのバラ科、ニシキギなど多くの植木の害虫である。
- 成虫は黒っぽい翅に白い紋が目立つ大きなガで、昼間、ヒラヒラとゆっくりと飛ぶ。

〈防除〉

- 幼虫を発見しだい、捕殺する。

プラタナスグンバイ

〈被害と虫の特徴〉

- 成虫と幼虫が葉裏から汁を吸うため、葉の色が脱色される。多発すると葉全体が白化、黄白色化する。
- 成虫は体長３～４㎜と小さく、乳白色で翅の中央に黒い紋が目立つ。幼虫は黄褐色でトゲをもつ。
- 年３回ほど発生する。成虫が樹皮下で越冬する。

〈防除〉

- 冬期に粗皮削りを行う。

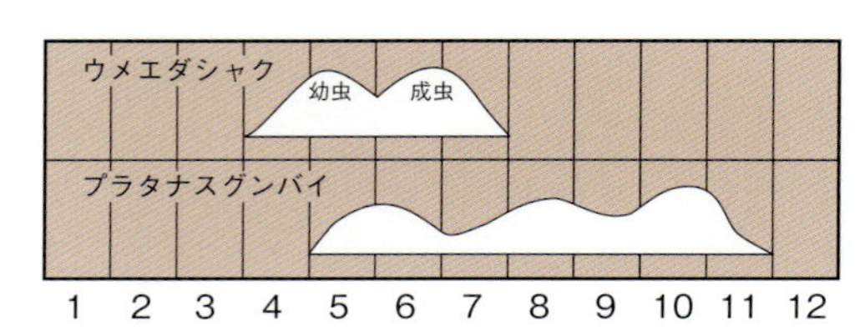

チャノキイロアザミウマ

〈被害と虫の特徴〉

- 成幼虫とも展開中の新葉に寄生して吸汁する。被害葉は展開すると、ねじれて奇形になったり、褐色のケロイド状の傷が残ったりする。
- 体長１㎜の小さな虫で、体色は黄色である。虫が吸汁しているときと被害が出る時期がかなりずれるため、被害発生時には虫は見つからない。
- マキでは常時発生する虫ではなく、年による発生の変動が大きい。
- 近くにこの虫の好きなサンゴジュやブドウがあると発生が多くなる。
- 越冬は樹皮の割れ目や落葉などで行う。

〈防除〉

- 剪定して風通しや日当たりをよくする。

マキアブラムシ

〈被害と虫の特徴〉

- 春先、新芽や新葉に青色で白い粉をかぶった体長１㎜の小さな虫が群生して吸汁する。
- 虫が糖分を含んだ排泄物を出すため、虫の下にある葉や枝は汚れ、その上にすす病が発生するので黒くなる。
- 多発すると新芽の伸びが止まり、新葉は短くなって黄化する。

〈防除〉

- 少発生のときは軍手でこすり落とす。

チャノキイロアザミウマによる新葉の被害

チャノキイロアザミウマによる葉の褐変と奇形

マキアブラムシ

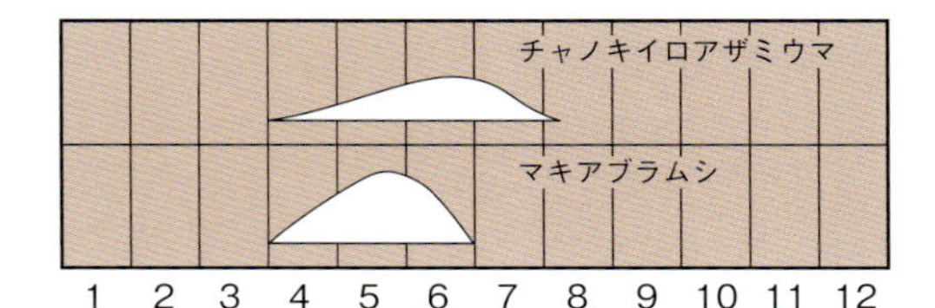

うどんこ病

ユウマダラエダシャクの幼虫

ユウマダラエダシャクの成虫

うどんこ病

〈被害の特徴と発生生態〉

- 春先の新葉展開期から伸長期にかけて、葉の表面に直径1cmで、円形または楕円形の白色粉状の病斑ができる。病斑はしだいに広がって、葉や新梢全体が白い粉で覆われたように白くなる。
- 病原菌は風によって運ばれる。
- 風通しや日当たりの悪いところ、枝や葉が茂って混み合ったところで発生しやすい。

〈防除〉

- 風通しや日当たりがよくなるように剪定する。

ユウマダラエダシャク

〈被害と虫の特徴〉

- 体長2〜3cm、黒地に黄色の斑点のあるシャクトリムシが葉を食害する。
- 葉の食害が激しいため、多発すると樹は枝だけ残して丸坊主になることがある。
- 発生している樹の根元には黒い糞が散乱している。

〈防除〉

- 虫は刺激があると落下する習性があるので、ホウキで樹の表面を掃くようにこすり、落下した虫を殺す。

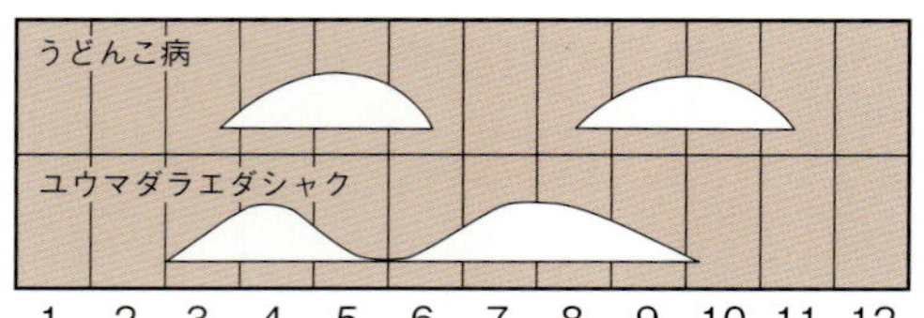

カメノコロウムシ

〈被害と虫の特徴〉

- 葉や枝が3～4㎜の半円球状の白いロウ状物質で覆われ、この中に赤褐色の虫がいて樹液を吸う。成虫も幼虫も同じような形をしている。
- 多発すると枝枯れが起きる。また、すす病が発生して葉や枝が黒く汚れる。
- 年に1回の発生で枝の上で越冬する。カンキツ類やヒマラヤスギにも寄生する。

〈防除〉

- 虫を軍手やブラシでこすり取ったり、枝ごと切り取って処分する。

マサキナガカイガラムシ

〈被害と虫の特徴〉

- 葉や枝に暗褐色で体長2㎜、偏平な長楕円形の虫が寄生して樹液を吸う。
- 葉では、虫の寄生している部分が黄色くなる。
- 多発すると被害葉は次々に落葉し、枝枯れもおきて、樹勢は衰弱する。

〈防除〉

- 刈り込みをして風通しをよくする。ブラシで虫をこすり落とす。虫が寄生している葉や枝は切り取って処分する。

カメノコロウムシ

マサキナガカイガラムシ

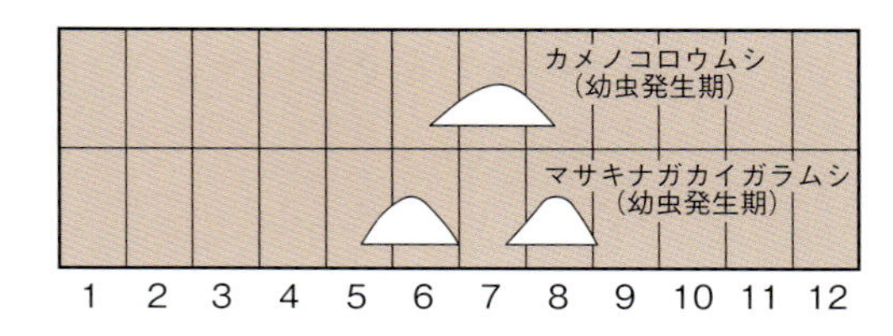

庭木　マツ類　マツ科

葉ふるい病

マツカレハの幼虫

マツカレハの卵塊

葉ふるい病

〈被害の特徴と発生生態〉

- 11月頃に葉に黄褐色の小さな斑点ができ、翌春、葉が灰褐色～灰白色に変わり、5～6月に落葉する。発病の激しい場合、古い葉がすべて落下する。
- 落下する葉には6月中旬頃に0.5㎜大の黒い楕円形の菌体（子嚢盤）がつくられ、7～9月にかけて胞子が空中に飛散して伝染する。

〈防除〉

- 樹勢が衰えたり、窒素肥料を多用した樹で発生しやすい。株元まわりを耕したりして樹の勢いを保つようにする。落葉を集めて処分したり、株元に広葉樹を植えて地上から胞子が飛び散るのを防ぐ。

マツカレハ

〈被害と虫の特徴〉

- 樹皮の割れ目や落葉の下で越冬した幼虫が4～6月に葉を盛んに食害し、多発すると樹を丸坊主にする。
- 幼虫は体長7㎝、褐色の大型の毛虫で、体全体に黒い長い毛が生えている。

〈防除〉

- 秋にコモを幹に巻くと、幼虫が越冬のためにその中に入るので、冬にコモを処分する。

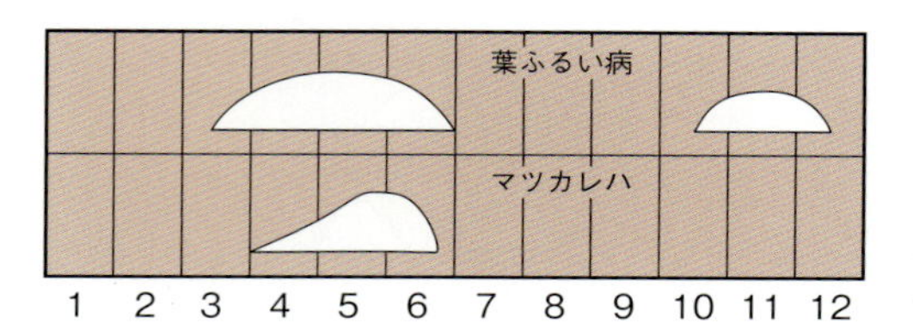

マツノマダラカミキリ

〈被害と虫の特徴〉
- マツ枯れの直接の犯人であるマツノザイセンチュウを運ぶカミキリムシである。
- 年１回６～７月に成虫が発生する。成虫は体長２～３㎝、触角が体の長さ以上もある暗褐色の虫で、白い点が背中一面にある。
- 幼虫はテッポウムシと呼ばれる黄白色の筒状の虫で、幹の中を食い荒らす。
- マツノザイセンチュウが寄生すると、夏の終わり頃から秋にかけて葉が急激に褐変し、樹全体が枯れてしまう。

〈防除〉
- マツノザイセンチュウの被害で枯れ始めたマツは治療できない。
- 枯れたマツは成虫が飛び出す５月までに処分し、中の幼虫を殺す。

マツノゴマダラノメイガ

〈被害と虫の特徴〉
- ゴヨウマツ類の葉を糸で繰り合わせて、その中で葉を食害する。被害部には糞と葉を繰り合わせた球形で褐色の巣が見られる。普通、一つの巣の中に数匹の虫がいる。
- 年２回発生する。幼虫は体長２㎝で、頭部は黒褐色、胴部は暗赤色で、褐色のゴマツブ状の斑点がある。

〈防除〉
- 球形の巣を集めて処分する。

マツ枯れ

マツノマダラカミキリの幼虫

マツノマダラカミキリの成虫

マツノゴマダラノメイガの虫糞

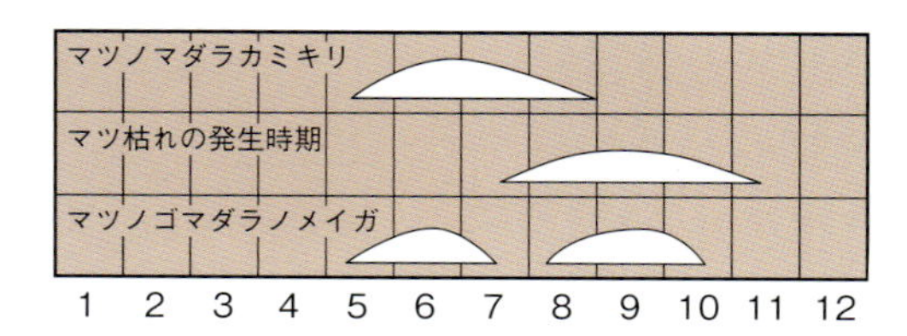

トドマツノハダニによる葉の黄化

カサアブラムシ類

マツオオアブラムシ

トドマツノハダニ

〈被害と虫の特徴〉

- 7～8月に葉が黄色っぽくなって樹勢が衰える。多発すると、先端の葉を残して落葉する。
- 被害の初期はマツノザイセンチュウの被害に似ているが、葉の色が抜けるだけで、樹が枯れたりすることはない。
- 5～10月の間に5～6回発生し、高温乾燥を好むため、梅雨明け後に急激に増加する。
- 葉の色が悪くなった樹では、葉の上に赤っぽい体長0.5㎜の小さなハダニがたくさん歩き回っている。

カサアブラムシ類

〈被害と虫の特徴〉

- ゴヨウマツの新梢、枝、幹に白色の綿状の物質が付着し、その中には赤褐色の虫が潜み、樹液を吸う。多発すると枝が枯れ、ときには樹全体が枯れる。
- クロマツでも新梢に白色の綿状の物質がつき、ときには枝枯れを起こすが、被害は軽い。

マツオオアブラムシ

〈被害と虫の特徴〉

- 新梢に体長3㎜、黒褐色の虫が群生して樹液を吸う。多発すると枝枯れを起こすこともある。すす病も発生するので美観を損ない問題となる。
- 虫は春～秋に発生する。

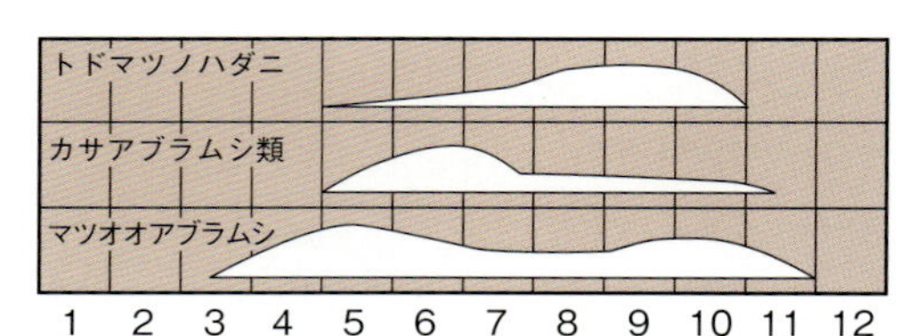

茎枯病

〈被害の特徴と発生生態〉

- 茎に発生が多く、はじめ紫褐色の紡錘形の病斑が現れる。
- やがて縦方向に病斑が拡大し黄褐色に変わるとともに、中央部は灰白色で小黒粒点（柄子殻）を生じる。
- 代表的な病気であるが収穫物の新芽への被害はない。
- 梅雨期および秋雨期など雨の多い時期に、柄子殻から胞子が飛沫して蔓延する。

〈防除〉

- 柄子殻が伝染源となるので、秋末に罹病した茎葉は刈り取り処分する。
- 雨よけにすると、発病を軽減できる。

ネギアザミウマ

〈被害と虫の特徴〉

- 体長約1㎜で黄色～褐色の細長い虫が汁を吸い、茎や葉の色が白っぽくなる。
- 小さく黄色い虫は幼虫、やや大きくて黄色～黒褐色の虫は成虫である。ルーペで見ると成虫の背中には細長い翅があるのがわかる。

〈防除〉

- タマネギが収穫されると寄生していた葉から成虫が飛び出して、さまざまな作物に飛来する。この時期の防除を徹底する。

茎枯病による被害

茎枯病の病徴

ネギアザミウマによる茎の被害

ネギアザミウマによる葉の被害

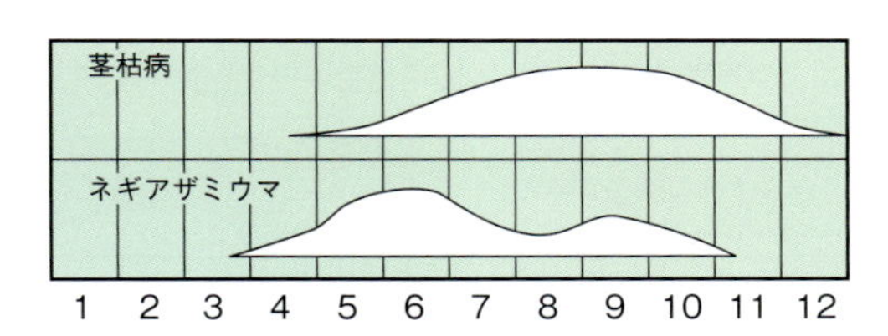

炭疽病による株枯れ

うどんこ病

炭疽病

〈被害の特徴と発生生態〉

- 葉には薄い墨状の斑点、ランナーや葉柄には黒褐色のくぼんだ病斑ができ、株がしおれて枯死することもある。
- 枯れた株のクラウンを切ると、托葉部分から内部に向かって腐敗し、褐色〜暗褐色に変色している。
- 育苗畑で多発すると多数の苗が枯死する。
- 品種間で発病の差があり、女峰、さちのか、章姫、とちおとめ、とよのかに発生が多い。
- 時期的には5月下旬から発生し、梅雨期に被害が拡大して9月下旬まで続く。しおれ症状は冬の加温時にも発生する。

〈防除〉

- 発病株からの苗の採取を避け、育苗時に雨よけや寒冷紗被覆をすると被害が少ない。

うどんこ病

〈被害の特徴と発生生態〉

- 葉、葉柄、果実に発生する。
- 葉では、はじめ下葉に薄い赤褐色の斑点が現れ、やがて葉面が白色粉状のカビで覆われる。つぼみの花びらはピンク色になる。
- 気温が 20℃前後となる春秋期に発生し、品種によっては多発する。
- 品種間で発病の差があり、女峰、とよのかはかかりやすい。

〈防除〉

- 育苗時からの防除が重要で、本圃（畑）で多発すると効果が少ない。

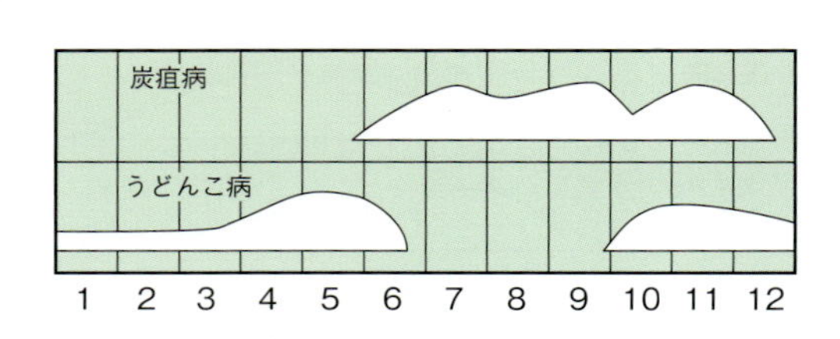

灰色かび病

〈被害の特徴と発生生態〉

● 主に果実に発生するが、葉、葉柄、花びらにも発生することがある。

● 果実では収穫近くのものが発病しやすい。淡褐色の斑点が生じ、これが拡大して果実が腐敗し、表面に灰色のカビが生える。

● 施設・露地栽培とも発生が見られる。やや低温の多湿な環境条件下で発生し、施設栽培で被害が多い。

〈防除〉

● 密植栽培を避ける。下葉かきを十分行い、マルチ栽培とする。過熟果実を放置しない。

萎黄病

〈被害の特徴と発生生態〉

● 新葉の3小葉のうち1～2葉が小さな船形となり黄化する。株は光沢、生気を失い、しおれる。育苗畑で発生すると、苗が次々と枯れていく。

● クラウン部分を切断すると、維管束の部分が褐変している。

● 病原菌は土壌に残りイチゴの連作により多発する。風などで土が運ばれても伝染する。

〈防除〉

● 苗によって病気が持ち込まれ、大きな被害となることが多い。無病の親株から苗を採苗するなど無病苗の確保が重要である。発病した畑では土壌消毒を行う。

灰色かび病（果実）

灰色かび病（葉）

萎黄病による葉の奇形と黄化

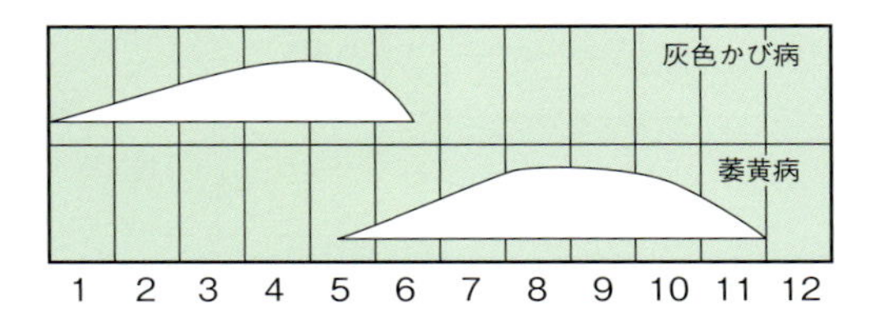

ウイルスによる野生種の症状

ウイルスによる野生種の症状

輪斑病

ウイルス病

〈被害の特徴と発生生態〉

- １種類のウイルス感染では草勢低下は少ないが、２種類以上のウイルス感染があると草勢低下が激しく、葉が小さくなり小株になる。また、クズ果が増加し減収になる。
- ウイルス病は感染親株からの苗を採ることによって広がる。また、アブラムシ類によって伝染し年々感染株が増加する。

〈防除〉

- アブラムシ類の防除を徹底する。
- 無病株を用いる。アブラムシ類の飛来を防止した網室内で、ウイルスフリー株を親株として生産用の株を採苗し栽培する。

輪斑病

〈被害の特徴と発生生態〉

- 葉、葉柄、ランナーに発生する。はじめ下葉に紫褐色の小斑点ができ、広がると不整形の病斑となる。病気が進むと周辺が紫褐色、内部が灰褐色の明瞭な輪紋状となり、葉の縁に達するクサビ形の病斑となる。
- 葉柄やランナーでは赤褐色のややくぼんだ病斑ができ、周辺部が赤くなる。

〈防除〉

- 被害葉やランナーから伝染する。苗は発病していない親株から採るようにする。また、畑周辺に発病葉などを放置しない。

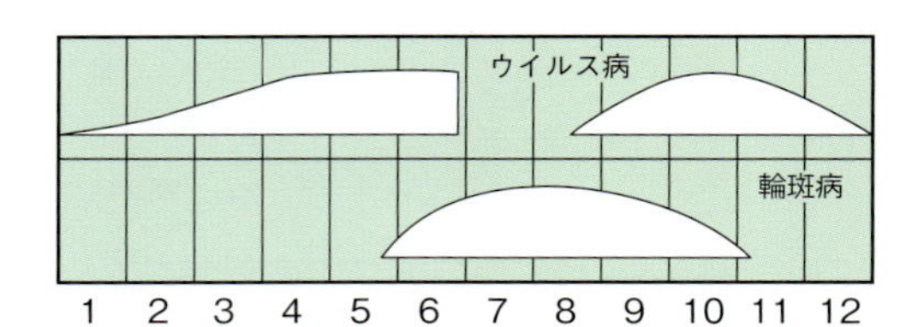

アブラムシ類

〈被害と虫の特徴〉

- 体長１～２㎜の小さな虫が葉裏や新芽に群がって汁を吸うため、株の生育が遅れる。
- 虫の色は緑色・黄色・黒色など変化に富む。
- 虫の排泄するネバネバした液や、その上に発生する黒いカビ（すす病）によって葉や果実が汚れる。

ハダニ類

〈被害と虫の特徴〉

- 体長0.5～１㎜の非常に小さな虫が葉裏にたくさん寄生して汁を吸うため、葉の色がカスリ状に白く抜ける。
- 赤いカンザワハダニと淡緑色のナミハダニの２種類がある。
- 多発すると株の生長が止まり、ひどい場合は枯死する。

チャノキイロアザミウマ

〈被害と虫の特徴〉

- 葉の葉脈に沿った部分が黒褐色になる。
- 虫は体長約１㎜の細長い虫で、新芽だけにいて数が少ないため見つけにくい。

ワタアブラムシ

ナミハダニによる株の被害

チャノキイロアザミウマによる葉脈の褐変

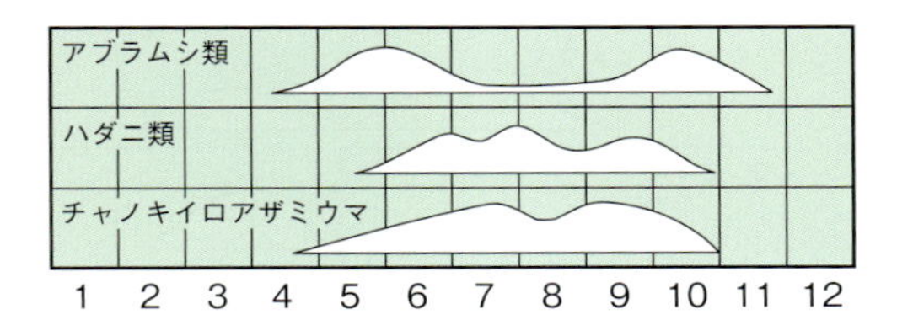

ミカンキイロアザミウマによる葉の被害

ミカンキイロアザミウマによる未熟果の被害

ミカンキイロアザミウマによる成熟果の被害

ハスモンヨトウによる葉の食害

ミカンキイロアザミウマ

〈被害と虫の特徴〉

- 果実の種子の周囲が黄化または褐変する。激しいと果実が褐変し、光沢のない果実になる。
- 葉では葉脈間が吸汁され、白色斑紋になる。
- 体長は1～2㎜で小さい。成虫の体色は黄褐色、幼虫は淡黄色である。
- 寒さに強く、露地作物や雑草で越冬し、5～7月に最も発生が多くなる。
- ナス、キュウリ、トマト、ピーマン、キク、バラ、トルコギキョウ、ミカンなど多くの作物や雑草に発生する。

〈防除〉

- 寒冷紗などで成虫の飛来を防ぐ。
- ビニールマルチし、土中での蛹化を防ぐ。
- 畑の中や周辺の除草を行う。

ハスモンヨトウ

〈被害と虫の特徴〉

- 8月以降、虫が集団で葉を食害し、穴をあける。虫は大きくなると周辺の下部に散らばり、葉やつぼみを食害する。
- 体長は1～4㎝、体色は緑色、灰色、黒褐色などさまざまである。
- 頭のすぐ後ろに1対の小さな黒い斑紋があり、ヨトウムシと区別できる。

〈防除〉

- 寒冷紗などで成虫の飛来を防ぐ。
- 卵からかえったばかりの幼虫は集団で暮らすため、その被害葉を見つけて処分する。

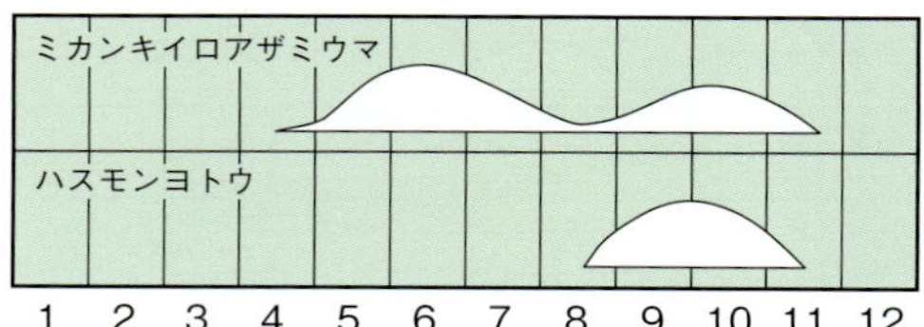

コガネムシ類

〈被害と虫の特徴〉

- 幼虫が根を食べるため、苗の生長がひどく遅れ、ひどい場合はしおれて枯れる。
- 幼虫はカブトムシの幼虫とそっくりで、頭が褐色、胴体は黄白色である。

〈防除〉

- 成虫は腐ったわらや堆肥に引き寄せられる習性があるので、有機質資材を多く施さないようにする。

コガネムシ類の幼虫

チャコウラナメクジ

〈被害と虫の特徴〉

- ナメクジが果実を食べて穴をあける。
- ネバネバした光る這い跡が果実や葉に見られる。

〈防除〉

- 畑の中や周囲のゴミ·雑草を取り除き、ナメクジの発生源を断つ。
- 1週間ほど毎日、夜に徹底的にナメクジを捕まえる。

チャコウラナメクジによる果実の被害

ヨトウムシ（ヨトウガ）

〈被害と虫の特徴〉

- 虫が小さいときは集団で生活し、2～3枚の葉が薄皮を残して食われて白くなる。
- その後、大きくなった虫が散らばり、まわりの葉が穴だらけになる。

〈防除〉

- 若齢幼虫の集団が食害した白っぽい葉を虫ごと処分する。

ヨトウムシ

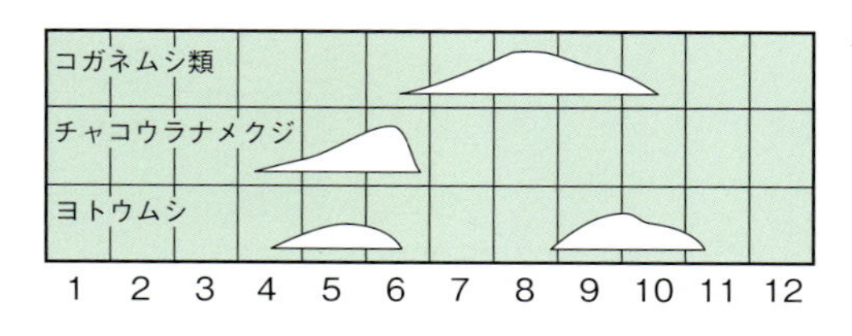

エダマメ　マメ科

べと病

黒根腐病による根の被害

紫斑病による子葉の病斑

紫斑病に汚染された種子

べと病

〈被害の特徴と発生生態〉

- 葉の表面に不規則な形の黄白色の病斑ができ、葉裏に灰色綿状のカビが見られる。病斑はやがて黄褐色になり、周縁は濃い褐色になる。
- 6～7月と9月～収穫期に雨が多いと発生しやすい。また、茎葉が繁茂したり、風通しが悪いと発病しやすくなる。

〈防除〉

- 連作や密植を避ける。抵抗性品種を用いる。

黒根腐病

〈被害の特徴と発生生態〉

- 7月頃から下葉が黄変し、地際部の茎が黄褐色～赤褐色になり、白いカビが生じる。被害が進むと暗褐色に腐敗して、オレンジ色の小粒点をつくる。連作すると発生が多く、エンドウやインゲンにも感染する。

〈防除〉

- 連作を避け、抵抗性品種を用いる。

紫斑病

〈被害の特徴と発生生態〉

- 葉、茎、サヤ、種子に発生する。種子では「へそ」を中心に紫の斑紋ができる。
- 罹病種子をまくと、子葉に赤褐色の雲紋状病斑のある苗ができる。

〈防除〉

- 種子伝染するので健全種子を用いる。

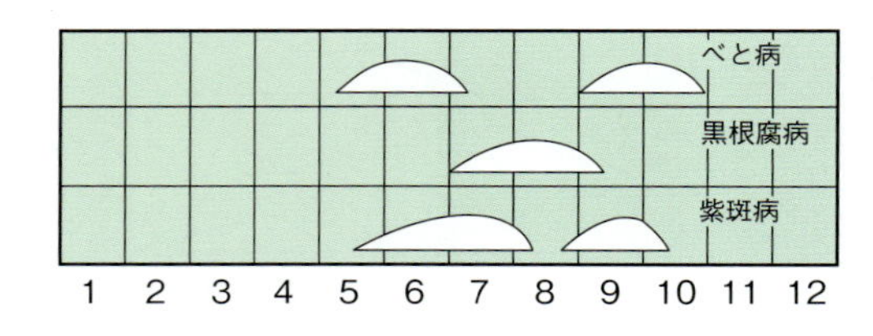

シロイチモジマダラメイガ

〈被害と虫の特徴〉

- サヤに小さな穴をあけ、その周囲に虫糞が付着する。
- サヤを割ってみると内部の豆が食害され、体長1～2㎝の緑色または紫色の虫が見つかる。
- 収穫期の遅いものほど被害が多い。

カメムシ類

〈被害と虫の特徴〉

- カメムシ類は葉やサヤの汁を吸う。
- 汁を吸われたサヤは生長が止まって落下するため、養分が葉に集中し、収穫時期になっても葉だけがよく茂る。
- サヤがついていても、豆の肥大が悪かったり、サヤ当たりの豆の粒数が少ないときは、カメムシ類の被害と考えられる。
- 1匹の虫が次々に汁を吸って回るので、被害が出ても虫は見つかりにくい。
- 褐色で脚が長いホソヘリカメムシが最も多く、次いで薄い緑色で長方形のイチモンジカメムシ、緑色で正方形のアオクサカメムシが多い。

シロイチモジマダラメイガによるサヤの被害

シロイチモジマダラメイガの幼虫

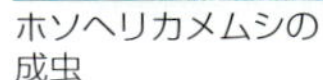

ホソヘリカメムシの成虫

イチモンジカメムシの成虫

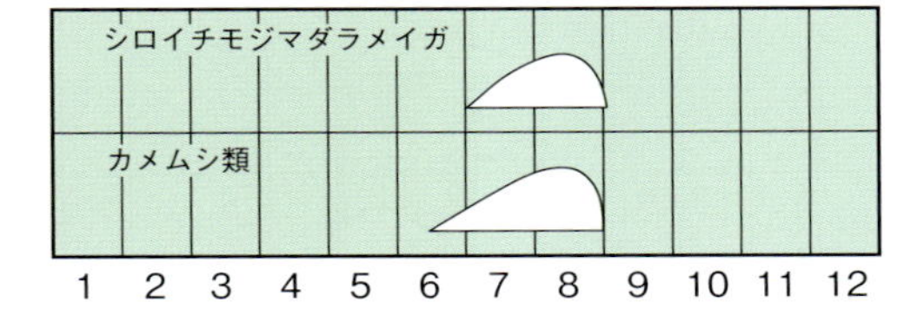

ジャガイモヒゲナガアブラムシ

ジャガイモヒゲナガアブラムシの被害

マルカメムシの成虫

ハスモンヨトウの幼虫

アブラムシ類

〈被害と虫の特徴〉

- 新葉に体長1〜2㎜の小さな虫が群生し、吸汁する。
- 多発すると虫がベトベトした排泄液を出し、そこにすす病が発生して汚れる。

〈防除〉

- 通常の発生では特に防除を必要としない。

マルカメムシ

〈被害と虫の特徴〉

- 茎やサヤに体長5㎜の虫が群がって、ストローのような口で吸汁する。
- 口が短くて豆にまで届かないため、豆への被害はほとんどない。
- 多発すると株の生育が抑制される。
- 雑草のクズで繁殖し、多発する。

〈防除〉

- 通常は防除不要である。

ハスモンヨトウ

〈被害と虫の特徴〉

- 体長1〜4㎝の虫が集団で葉をかじって穴をあける。多発すると畑全面で葉がボロボロになる。
- 体の色は緑色から黒色までさまざまで、頭のすぐ後ろに1対の黒い斑紋があるのが特徴である。

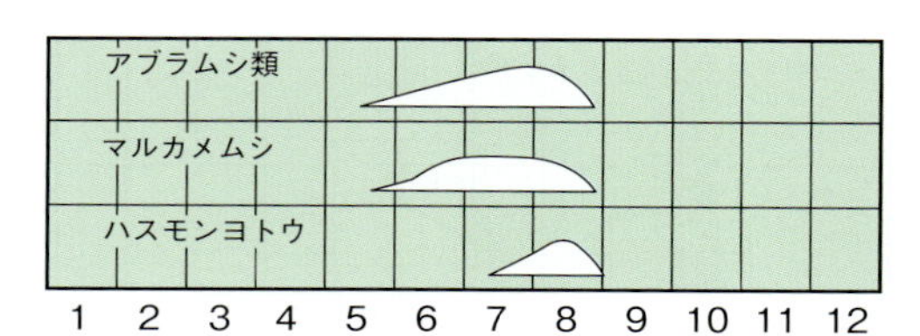

褐紋病

〈被害の特徴と発生生態〉

- 葉、茎、サヤ、豆に発生する。葉では黒褐色の小さい斑点ができ、やがて直径3～5㎜の中央部が黒褐色で周辺部が淡褐色の病斑ができる。
- 茎では地際部に黒褐色紡錘形の病斑ができる。サヤでは褐色の小さな病斑が多数でき、カサブタ状となる。

〈防除〉

- 連作すると発病が激しくなる。多発する畑では連作を避ける。また、発病した茎葉を土壌中にすき込まない。
- 種子伝染するので、斑紋のあるような種子は使わない。

うどんこ病

〈被害の特徴と発生生態〉

- 葉に白い粉状の病斑が生じ、上の葉へと広がり、葉全面に小麦粉を振りかけたようになる。
- 日当たりの悪い場所、密植部に発生する。
- 葉裏や茎にも発生し、草勢の衰えとともに葉は黄化し、病斑上に小さな黒点を生じる。
- ハウスでは軟弱徒長した株、多肥や過繁茂の場合に発生が多く、株の老化の原因となる。

〈防除〉

- 日当たり、風通しをよくする。

褐紋病

うどんこ病

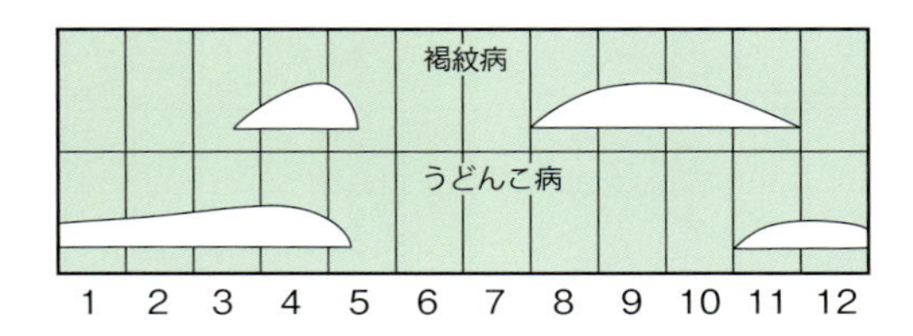

エンドウヒゲナガアブラムシ

モザイク病

ナモグリバエによる被害

アブラムシ類

〈被害と虫の特徴〉

- 新芽、新葉、サヤに体長1～3㎜の虫が群生して汁を吸う。多発すると株の生育が抑えられるほか、排泄物と抜け殻によって株全体が汚くなる。
- 緑色の虫はエンドウヒゲナガアブラムシ、黒色の虫はマメアブラムシで、両種ともマメ類にのみ寄生し、モザイク病を媒介する。

モザイク病

〈被害の特徴と発生生態〉

- 葉の色の薄い部分と濃い部分がモザイク状に入り混じり、葉が縮れたり、サヤが変形したりする。また、株の小さい頃にモザイク病にかかると株全体が枯死することもある。

〈防除〉

- 病原のウイルスを媒介するアブラムシ類を防除する。

ナモグリバエ

〈被害と虫の特徴〉

- ハエの幼虫が葉の内部にトンネルを掘って食害するため、葉に不規則な白い筋が見られる。多発すると隣り合う筋が互いにくっつき、葉全体が白くなる。
- 葉を透かすと白色の幼虫や褐色の蛹が見える。

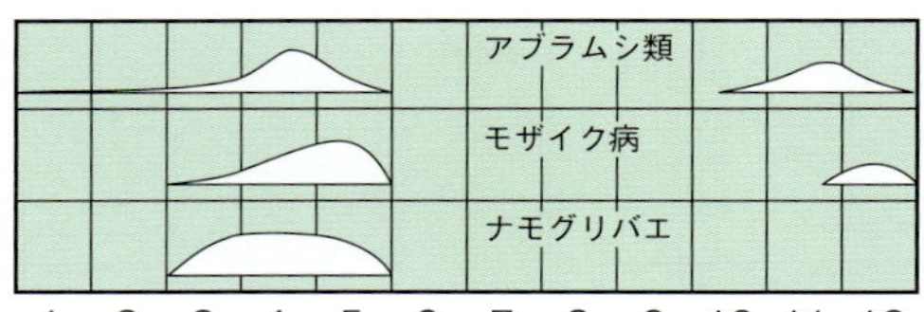

ワタアブラムシ

〈被害と虫の特徴〉

- 葉裏に体長1～2㎜の小さな虫が群生する。虫の色は黒色・緑色・黄色など変化に富む。
- 虫は葉の汁を吸い、展開中の葉で多発すると葉が縮れる。

ワタアブラムシ

フタトガリコヤガ

〈被害と虫の特徴〉

- 体長は3～4㎝で、緑色の地に黄色の縞と黒い斑紋のある色鮮やかな虫である。
- 葉を食害し、多発すると株全体が丸坊主になる。

〈防除〉

- 株数が少ない場合は虫を捕まえて殺すと時間がかからず、防除効果が高い。

フタトガリコヤガの幼虫

ワタノメイガ

〈被害と虫の特徴〉

- 胴体は薄い緑色、頭は黒色で、斑紋はない。体長は1～2㎝である。
- 虫は葉を筒状に巻き、その内側に潜んで葉を食べる。

〈防除〉

- 株数が少ない場合は、虫を捕まえて殺すと時間がかからず、防除効果が高い。

ワタノメイガの幼虫　ワタノメイガによる巻葉

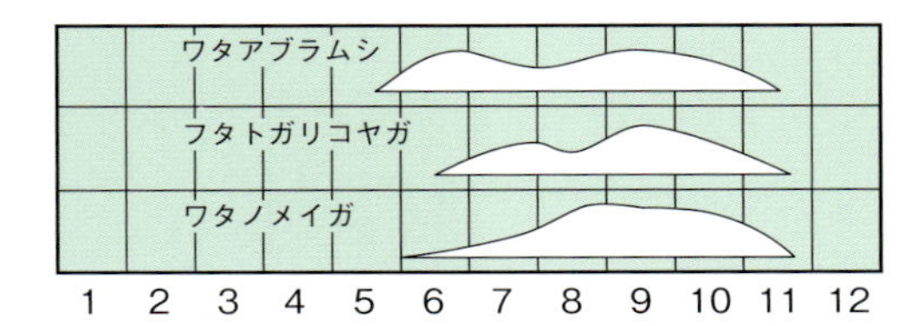

野菜　カボチャ　ウリ科

うどんこ病

ウリハムシの被害と成虫

ワタアブラムシ

うどんこ病

〈被害の特徴と発生生態〉

- 古い葉の表面に白粉を振りかけたような斑点ができ、しだいに新しい葉にも広がる。全面が白く覆われた葉はやがて枯れる。
- 葉が茂って陰になったり風通しが悪いところで発生しやすい。

〈防除〉

- 風通しをよくするため、ツルの配置や棚仕立てなどの工夫をする。
- 窒素肥料が多すぎると繁茂しすぎて発病しやすくなる。
- 発病した葉はできるだけ摘み取る。
- 品種により発病しやすさに差がある。

ウリハムシ

〈被害と虫の特徴〉

- 黄橙色で体長1cmのよく飛び回る虫が葉をかじり、直径1cmくらいの円形の食痕ができる。これは後に破れて円い穴になる。
- 果実を食べることもあり、葉と同様に直径1cmくらいの円形の食痕となる。
- 幼虫は白色、体長5～10mmで、根を食べる。幼苗期に多発すると株が枯死することがある。

ワタアブラムシ

〈被害と虫の特徴〉

- 体長約1cmの黄色～濃緑色の虫が集団で葉の汁を吸う。ウイルス病を伝搬する。
- 葉裏に多く、多発すると葉裏の生長が止まって葉表だけが生長するため、葉縁が葉裏のほうに巻いて団子状になる。幼苗期に多発すると株が枯死することがある。

〈防除〉

- ウリハムシの防除をかねて幼苗期は1mm目合いのネットをかぶせる。

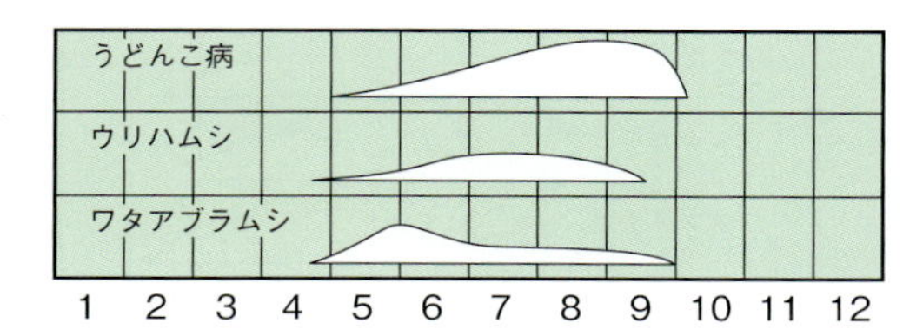

べと病

〈被害の特徴と発生生態〉

- 下葉から発生し、輪郭が不鮮明な淡い褐色の病斑ができる。病斑の大きさは変化に富み、葉脈で区切られた角形を呈するがハクサイのように明瞭でない。
- 病斑部の葉裏には汚れたような白色、霜状のカビが見られる。
- 病原菌は土壌中に残り次期作の伝染源となる。発病後、葉に形成された胞子が飛散することによって伝染する。やや低温で多湿になると多発する。

〈防除〉

- 高うねにするなど、畑の排水をよくする。

黒腐病

〈被害の特徴と発生生態〉

- 生育期間全体で発病する。結球時には下葉から発病し、葉の縁がV字形に黄変する。病斑部は古くなると乾燥し、破れやすくなる。激しい場合には茎も侵され、内部の維管束が黒変する。
- 病原菌は土壌中に残り、降雨などの水滴により跳ね上がり感染する。汚染種子でも伝染する。

〈防除〉

- アブラナ科野菜の連作を避ける。

べと病（葉表）

べと病（葉裏）

黒腐病

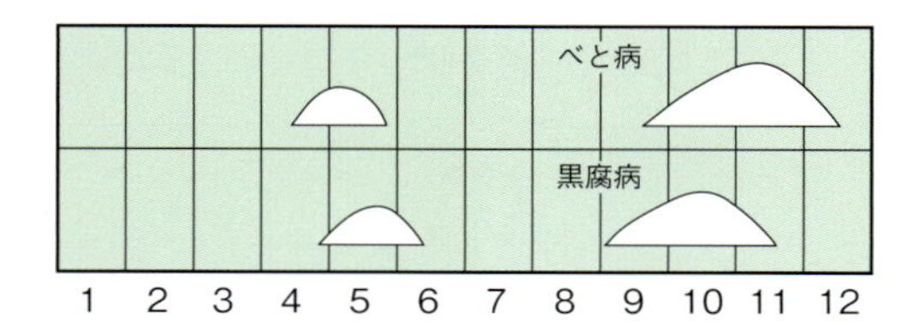

根こぶ病によるしおれ症状と生育不良

根こぶ病による根のコブ

萎黄病による葉の黄化

根こぶ病

〈被害の特徴と発生生態〉

- 定植1か月後頃から晴天の日中に葉がしおれるようになり、やがて、葉色、生育が悪くなり、激しい場合には枯死する。
- 発病株を抜き取ると、根に大小さまざまなコブができている。
- コブは土壌中で腐敗し、内部の病原菌は土中に長く残って発病を繰り返す。土壌水分が高く、酸性の土壌で発生しやすい。

〈防除〉

- 一度発病すると防除が困難となる。
- 育苗時期から発生すると被害が大きくなるので、育苗には無病の土を用いる。
- 定植前に石灰で、土壌酸度を矯正する。
- 畑から持ち出して処分する。
- 抵抗性品種にすると被害が回避できる。
- 冬キャベツでは9月下旬以降に定植すると被害が少ない。

萎黄病

〈被害の特徴と発生生態〉

- はじめ株の片側の下葉に発生する。葉の主脈片側が黄化し、葉は黄化部分へやや曲がる。
- 発病が進むと株全体が黄化し落葉して、芯だけとなり枯死する。
- 株の根元を切断すると維管束部分が褐変している。

〈防除〉

- 多発する畑ではキャベツ、カリフラワー、カブなどの連作を避ける。
- 抵抗性品種（YR系統の品種）を用いる。
- 葉や根を畑に放置しない。

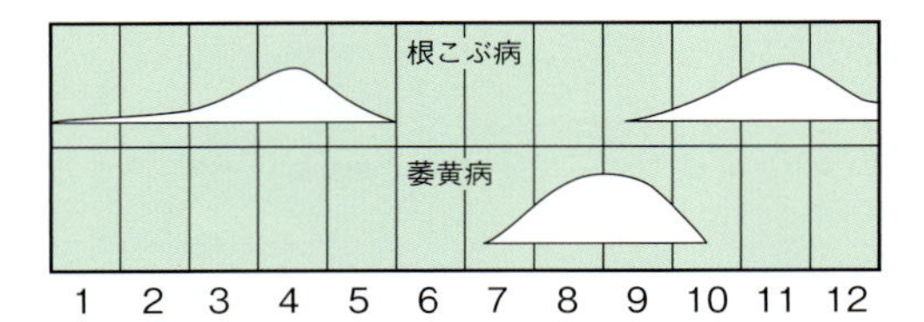

菌核病

〈被害の特徴と発生生態〉

- 結球期以降に発生する。はじめ下葉の外葉が黄変してしおれ、やがて球全体が汚れたような灰色になって腐敗する。
- 被害が進むと球の部分にも広がり、白色綿状の菌糸が蔓延し、やがて球全体が菌糸で覆われるようになる。
- 被害部の表面には黒いネズミの糞のような菌核がつくられる。

〈防除〉

- 被害株は見つけしだい引き抜いて処分する。
- 本病の発生した畑でキャベツを栽培することは避ける。

アブラムシ類

〈被害と虫の特徴〉

- 葉裏に体長1～2㎜の小さな虫が群生して汁を吸う。
- 苗が小さいときに多発すると、葉の展開が悪くなり、生育が大きく遅れる。
- 結球期に多発すると、球の表面が虫の排泄物と抜け殻の付着によって汚れ、商品価値が低下する。

菌核病

ダイコンアブラムシ

モモアカアブラムシ

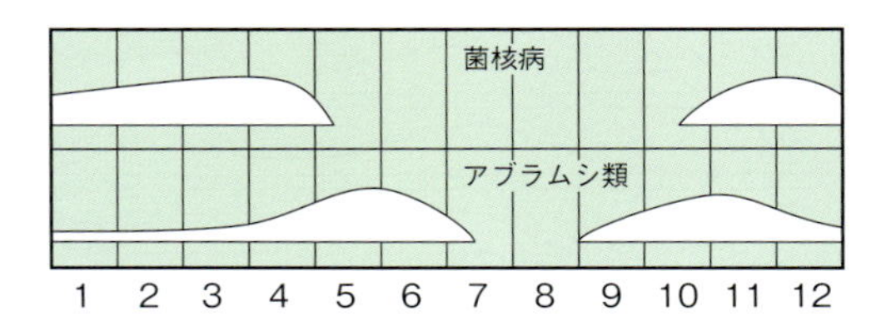

アオムシ

コナガの幼虫

ヨトウムシによる被害

ヨトウムシ

アオムシ（モンシロチョウ）

〈被害と虫の特徴〉

●体長1～3㎝の緑色の虫が葉を食べ、穴をあけたり、葉脈だけを残す。

コナガ

〈被害と虫の特徴〉

●体長5～10㎜、黄緑色の虫が葉裏を薄く食害し、葉表の薄皮を残す。特に新葉の部分に集中して食害するため、株の生長が抑えられる。

ヨトウムシ（ヨトウガ）

〈被害と虫の特徴〉

●体長1～2㎝の緑色の虫が葉裏に50匹以上集まって葉を食い荒らす。

●体長3～4㎝の成長した虫は単独で生活し、色は緑色や褐色などさまざまである。昼は株元や土の中に潜み、夜に出てきて葉を食い荒らすので夜盗虫（ヨトウムシ）という名がついた。

〈防除〉

●若い幼虫が集団で寄生している葉を切り取って処分する。また、夜に畑を見回り、成長した幼虫を捕殺する。

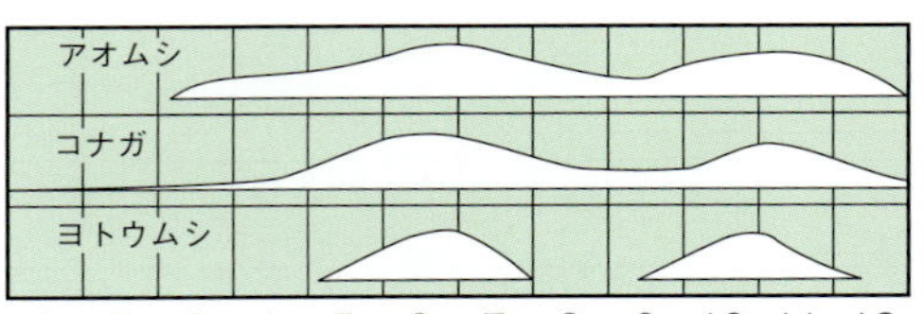

ハイマダラノメイガ
（ダイコンシンクイ）

〈被害と虫の特徴〉

- 定植した苗に成虫のガが飛来して産卵し、体長0.5～2㎝の褐色の幼虫が芯葉を食べるため、株が芯止まりになる。やや生長した株では葉脈に潜り込むこともある。
- 育苗中の苗では芯に潜り込むほか、葉と葉を綴り合わせて内側を食害することもある。

〈防除〉

- 1㎜目合いのネットをかぶせる。この方法は、ハスモンヨトウやウワバ類に対する効果も高い。

ハスモンヨトウ

〈被害と虫の特徴〉

- 体長1～4㎝のイモムシが葉を暴食する。体色は緑色、褐色、黒色などさまざまで、頭の後方の1対の黒い斑紋が特徴である。
- 卵が数百個かためて産まれるため、若齢幼虫は集団で葉裏を食害し、そのときは葉が白っぽく見える。

〈防除〉

- 若齢幼虫の集団を見つけて葉ごと処分する。

ウワバ類

〈被害と虫の特徴〉

- 緑色で体長1～3㎝のシャクトリムシが葉を食べる。
- 春はタマナギンウワバ、秋はイラクサギンウワバが多く、イラクサギンウワバがしばしば多発する。

ハイマダラノメイガの幼虫

ハスモンヨトウの幼虫

ウワバ類の幼虫

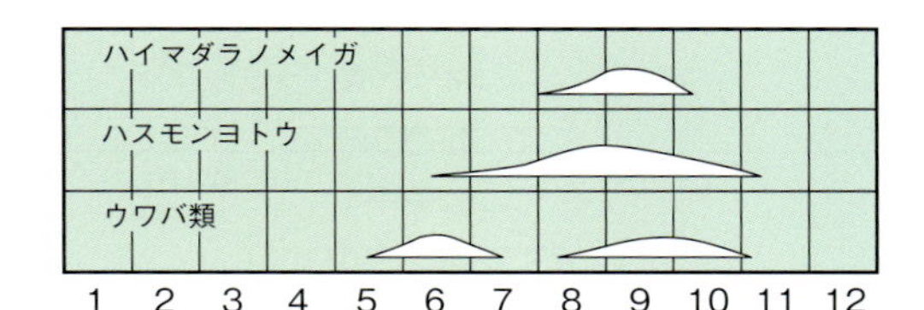

炭疽病

褐斑病

炭疽病

〈被害の特徴と発生生態〉

- 葉、茎、果実に発生する。葉には円形、褐色の病斑が生じ、古くなると破れる。茎や果実では楕円形の褐色のくぼんだ病斑が生じ、多湿時には病斑上に紅色の粘液が出る。
- 病原菌は被害植物に付着して越年する。
- 降雨の多い多湿条件下で発生しやすい。
- 露地栽培で多く、施設栽培で少ない。

〈防除〉

- 排水不良や窒素肥料のやりすぎを避ける。
- うね面をビニールなどで被覆し土の跳ね上がりを防ぐ。

褐斑病

〈被害の特徴と発生生態〉

- 葉に円形、褐色の小型病斑を生じ、その後、拡大して灰褐色の5～10㎜程度の不規則な病斑となる。多湿条件では病斑上に黒褐色のカビが生える。
- 高温多湿条件下で多発しやすく、施設栽培で発生すると被害が大きい。
- 病原菌は病葉や農業資材に付着して残り、翌年の伝染源となるほか、種子伝染することも知られている。
- ブルームレス台木で発生が多い。

〈防除〉

- 高温多湿となりやすい施設栽培では換気を十分行う。窒素過多は発病を助長するので避ける。
- 施設では、フィルム面からの結露水のボタ落ちを避ける。

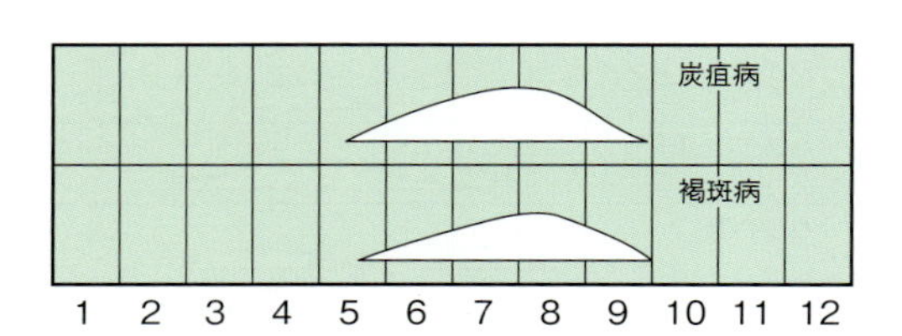

うどんこ病

〈被害の特徴と発生生態〉

- はじめ株の下位葉に小麦粉をかけたような病斑ができる。しだいに上の葉に広がり、葉面の全体が白色で粉を振りかけたようになる。
- 発病株から胞子が飛散し、被害が拡大する。
- 日照不足や高温で乾燥した条件下で多発する。
- ブルームレス台木で発生が多くなる。

〈防除〉

- 窒素肥料が多いと株が繁茂し、多発する。
- ケイ酸施用で発病を軽減できる。

うどんこ病

べと病

〈被害の特徴と発生生態〉

- 下位葉に葉脈で囲まれた黄色の角形の病斑ができ、上位葉へと拡大する。湿度が高い場合には葉裏に濃灰色のカビが生じる。
- 多発すると葉の縁から葉が巻き上がる。
- 病斑上の胞子が飛散して広がり、やや低温で湿度の高いときに多発する。
- 肥料切れや生育の衰えたときに発生しやすい。

〈防除〉

- 多湿条件で多発するので施設栽培では換気を十分行い、湿度管理に注意する。
- 施設栽培では茎葉が繁茂する時期に、株間の湿度が高くなり発病しやすい。
- 急速に病気が広がるので初期防除が大切である。

べと病

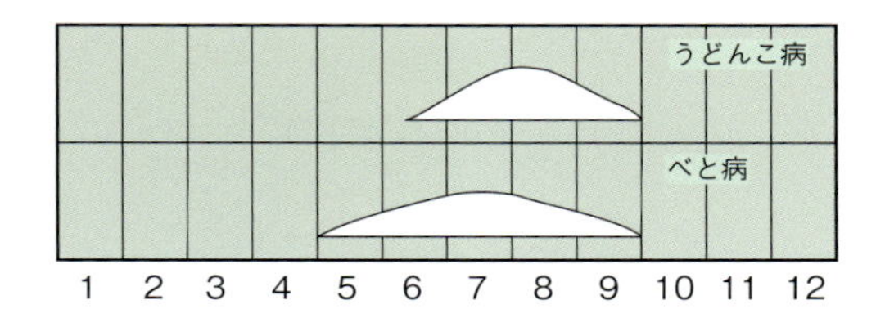

疫病による地際部のくびれ

斑点細菌病

疫病

〈被害の特徴と発生生態〉

- 苗の地際部の茎が水浸状に侵され、細くくびれて倒伏する。生育株では根腐れを起こし、株全体が急速にしおれて枯れ上がる。
- 葉や果実にも発生し、葉では大型で水に濡れたような濃緑色の病斑ができる。果実ではへこんだ水浸状の病斑ができる。
- 病原菌は土壌中に残り翌年の伝染源となる。

〈防除〉

- 感染した株は早めに抜き取り処分する。
- 排水の悪い畑で多発しやすいので高うねにし、うね面にマルチをする。
- カボチャに接ぎ木すると被害を軽減できる。

斑点細菌病

〈被害の特徴と発生生態〉

- 葉には水に濡れたような褐色の小斑点が生じ、拡大して葉脈で区切られた黄褐色で周辺にカサのある3㎜程度の角斑になる。病斑はしだいに白くなり穴があく。
- 多湿条件下で多発する。
- 発病すると病原菌は土壌中に残り伝染源となる。また、種子でも伝染する。

〈防除〉

- 病原菌の土からの跳ね返りを防止するため、敷わらやマルチ資材でうね面を覆う。

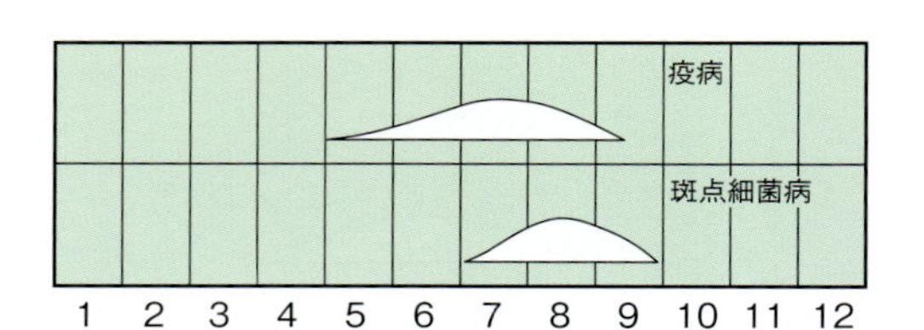

灰色かび病

〈被害の特徴と発生生態〉

- 施設栽培特有の病害で、花、葉、果実に発生するが、果実への被害が問題となる。
- 幼果期に着花部から感染し、果実が淡褐色となり腐敗する。多湿条件下で腐敗部に灰色のカビが生じ、胞子を飛散して伝染する。
- 病原菌は被害植物とともに土壌中に残り、伝染源となる。やや低温で多湿条件になると多発する。

〈防除〉

- 開花後、枯れた花弁は伝染源となるので、できるだけ除去する。

灰色かび病による葉の病斑

灰色かび病による果実の被害

菌核病

〈被害の特徴と発生生態〉

- 施設栽培での発生が多く認められ、果実やツルでの被害が大きい。
- 果実では、花落ちの部分から水に濡れたような病斑ができる。やがて発病部分は綿状のカビで覆われ、表面に黒色のネズミの糞のような菌核が形成される。
- 侵された果実は腐敗し、ツルの発病部分より上が枯死する。
- 発病部にできた菌核が発芽してキノコができ、胞子を飛散する。

〈防除〉

- 被害果実、茎は伝染源となるので処分する。
- 施設栽培では多湿となりやすいので、換気して湿度管理を行う。

菌核病

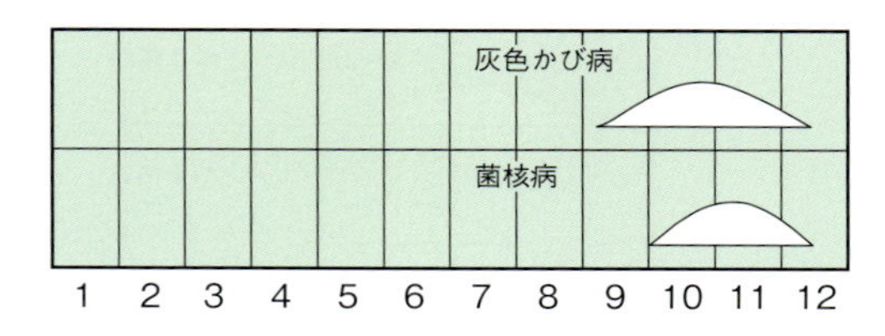

つる割病による株のしおれ

つる割病による維管束の褐変

つる枯病

つる割病

〈被害の特徴と発生生態〉

- 気温の高い時期にキュウリが下葉から黄化し、やがて株全体がしおれて枯れる。
- しおれた株では株元に近い部分が淡黄褐色になり、割れ目ができヤニが出る。この部分には白いカビと淡紅色の粘り気のある胞子ができる。
- 茎を切ると維管束部分が淡褐色に変色しており、根はアメ色に変色し、株は容易に引き抜くことができる。

〈防除〉

- 病原菌は根や茎とともに土壌中に残り、伝染を繰り返す。また、果実に病原菌が入ると種子に付着し種子伝染する。
- 発病した畑では土壌消毒を行う。ハウス栽培では太陽熱消毒も有効である。また、カボチャに接ぎ木をすると被害を軽減できる。

つる枯病

〈被害の特徴と発生生態〉

- 茎の地際部が灰色となり、その表面に小さな黒い粒が多数できる。被害程度が激しいと地上部はしおれて枯れる。葉では葉縁から淡褐色の大型病斑が扇状に広がる。
- 病原菌は土壌伝染と種子伝染をする。
- 多湿条件下で発生が多く、地下水位が高く排水の悪い畑で多発しやすい。

〈防除〉

- 苗からの持ち込みを防ぎ、敷わらなどを行う。

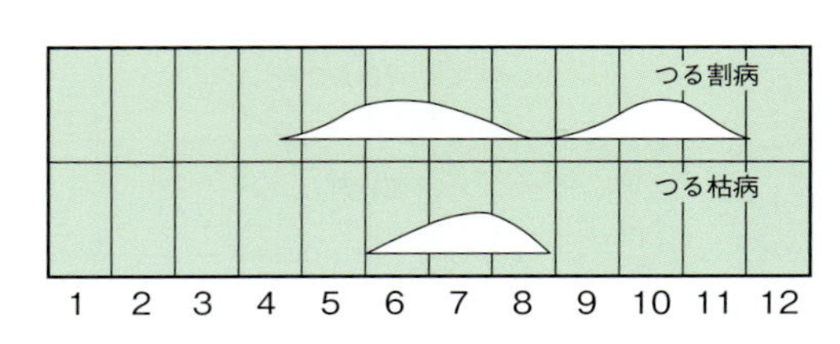

モザイク病

〈被害の特徴と発生生態〉

- 葉に淡黄色の輪郭のぼやけた斑紋が多くでき、いわゆるモザイク状や新葉の縁の刻みが深くなり濃緑色のしわができる。
- 果実の上部にモザイクや大小のコブ状の凸凹ができて奇形となる。
- ウイルス（CMV、ZYMV、WMV）はアブラムシ類によって伝染する。ウイルス（CGMMV）は土壌伝染のほか、発病した植物に接触することによっても伝染する。

〈防除〉

- 育苗時に寒冷紗で被覆しアブラムシ類の侵入を防止する。また、畑では銀色のポリフィルムをうね面に被覆し、アブラムシ類の飛来を防止する。
- ウイルス症状の株は早めに除去する。

ワタアブラムシ

〈被害と虫の特徴〉

- 翅の生えたアブラムシは体長1～2㎜、頭と胸が黒く、胴がやや青みを帯びた虫で、キュウリが栽培されると、どこからともなく飛来する。翅のないアブラムシは体長0.5～1㎜、卵形で黄色または黒緑色のものが多い。

モザイク病

ワタアブラムシ

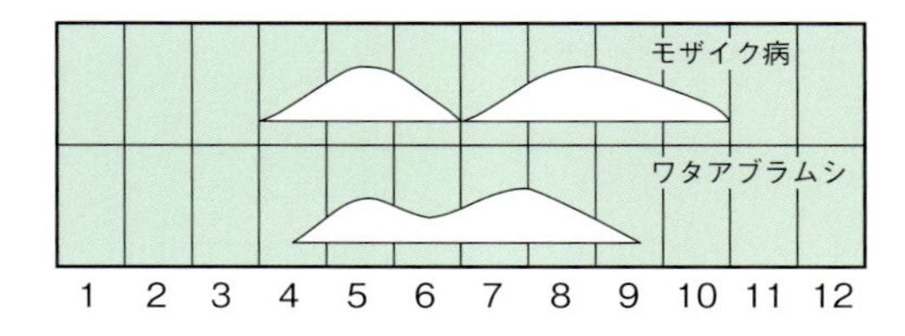

ワタヘリクロノメイガの幼虫

ウリハムシによる被害

ウリハムシの成虫

ワタヘリクロノメイガ
（ウリノメイガ）

〈被害と虫の特徴〉

- 葉を綴り合わせ、その中で幼虫が葉を食害する。
- 多発すると幼果を食害して5㎜くらいの穴をあけることがある。
- 幼虫は緑色で、体長は2㎝、背中に2本の白い筋が見られる。

ウリハムシ

〈被害と虫の特徴〉

- 成虫は直径1～2㎝の円を描くように葉を食害する。しばらくすると食害痕に沿って円く打ち抜かれた穴がたくさんできる。
- 成虫が多発すると果実表面にも円い傷がたくさんできる。
- 成虫は大きさ約1㎝、黄色で、晴れた日には盛んに飛び回る。一見するとハエのようなので、ウリバエとも呼ばれる。
- 幼虫は体長5～10㎜の白いウジムシである。
- 幼虫は土の中にいて、根を食害する。幼虫が多発すると根の働きが悪くなり、日中に葉がしおれることがある。

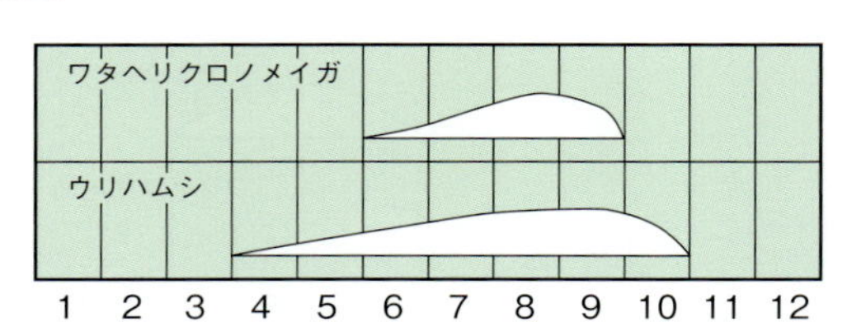

ミナミキイロアザミウマ

〈被害と虫の特徴〉

- 葉の汁が吸われ、その部分は色が抜ける。
- 葉裏では被害部が光を反射してテカテカと光る。
- 果実では、表面にサメ肌状の傷ができる。
- 多発すると葉が褐色になって枯死し、株も弱る。
- 虫は体長約1㎜で非常に小さく、細長い。体色は成虫で黄色、幼虫では白色～淡黄色である。

〈防除〉

- うね面にビニールフィルムでマルチを行うと虫の密度が下がる。

オンシツコナジラミ

〈被害と虫の特徴〉

- 葉の汁を吸ってネバネバした液を排泄し、その上にすす病が発生するため、葉や果実が黒く汚れる。
- 多発すると株全体が弱り、収量も減少する。
- 成虫は体長2㎜で小さい白いチョウのように見える。葉裏には体長2㎜で透明な小判形をした幼虫が付着している。
- 寒さに弱く、ハウスでしか越冬できない。

ミナミキイロアザミウマによる被害

オンシツコナジラミの多発に伴うすす病の発生

オンシツコナジラミの成虫

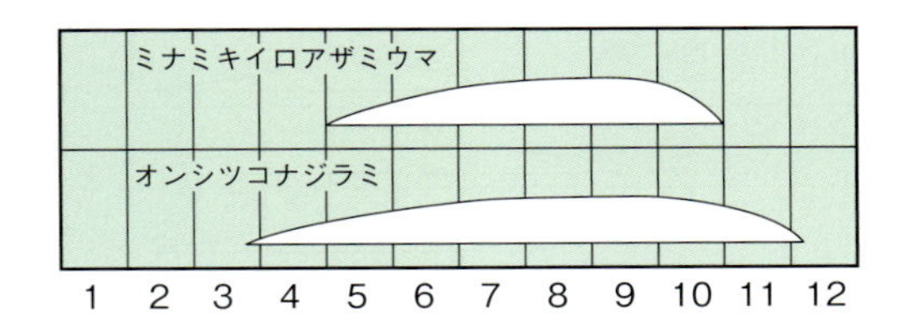

野菜　キュウリ　ウリ科

ネコブセンチュウ類による被害

タバココナジラミの成虫

ハモグリバエ類による被害

ネコブセンチュウ類

〈被害と虫の特徴〉

- 体長１㎜以下の糸くずのような透明の虫が根に寄生してコブをつくる。このため、根から水の吸い上げが妨げられ、昼間に株がしおれ、夜間に回復することを繰り返す。
- 症状は高温の夏に著しく、しばしば株が枯れる。
- 病害と間違いやすいが、根にコブがあることにより区別できる。

タバココナジラミ

〈被害と虫の特徴〉

- 成虫は体長１㎜で、株をゆすると白いチョウのように舞う。幼虫も体長１㎜で薄い黄色。葉裏で動かずに葉の汁を吸う。
- 多発すると虫の排泄物とその上に発生する黒いカビ（すす病）で葉や果実が黒く汚れる。
- ウイルス病を伝搬するので問題になる。

ハモグリバエ類

〈被害と虫の特徴〉

- 体長１～２㎜の黄色のウジムシ（幼虫）が葉の中を食い進み、その痕が白い筋になる。このため、エカキムシとも呼ばれる。成虫は体長２㎜の小さなハエである。
- 通常、幼虫は黄色だが、天敵が寄生した幼虫は褐色になるので天敵が働いている目安になる。

〈防除〉

- 土着天敵がよく働くため、天敵に影響の少ない薬剤を使用する。

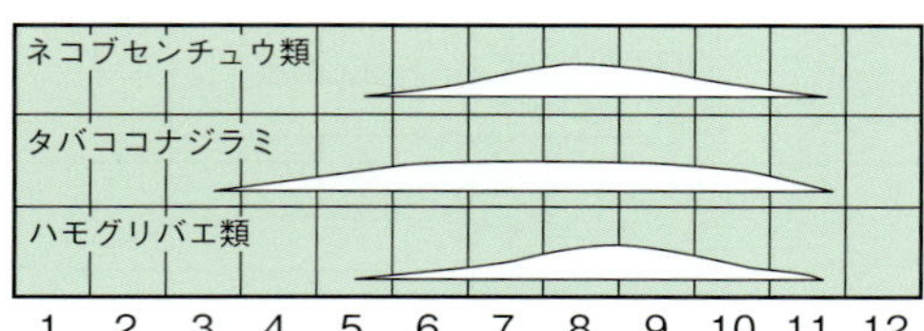

赤枯症

〈被害の特徴と発生生態〉

- 7月上旬〜中旬にかけて発生する。はじめ株の外葉2〜3枚が黄緑色〜黄赤色に変色し、その後、赤褐色になるとともに内部の葉も変色、やがて株全体が枯死する。
- 発病株の塊茎は褐変し、甚だしい場合、黒変して腐敗する。根は褐色に変色し、根量も少なくなる。

〈防除〉

- 発病株の塊茎には腐敗部分があり、このようなイモを移植すると発病する。無病の種イモを植えるようにする。

火ぶくれ病

〈被害の特徴と発生生態〉

- 葉と葉柄、球茎に発生する。葉には黄緑色〜黄色で、周辺部が不鮮明な円形〜楕円形の病斑ができ、やがて隆起した病斑となり、病斑の裏面は陥没する。
- 病斑は融合して直径数cmの大型病斑となり、多発すると茎葉が枯れる。
- 病斑中央部には黒色の小粒点が多数でき、表皮が破れて胞子を放出する。被害茎葉上にできた胞子で越冬し、翌年これが水面に浮遊して感染する。
- 夏と秋が高温で、雷雨、台風の多い年に多発する傾向がある。

〈防除〉

- 被害が出た株の茎葉を除去する。

赤枯症

赤枯症による塊茎の腐敗

火ぶくれ病

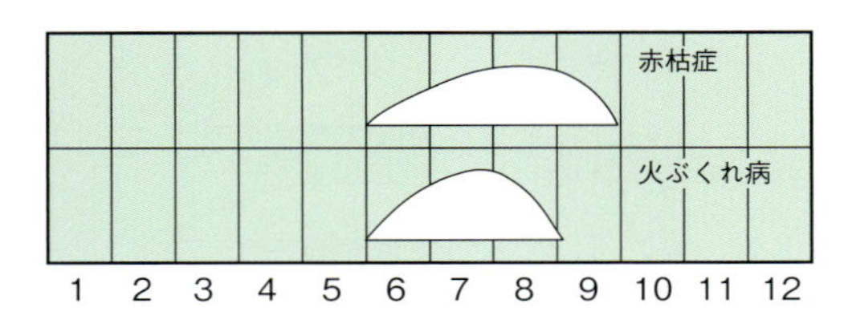

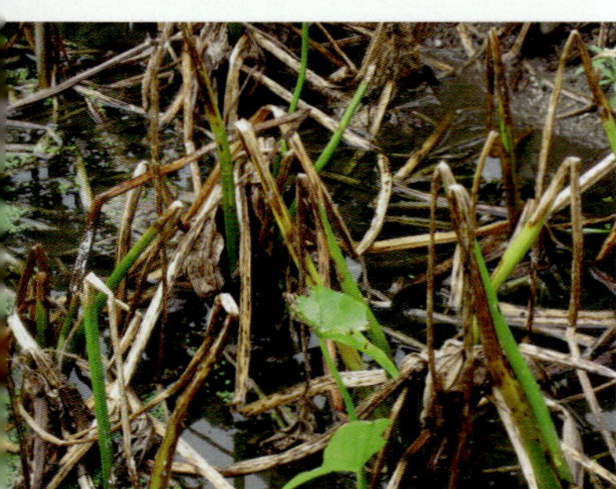
クワイホソハマキによる株枯れ

クワイホソハマキの幼虫

クワイホソハマキによる葉柄の被害

ハスクビレアブラムシ

クワイホソハマキ

〈被害と虫の特徴〉

- 幼虫は葉柄（いわゆる茎）に潜り、内部をトンネル状に食べ進む。このため、葉柄は褐色になり、その後、黒く変色して枯死する。
- 幼虫が葉柄に入った痕からは白い液が出て、汚れている。糞はほとんど外に出さない。
- 卵は葉裏の葉脈沿いに塊で産みつけられる。
- 成虫は褐色の小さなガで、翅に光沢のある黄褐色の太い帯が２本ある。

〈防除〉

- アブラムシ類の防除がなされていると、発生は少ない。

ハスクビレアブラムシ

〈被害と虫の特徴〉

- 成虫、幼虫とも集団で葉から汁を吸う。多発すると葉が正常に展開しない。
- 体は赤褐色である。
- 春にモモ、ウメ、サクラなどに寄生したものが、５月下旬以降飛来してくる。クワイでは10月下旬頃まで発生を繰り返す。

〈防除〉

- 集団で発生するので、発生初期には葉ごと捕殺する。

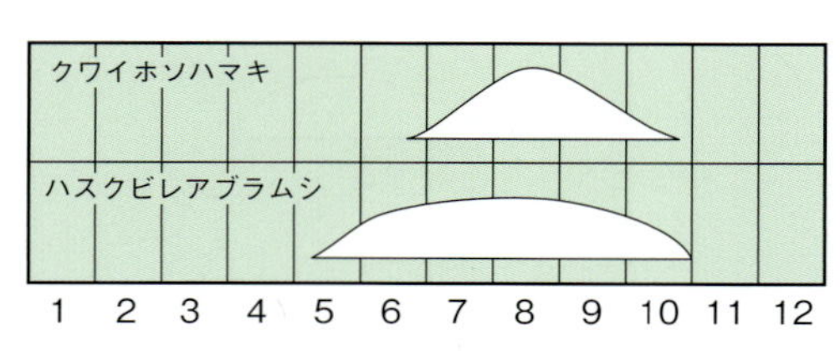

黒斑病

〈被害の特徴と発生生態〉

- イモの表面に直径２～３㎝の黒色の円い病斑ができ、病斑中央部は特に黒く、短い毛のようなものが密生している。収穫時には目立たず、貯蔵中に症状が現れることが多い。
- 病斑部の皮の下は緑色を帯びた黒色になり、後にはかなり内部まで変色する。
- 発病したイモは強烈な苦みがあり、食用にできない。また、家畜に与えると害になる。
- コガネムシ類、ネズミによる食害の傷口から感染して発病することが多い。

〈防除〉

- 土壌や種イモで伝染する。苗床の土は無病地の土を用い、無病の種イモから苗を採る。
- 品種により抵抗性に差があるため、発病の多い畑では抵抗性の品種を用いる。

斑紋モザイク病

〈被害の特徴と発生生態〉

- 葉に淡黄色のにじんだような斑紋ができる。病斑の周囲は紫色になる。夏の高温時にはこの症状は消える。
- 発病株は苗床で葉が縮れ、生育が劣る。
- 畑での生育には差がないが、イモの肌の色がやや悪くなる。

〈防除〉

- アブラムシ類により伝染するのでアブラムシ類を防除する。

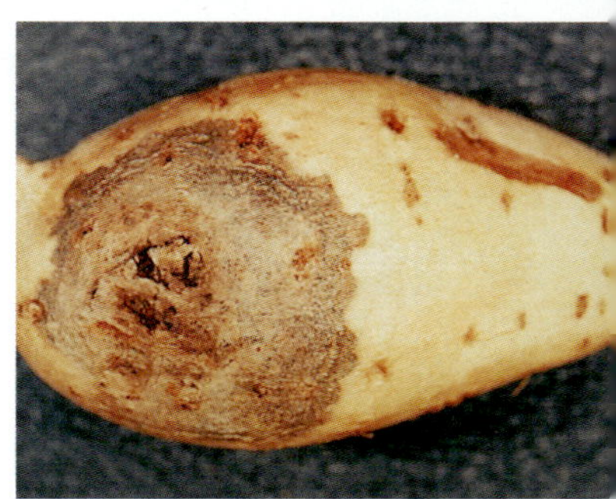
黒斑病

斑紋モザイク病

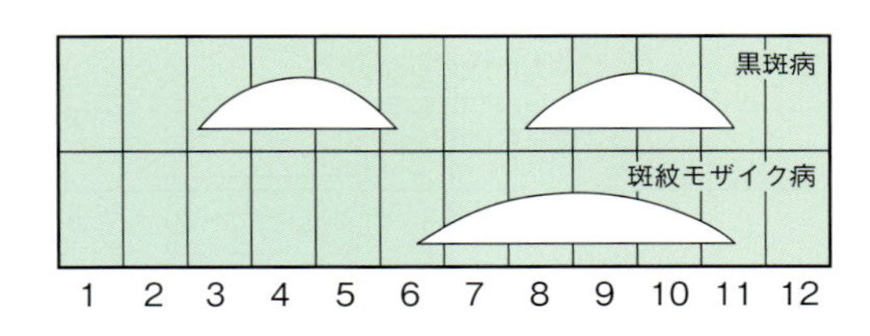

サツマイモ（かんしょ） ヒルガオ科

ハスモンヨトウの幼虫

ナカジロシタバの幼虫

エビガラスズメの幼虫

ハスモンヨトウ

〈被害と虫の特徴〉

- 体長1～4㎝、緑色、灰色または黒褐色の虫が葉を食害して穴をあける。被害の激しいときは葉が太い葉脈と茎だけになる。
- 小さな頃は緑色の虫で、50～100匹の集団をつくる。

〈防除〉

- 虫が集団で食害している葉を切り取って処分する。

ナカジロシタバ

〈被害と虫の特徴〉

- 体長2～4㎝のイモムシで、淡紫色で5本の細長い黄色の線がある。葉を食害してボロボロにする。

エビガラスズメ

〈被害と虫の特徴〉

- 体長2～9㎝、お尻に角のような突起をもった大きなイモムシで、葉を激しく食害し、あっという間に株全体を丸坊主にする。
- 体色は緑色のほか、黒色や褐色の虫もいる。

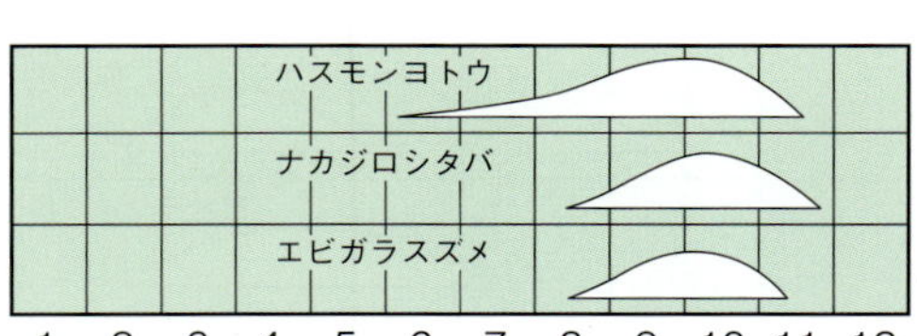

イモコガ（イモキバガ）

〈被害と虫の特徴〉

- 折り曲げた葉、または2枚の葉を合わせて巣をつくり、その中で、葉の片面を食害する。被害を受けた部分は褐変し、やがて抜け落ちて穴があく。
- 虫は体長1㎝で細長く、体に白色と濃い紫色の縞模様がある。
- 被害はよく目につくが、実害は少ない。

コガネムシ類

〈被害と虫の特徴〉

- 土の中に棲む体長2～4㎝で白色または黄色の虫が被害を及ぼす。虫はいつも体を丸めているのが特徴である。
- イモの表面を浅くかじり、その部分がへこむ。また、傷口から黒斑病が侵入してイモが黒く腐る。
- 成虫は植物の腐った葉や根にひかれて飛来し、卵を産む。このため、土の中に枯れ草、わらなどを混ぜ込むと多発しやすい。

イモコガにより折り曲げられた葉

イモコガの幼虫

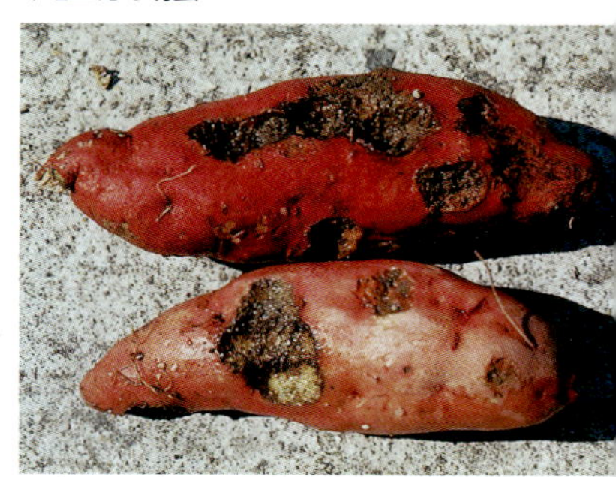

コガネムシ類によるサツマイモの被害

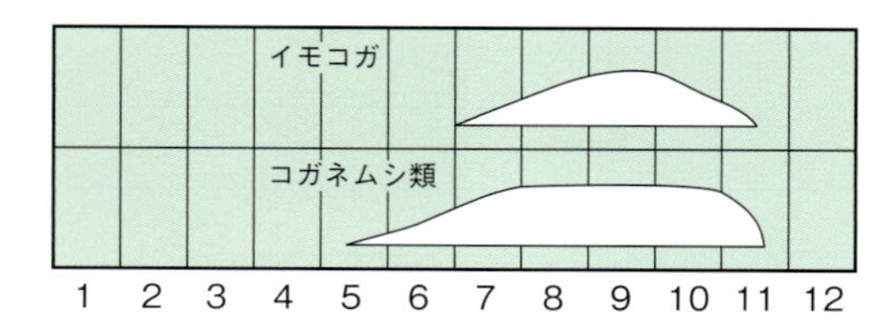

汚斑病

黒斑病

モザイク病（DsMV）

汚斑病

〈被害の特徴と発生生態〉
- 葉の表と裏にシミ状の褐色、円形の病斑ができる。病斑は下葉から上葉へ伝染していく。
- 病原菌は土壌中に残り伝染源となる。

〈防除〉
- 多発しても実害は少ない。

黒斑病

〈被害の特徴と発生生態〉
- イモの表面に灰色のカビが生じ、その後、黒褐色のシミのような病斑となり腐敗する。
- 感染している種イモや土が伝染源となる。収穫時に傷口から感染し、貯蔵中に発病する。
- 発病イモを洗うと表面にいわゆる「ほし」（斑点）があり、品質が落ちる。

〈防除〉
- 健全な種イモを使用する。

モザイク病

〈被害の特徴と発生生態〉
- CMV、DsMVの２種類のウイルスによって発生する。CMV感染による症状は、葉の鮮明な黄色のまだら模様（モザイク）や葉脈の緑が濃くなるなどの症状で、奇形になったり株が小さくなることもある。
- DsMVでは白色がかった斑紋や稲妻状のモザイクが生じることがある。

〈防除〉
- 無病の種イモを用いる。
- アブラムシによって伝染するのでアブラムシを防除する。

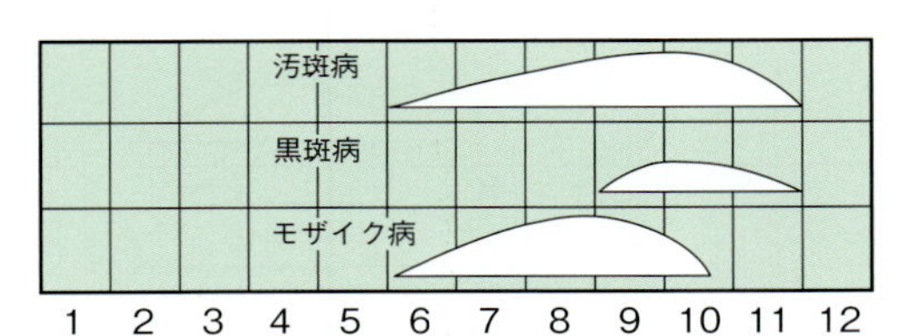

ワタアブラムシ

〈被害と虫の特徴〉

- 葉や茎に体長１～２㎜、黄色または黒色の小さな虫が数十～数千匹集まって寄生する。
- 多発すると株の生長が抑えられるほか、葉柄や葉は虫の排泄物と抜け殻で汚くなる。

ハスモンヨトウ

〈被害と虫の特徴〉

- 体長１～４㎝の虫が集団で葉の裏側を浅くかじる。
- 体の色は緑色のほか、薄い灰色や黒褐色のものもあるが、一般的に成長するにつれて黒くなる。
- 頭のすぐ後ろに１対の小さな黒色の斑紋があるのが特徴である。

セスジスズメ

〈被害と虫の特徴〉

- 体長２～８㎝、お尻に角のような突起をもち、体の側面に黄色の目玉模様をたくさんもった虫が葉を食い荒らしてボロボロにしてしまう。
- 体の色はほとんどが黒色であるが、緑色のものもいる。

〈防除〉

- 発生は少ないので、虫を見つけしだい捕殺する。

ワタアブラムシ

ハスモンヨトウの幼虫

セスジスズメの幼虫

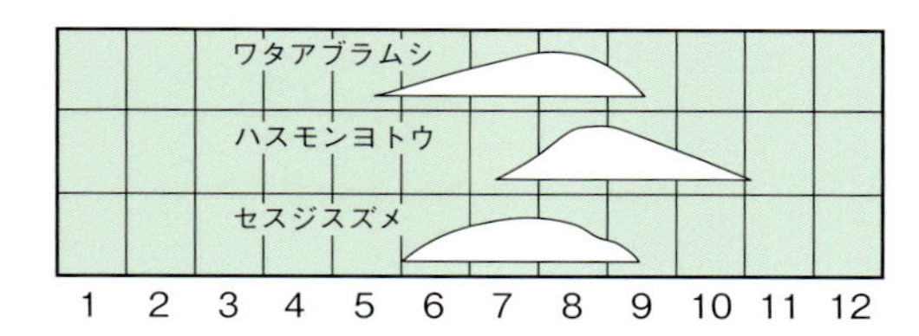

斑点病

そうか病

炭疽病

斑点病

〈被害の特徴と発生生態〉

●葉に褐色～黒褐色の小斑点ができる。発病葉をパック詰めすると輸送中の高温多湿条件で数㎜大の黒色の病斑ができ、融合して大型病斑となり腐敗する。

●施設・露地栽培で7～9月に発生し、多発すると若葉が奇形になることもある。

〈防除〉

● 20℃以上の多湿条件で発生する。

●小さな病斑のある葉を収穫後に高温多湿条件に置くと発生する。15℃以下の低温条件で流通すると発病を防げる。

そうか病

〈被害の特徴と発生生態〉

●発病は5～7月にかけて見られ、高温時には発生が減少し、9月から再び発生する。病斑は葉、葉柄、茎など地上部に見られる。葉の表面に直径数㎜の円形～楕円形の膨れた淡緑色の病斑ができ、後にカサブタ状となる。

●茎では、はじめ灰褐色で後に紫褐色の直径1～13㎜の円形～楕円形の隆起した病斑を形成する。茎葉に多数の病斑ができると落葉や立枯れを起こす。

〈防除〉

●畑に発病株を放置しない。

炭疽病

〈被害の特徴と発生生態〉

●下葉に暗褐色の小斑点が現れ、多くなると色あせ落葉する。赤ジソの苗では頂部がしおれ、激しいと株が枯死する。多雨期や多湿地で発生しやすく、盛夏期や生育が進んだ株では発生しにくい。

〈防除〉

●畑の日当たりと排水をよくしマルチなどで雨による土壌の跳ね上がりを防ぐ。

●病気で枯れた葉などが翌年の伝染源になるので畑から取り除く。

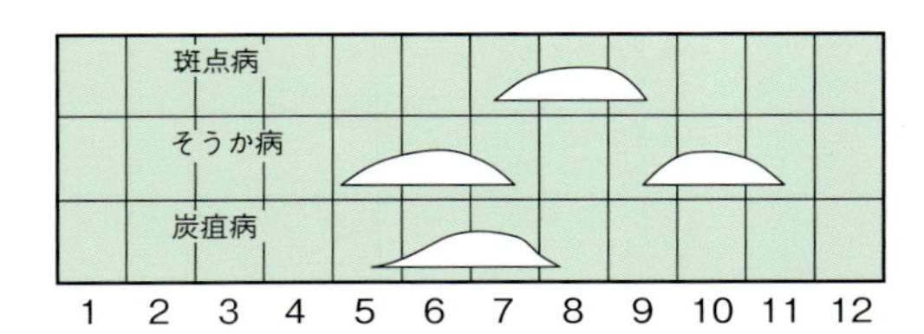

疫病

〈被害の特徴と発生生態〉

- 開花期頃（暖地で5～6月上旬）に、株元の葉に暗緑色の斑点ができる。病斑はしだいに大きくなって、裏面に灰白色のカビが生える。
- 発病の激しいときには数日で畑全面に広がり、茎葉は熱湯をかけたようになり、腐敗し畑全体から悪臭を放つ。イモにも感染し、イモが暗褐色となり、固くなる。
- 低温で雨天が続くときに発生しやすい。

〈防除〉

- 健全な種イモを使用し、発病株は抜き取る。
- 畑の排水を良好にする。

そうか病

〈被害の特徴と発生生態〉

- イモの表面に、大小さまざまな盛り上がった淡褐色のカサブタ状の病斑ができる。
- 病斑部分のイモの肉は淡褐色でやや腐敗する。
- 症状にはケラの食害痕のようなものや、網目状の亀裂ができるものがある。
- 病原菌は土壌に残り長時間伝染する。アルカリ性土壌で発生が多い。

〈防除〉

- ジャガイモの連作を避け、土壌に酸性肥料を与える。

疫病

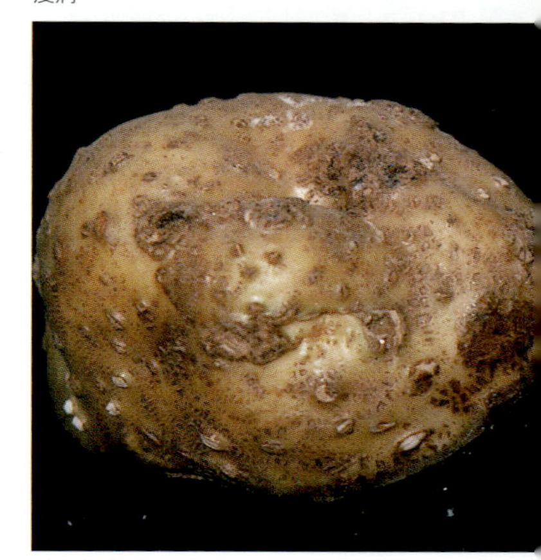
そうか病

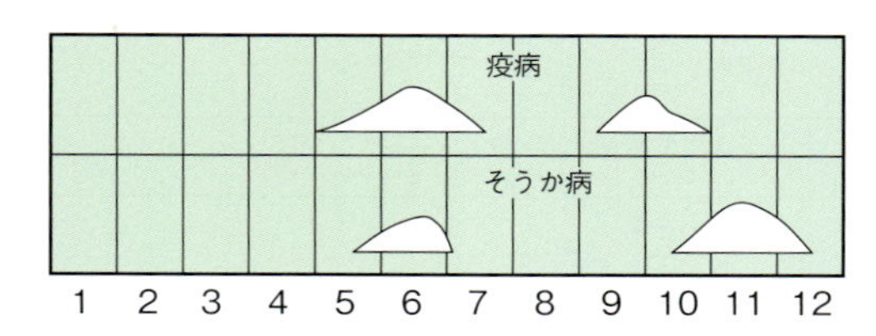

ジャガイモ（ばれいしょ） ナス科

夏疫病

ニジュウヤホシテントウの成虫　ニジュウヤホシテントウの幼虫

モモアカアブラムシ

夏疫病

〈被害の特徴と発生生態〉

- 葉に暗褐色の小斑点が現れ、やがて同心円状の輪紋や黄化部を伴った褐色の大きな病斑になり下葉から枯れ上がる。激しくなると株全体が枯れることもある。
- 高温期や肥料切れで発生しやすい。

〈防除〉

- 生育後期に肥料切れしないようにする。
- 被害葉などが地中に残り次年度の伝染源になるので畑に残さないようにする。
- やや低温で発生する疫病とは、まったく異なる病害である。

ニジュウヤホシテントウ
（テントウムシダマシ）

〈被害と虫の特徴〉

- 赤褐色の地に 28 個の黒点をもった体長7㎜のテントウムシが葉の裏側をかじり、階段状の傷痕を残す。
- 幼虫は体長2～8㎜、灰色の地に黒色のトゲをもったタワシ状の虫で、成虫と同じように葉裏を食害する。
- 食害を受けた部分はやがて抜け落ちて穴があく。多発すると葉はボロボロになり、株全体の葉が褐色になる。

〈防除〉

- 発生が少ないときは防除は不要である。

アブラムシ類

〈被害と虫の特徴〉

- 葉の裏側に1～3㎜の虫が数十～数百匹の集団をつくって葉の汁を吸うため、葉は元気がなくなり、裏側に巻き込む。多発すると株全体が弱り、イモの収量が減る。
- 種類はワタアブラムシ、モモアカアブラムシ、ジャガイモヒゲナガアブラムシがあり、体の色は黄色、緑色、赤色、灰色、黒色などさまざまである。

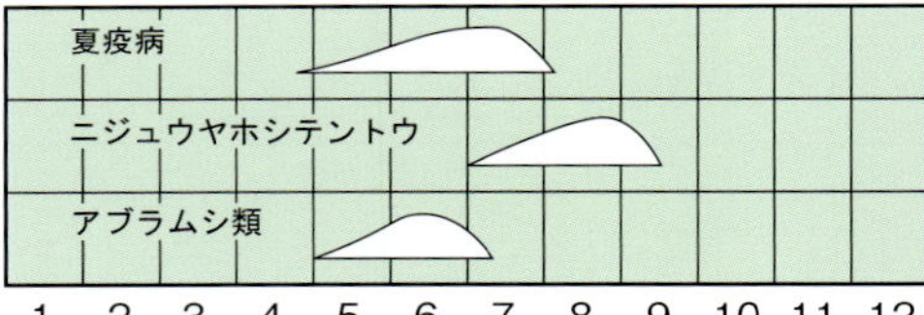

べと病

〈被害の特徴と発生生態〉

- ●4～6月、9～10月に発生が多い。施設栽培では一年中発生することがある。
- ●はじめ周辺部が不明瞭な黄色みを帯びた病斑ができ、やがて葉全面に広がり、一部が褐変する。湿度が高いと病変部の裏面には白色霜状のカビが生じ、急速に蔓延する。
- ●品種によって被害程度に差があり、種子伝染する。

〈防除〉

- ●播種量を少なくし、株間の通風をよくする。また、灌水量をひかえめにし、葉面への灌水を避けるなど過湿対策が重要である。

炭疽病

〈被害の特徴と発生生態〉

- ●葉、葉柄、茎に発生する。発生は6～7月、9～10月に多く、降水量の多い時期に被害が多くなる。
- ●葉に黒褐色～茶褐色の不規則な病斑が生じる。茎では楕円形または細長い病斑が生じ、降雨、曇天時には、病斑上にピンク色の胞子塊が形成され、これが飛散して伝染する。

〈防除〉

- ●病原菌は種子伝染する。新しい種子では病原菌が生き残っていることがあるので、1年以上経過した古い種子を用いると発生が少ない。
- ●畑の排水をよくする。

べと病（葉表）

べと病（葉裏に生じた胞子）

炭疽病

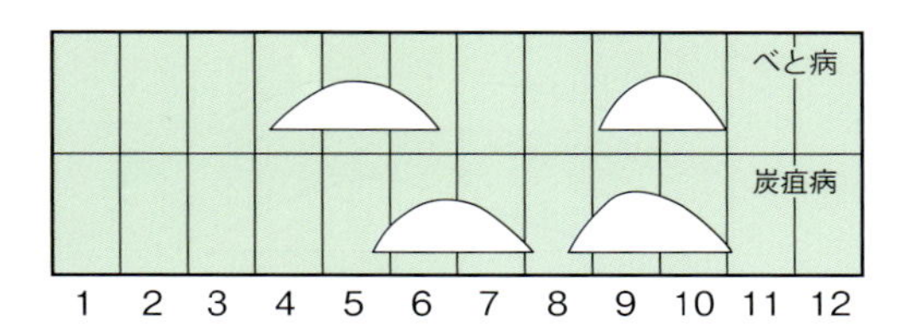

立枯病

葉枯病

葉枯病の葉の病斑

立枯病

〈被害の特徴と発生生態〉

- 養液栽培の幼苗期に発生し、胚軸基部（地際部）から根にかけて暗褐色に軟化して倒伏枯死する。生育の進んだ株ではほとんど発生しない。
- 生育適温が 30℃以上で、水で伝染する病原菌のため、高温期に養液栽培の培養液を通じて急速に蔓延する。

〈防除〉

- 高温期には遮光するなどして室温と液温の上昇を防ぐ。
- 発病した栽培槽やタンク、配管などは十分消毒してから次作に使用する。

葉枯病

〈被害の特徴と発生生態〉

- 葉に淡褐色の病斑を形成し、やがて葉全体に広がって葉が枯れる。葉縁から枯れて真ん中の軸だけが残ることもある。
- 高温多湿で発生しやすい。枯れた病葉が地中に残り翌年の伝染源になる。

〈防除〉

- 高温期は遮光するなどして温度を下げるとともに風通しをよくする。
- 土壌の跳ね上がりを防ぐためマルチをしたり、チューブ灌水などの工夫をする。

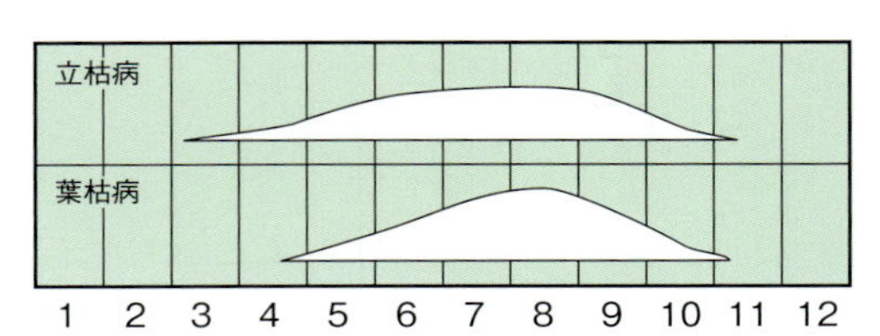

ハモグリバエ類

〈被害と虫の特徴〉

● 体長1～2㎜の幼虫（ウジムシ）が葉の内部を食い進み、食痕が白い筋になる。成虫は体長2㎜の小さなハエである。ハモグリバエは数種類いるが、肉眼での区別は難しい。

〈防除〉

● 収穫後に地面にビニールを敷いて、太陽熱で地中の蛹を殺す。

ヨトウムシ類

〈被害と虫の特徴〉

● 体長1～4㎝のイモムシが葉を食べる。

● 数種類いるが、頭の後方に1対の黒い斑紋をもつハスモンヨトウの被害が大きい。

アザミウマ類

〈被害と虫の特徴〉

● 黄色～褐色の体長約1㎜の細長い虫が展開中の芯葉の汁を吸うため、展開後の葉にひきつれたような傷がついたり、葉が縮れたりする。

● 虫の数が少なくても多くの被害が発生する。

〈防除〉

● 収穫後に地面にビニールを敷いて、太陽熱で地中の蛹を殺す。

ハモグリバエ類による被害

ハスモンヨトウの幼虫と被害

アザミウマ類による被害

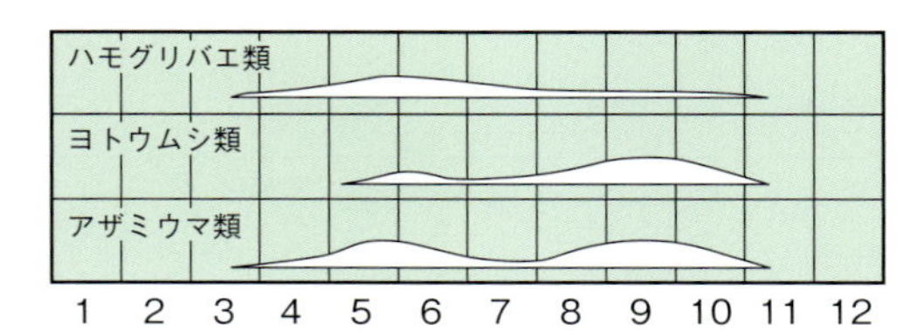

炭疽病

白絹病による果実の被害

炭疽病

〈被害の特徴と発生生態〉

- 被害は茎、子葉、葉、果実に見られる。
- 葉では円形～楕円形の褐色、中心部が灰色で輪紋のある病斑ができる。果実では、油のしみたような斑点ができ、やがて拡大し褐色のくぼんだ病斑となる。
- 低温で、日照が少なく、雨の多い年に多発する。

〈防除〉

- 畑の排水をよくし、敷わらなどにより土の跳ね上がりを防ぎ、感染を防止する。

白絹病

〈被害の特徴と発生生態〉

- 茎の地際部や、土と接している葉、果実が侵される。茎が侵されると株が急速にしおれ、枯死することがある。
- 被害部分は白色絹糸状のカビで覆われ、やがてその部分に褐色の小さな粒（菌核）が多数できる。翌年この菌核が感染源となる。
- 高温多湿条件で発生が多い。窒素過多、密植状態で多発する。

〈防除〉

- 湛水、田畑輪換すると被害が少なくなる。
- 株元が乾くようにすると被害が少ない。
- 発生の多い畑では、連作を避ける。

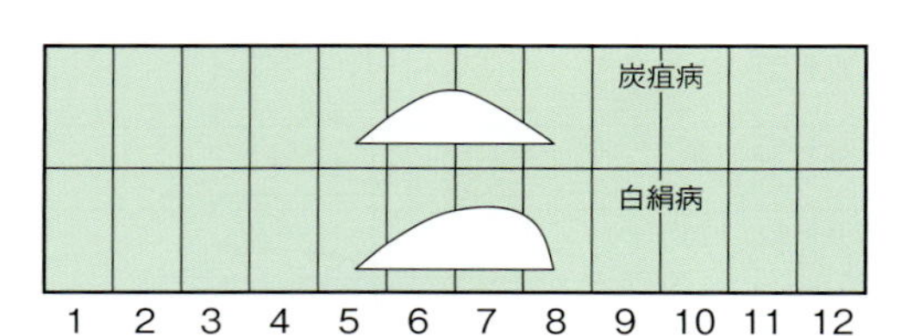

つる割病

〈被害の特徴と発生生態〉

- 地温が20℃以上から発生が見られる。
- 株全体がしおれ、やがて急速に枯死する。地際部の茎に水浸状または緑褐色の細長い病斑ができ、茶褐色のヤニが出る。発病が進むと茎は淡褐色になり、縦に割れ目ができて白いカビが生じ、後に淡紅色に変わる。茎を切ると維管束が淡褐色になっている。
- 根はアメ色に変色している。

〈防除〉

- 連作を避け、発病した畑では5年以上スイカを作付けしない。
- ユウガオやカボチャ台木を用いる。

つる枯病

〈被害の特徴と発生生態〉

- 茎、葉、果実に発生する。茎の地際部分が水浸状で暗緑色となり、やがて褐色となって裂け目ができ、多数の小黒点ができる。
- 葉では円形～楕円形、融合した不整形の褐色の病斑ができる。
- 梅雨期に降雨により被害が増加する。
- 葉が繁茂し風通しが悪いと発生する。過湿な苗床では苗にも発生する。
- 病原菌は被害植物に付着して土壌中で越冬する。また、種子伝染する。

〈防除〉

- 過湿にならないように管理することが大切である。

つる割病による被害

つる割病による茎の亀裂

つる枯病による葉の被害

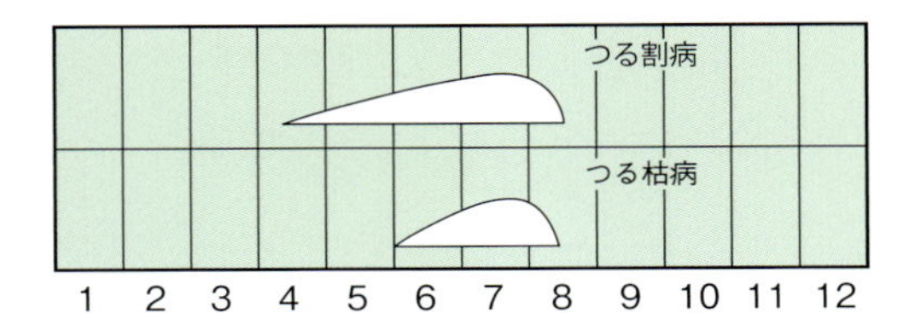

モザイク病（CMV）

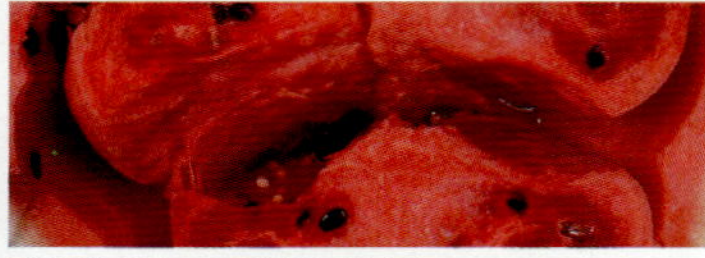
CGMMV による果実の被害

モザイク病（CGMMV）

疫病による果実の被害

モザイク病

〈被害の特徴と発生生態〉

- ウイルス病で、新葉がまだら模様（モザイク）になる。
- CMV では軽いモザイクであるが、CGMMV と WMV では激しいモザイク症状となり、明瞭な斑紋になる。また、葉肉が厚く奇形になることもある。果実にもモザイクができる。

〈防除〉

- CMV と WMV はモモアカアブラムシ、ワタアブラムシによって伝染するので、アブラムシ類の防除を徹底する。CGMMV は種子･接触･土壌伝染する。
- モザイク症状の株はできるだけ速やかに取り除く。

疫病

〈被害の特徴と発生生態〉

- 葉に水浸状、暗緑色の病斑ができる。乾燥すると灰褐色～暗褐色になり、破れやすい。
- 茎では紡錘形のくぼんだ病斑ができ、病斑から上の茎がしおれる。
- 果実では暗緑色・水浸状のへこんだ円形病斑ができ、急速に大きくなり、果実は腐敗する。
- 湿度の高いときには白色綿毛状のカビが生える。

〈防除〉

- 高うねにするなど畑の排水をよくする。また、窒素肥料をやりすぎないようにする。

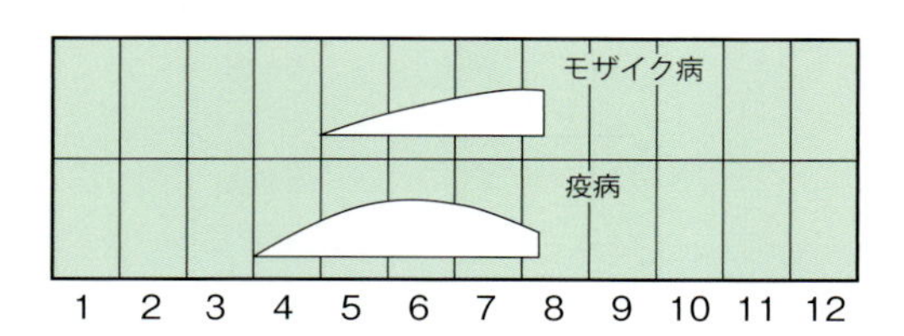

ハダニ類

〈被害と虫の特徴〉

- 葉の汁が吸われ、その部分は色が抜けて黄色くなる。
- 成虫は体長 0.5 ～ 1 ㎜で非常に小さい。赤色のカンザワハダニと淡緑色のナミハダニが寄生する。

ミナミキイロアザミウマ

〈被害と虫の特徴〉

- 葉の汁が吸われ、その部分は色が抜ける。被害部は光を反射して銀色に光る。
- 体長は約 1 ㎜で非常に小さく、細長い。体色は成虫では黄色、幼虫では白色または薄い黄色である。

ウリハムシ

〈被害と虫の特徴〉

- 葉が直径 1 ㎝くらいの円を描いて食害され、やがて円く打ち抜いた穴となる。
- 成虫は体長 1 ㎝、黄橙色で、晴れた日には盛んに飛び回る。
- 幼虫は根を食害し、多発すると株の生長が止まり、枯死することもある。

ハダニ類による被害

ミナミキイロアザミウマによる果実の被害

ウリハムシの成虫

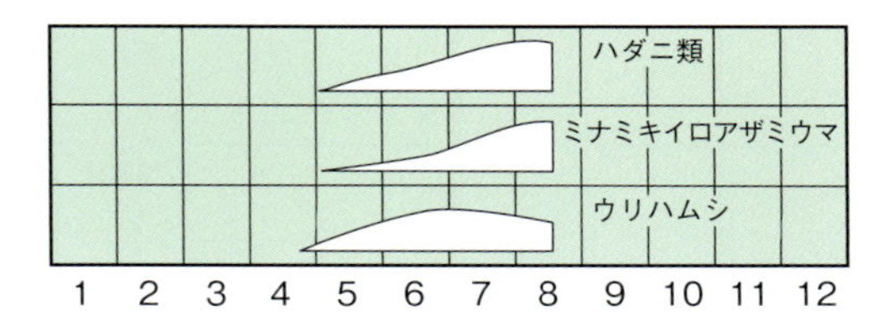

萎黄病の末期症状

萎黄病による根の維管束の褐変

軟腐病

萎黄病

〈被害の特徴と発生生態〉

- 育苗時に、苗の葉がしおれて枯死する。根を切ると維管束の部分が褐変している。
- 肥大時期では下葉から黄化し、生育が劣って株が小さくなり枯れる。根を切るとリング状に褐変し、内部に放射状の変色部が見られる。
- 病原菌は土壌中に残り伝染する。
- 連作すると多発しやすく、地温の高い時期によく発病する。
- 春まき栽培では生育後期、夏まき栽培では生育初期から発生する。

〈防除〉

- 多発する畑では、連作を避ける。
- 萎黄病抵抗性品種（夏みの早生３号、YR くらまなど）を栽培する。

軟腐病

〈被害の特徴と発生生態〉

- 幼苗期では地際部が水に濡れたように腐敗し、やがてしおれて枯れる。
- 生育期では、根首の部分が汚れたような白色で、軟らかくなり、内部がドロドロになって腐敗し、悪臭を放つ。
- 病原菌は土壌中に残り伝染源となる。排水の悪い畑で多発する。
- 気温が高いと発生しやすい。

〈防除〉

- 多発する畑での連作や過度の早まきは避ける。
- 畑の排水を改善し、水はけをよくする。

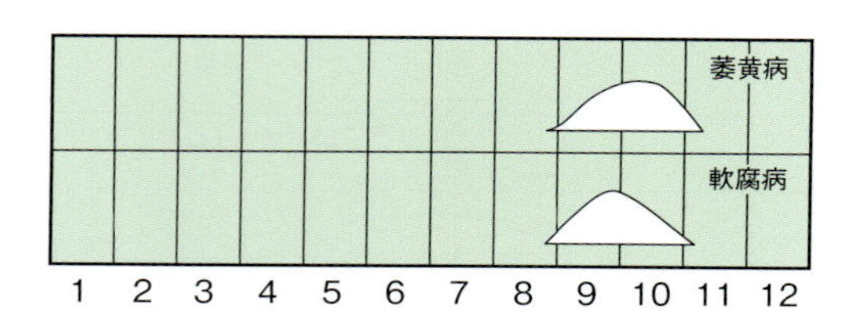

モザイク病

〈被害の特徴と発生生態〉

- 葉の葉脈が淡黄色で透明状になり、しだいに黄色になり、まだら模様（モザイク症状）となる。
- また、葉柄に褐色の斑点や、筋状の斑紋ができることがある。
- 生育初期に感染すると生育不良となり、根が肥大しない。生育期に感染すると葉のモザイクと萎縮症状を示して生育不良となり、ダイコンの肉質が固くなるなど品質が低下する。
- アブラムシ類により伝搬されるのでアブラムシ類の防除を徹底する。

〈防除〉

- シルバーポリフィルムのマルチによりアブラムシ類の飛来を防止する。

バーティシリウム黒点病

〈被害の特徴と発生生態〉

- 肥大した根を切ると維管束が黒変している。
- 黒変は中心部では放射状で、皮層付近では輪状である。外葉の葉柄を切ると維管束が褐変している。
- 根部が軟化腐敗することはないが、まれに外葉が黄化することがある。
- ダイコンのほか多くの野菜に感染する。

〈防除〉

- 土壌伝染する。病気のダイコンは抜き取り処分する。
- 水稲と輪作をすると発病が軽くなる。

モザイク病

モモアカアブラムシ

バーティシリウム黒点病

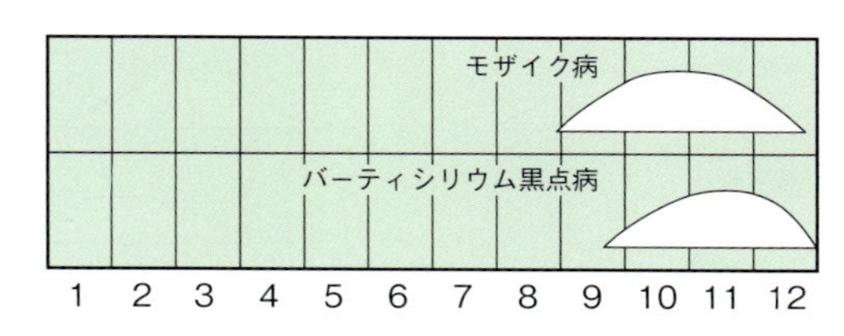

べと病

菌核病（発病初期）

菌核病（多発時）

べと病

〈被害の特徴と発生生態〉

- 葉や根が侵され、採種時には花柄、サヤが侵される。葉では、表面に淡黄色、円形〜不整形で周辺部がややぼけた病斑を生じ、拡大しても多角形の病斑となる。
- 湿度の多いときには、病斑部の葉裏に白色のカビ（胞子）が見られる。

〈防除〉

- 種子伝染するので、発病株からは採種しない。
- ダイコンの連作を避け、薄まきにして風通しを確保する。
- 防除薬剤は発病初期に散布する。

菌核病

〈被害の特徴と発生生態〉

- ダイコンの根部が侵される。
- 葉の付け根付近から発病することが多く、葉柄、根部が軟化・腐敗し、表面に白色菌糸や黒色でネズミの糞様の菌核を生じる。

〈防除〉

- 発病後の防除が難しい。罹病株は早めに除去し、発病の多い場合には、水田との輪作とすると被害が軽減される。
- 発病した株は菌核が形成されないうちに速やかに抜き取り、畑外へ処分する。

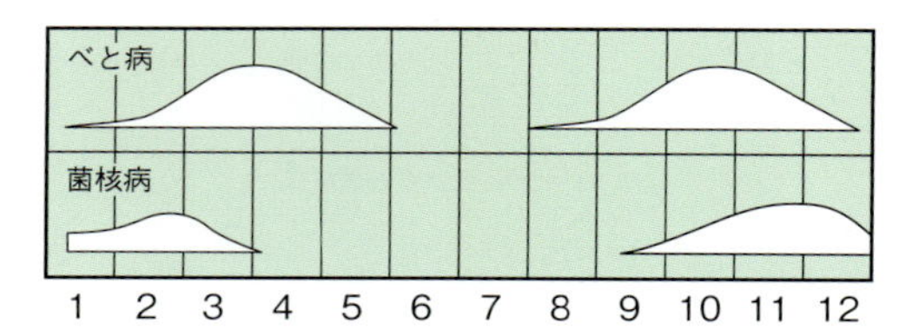

黒腐病

〈被害の特徴と発生生態〉

- 葉の周辺部に黄変部が生じ、クサビ状の不整形に広がって、維管束部が黒変する。
- 病変は、根の維管束にも及び、維管束部が黒変、腐敗することもある。

〈防除〉

- 種子伝染するので、栽培にあたっては消毒済みの種子を用いる。
- 病原菌は土壌中に生存し土壌伝染する。多発する畑では、アブラナ科以外の作物に切り替える。

白さび病

〈被害の特徴と発生生態〉

- 葉裏や花茎に白色カサブタ状～粉状の病斑が生じ、根部の上半分に黒褐色～黒色で直径３～８㎜程度の円形の病斑（輪禍状）が見られることがある。

〈防除〉

- アブラナ科野菜の連作を避け、収穫後の残渣はていねいに除去するか、深く耕して埋め込む。

黒腐病

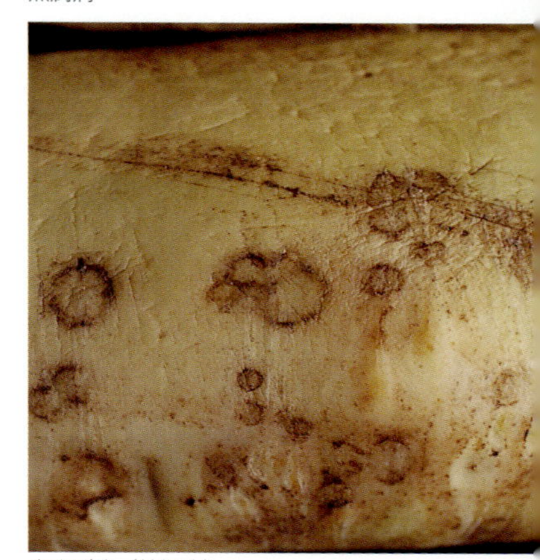

白さび病（輪禍症）

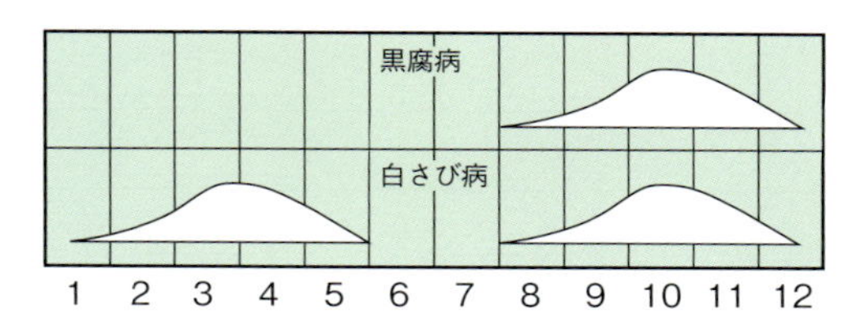

野菜　ダイコン　アブラナ科

アオムシ

カブラハバチの幼虫

ヨトウムシ（孵化直後の幼虫）

アオムシ（モンシロチョウ）

〈被害と虫の特徴〉

●体長1～3㎝の緑色の虫が葉を食害して穴をあける。

カブラハバチ

〈被害と虫の特徴〉

●体長1～3㎝の濃青色の虫が葉を食害する。手を触れると丸くなって落下する。

〈防除〉

●捕殺する程度でよい。

ヨトウムシ（ヨトウガ）

〈被害と虫の特徴〉

●夜行性で昼間は根元の土の中に潜んでいるので、葉が激しく食い荒らされて穴だらけになっているにもかかわらず虫が見つからない。

●夜間に見回ると体長3～4㎝、暗褐色の虫が葉の上に見つかる。

●卵から孵化した後しばらくの間は数十匹の虫が集団で葉裏に生息し、薄皮を残して食害するため、葉が透かし状になって枯れる。

●若い幼虫はシャクトリムシのように体を曲げたり伸ばしたりして歩くのが特徴である。

〈防除〉

●幼虫が集団で寄生している葉を切り取って処分する。また、夜間に見回って捕殺する。

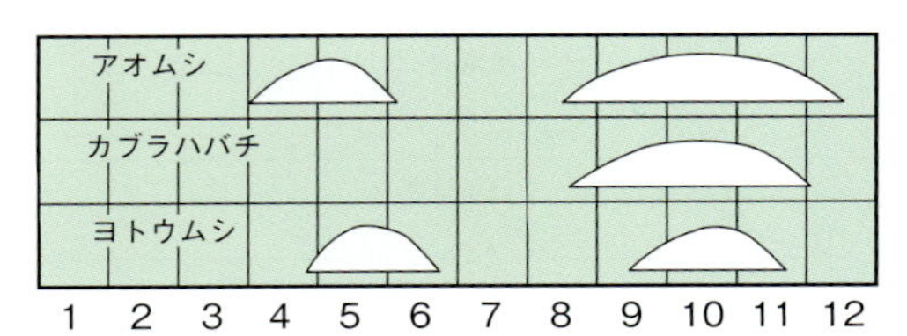

キスジノミハムシ

〈被害と虫の特徴〉

- 収穫時に根部の表面に褐色の浅いへこみ傷が見られる。
- 多発したときには表面がデコボコになるなど、エクボ状の傷が多数生じる。
- 成虫は体長2㎜、黒色で背中に2本の黄色の線をもった甲虫で、葉に小さな穴をあける。
- 人が近づくと、勢いよく跳ね飛んで逃げ去る。
- 幼虫は白色のウジムシで、土の中で生活し、根の表面を食害する。

ハイマダラノメイガ
（ダイコンシンクイ）

〈被害と虫の特徴〉

- 幼虫は体長 0.5 ～ 2㎝、淡褐色で5本の褐色の縦の筋がある。頭は黒い。
- 新葉が糸で綴られるとともに、芯の部分が食害されるので、幼苗時に多発すると被害は大きい。

キスジノミハムシによる被害

キスジノミハムシの成虫

ハイマダラノメイガの幼虫

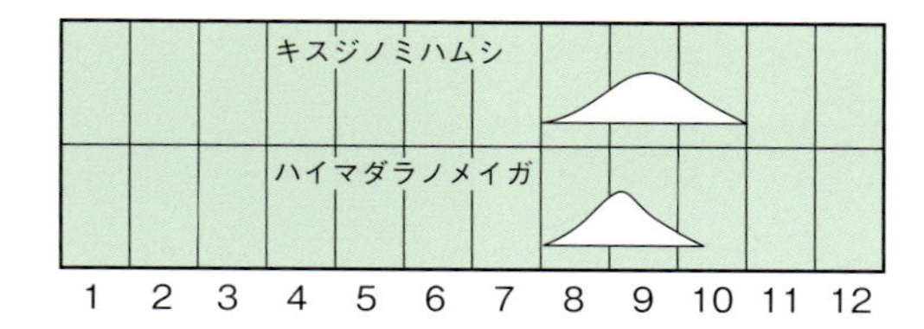

べと病

べと病（越冬罹病株）

白色疫病

べと病

〈被害の特徴と発生生態〉

- 早春期に、葉の光沢がなくなり湾曲した感染株（越年株）が見られる。
- 株全体が淡黄緑色となり生育が劣り、2～3月頃に全身に白色～灰色の胞子が多数つくられ、枯死する。3月以降では、越年株からの胞子飛散により、葉に長卵形～楕円形の黄色がかった大型病斑ができる。
- 多湿条件では病斑に白色霜状のカビがふく。
- ネギ、ワケギにも感染し、再びタマネギに伝染する。

〈防除〉

- 病株は除去し、処分する。

白色疫病

〈被害の特徴と発生生態〉

- 主に葉に発生する。葉の中央部に水浸状の病斑ができる。病斑は白色に変色し、病斑部から葉が折れ曲がり垂れ下がる。
- 発生は晩秋～春期にかけて見られるが、被害は3～4月に多い。特に1～2月が暖かく、3～4月が冷涼で雨が多いと発生する。
- 排水の悪い畑で、早春期に豪雨による冠水を受けると多発する。

〈防除〉

- 排水の悪い畑では、高うねにするなど排水をよくする。

灰色腐敗病

〈被害の特徴と発生生態〉

- 生育中および貯蔵中のタマネギに発生する。
- 生育中では3～5月にかけて下葉が黄化し垂れ下がり、地際部の鱗茎近くに灰色粉状のカビが生じ、鱗茎が腐敗することがある。
- 貯蔵中のタマネギでは、首部～肩の部分にかけて腐敗し、表面に暗緑色～灰褐色のビロード状の胞子と黒褐色のカサブタ状の菌核ができる。
- 1～3月に降雨の多い年に発生が多い。
- 類似した病害に軟腐病、腐敗病がある。

〈防除〉

- 窒素肥料の多用を避け、排水の悪い畑では高うね栽培にするなど排水をよくする。

軟腐病

〈被害の特徴と発生生態〉

- 発病は5月頃から観察される。やや温暖で降雨の多い年に発生しやすい。
- 中下位葉の葉鞘部分が水浸状から灰色に変色し、葉身部分も軟腐状になり葉は倒伏する。
- 病原菌は鱗茎に入り、軟腐状に腐敗し悪臭を放つ。軽症のものでは鱗茎の首の部分を押さえると白汁が出る。

〈防除〉

- 病原菌は土壌中に残って伝染する。
- 多湿な畑では発病が多いので、排水の悪い畑では高うね栽培とする。

灰色腐敗病

軟腐病

軟腐病による鱗茎の腐敗

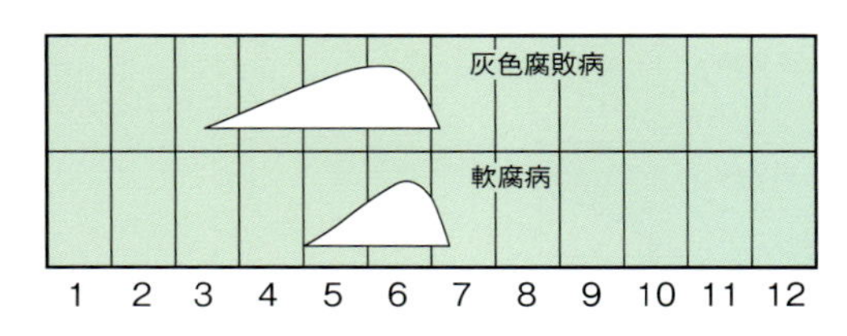

さび病

黒斑病

さび病

〈被害の特徴と発生生態〉

- 葉および花茎に発生する。葉の表面に青白い小斑点が生じ、拡大して紡錘形となり、中央部が赤褐色で隆起し、やがて破れて橙黄色粉状の夏胞子を生じる。
- 後に、病斑周辺部が黒褐色に変化して冬胞子層を生じることもあるが、夏どりではまれである。

〈防除〉

- 本病原菌はネギ属植物以外への寄生は認められないので、ネギ、タマネギ、ニンニクなどの連作や、これらの発病株周辺での栽培を避ける。
- 罹病株は、畑から除去するとともに、肥料切れしないように肥培管理する。
- 病斑を認めたら、早めに防除薬剤を散布する。

黒斑病

〈被害の特徴と発生生態〉

- 葉および花茎に病斑が生じる。病斑は淡褐色の紡錘形～長楕円形で、病斑上に暗褐色のカビが輪紋状に生じて胞子を形成する。葉は病斑部で折れやすくなる。

〈防除〉

- 種子伝染するため、消毒済みの種子を用いる。
- 肥料切れすると発病しやすいので、適正な肥培管理をする。
- 排水不良や多雨条件で発生しやすいので、病斑を認めたら早期に防除薬剤を散布する。

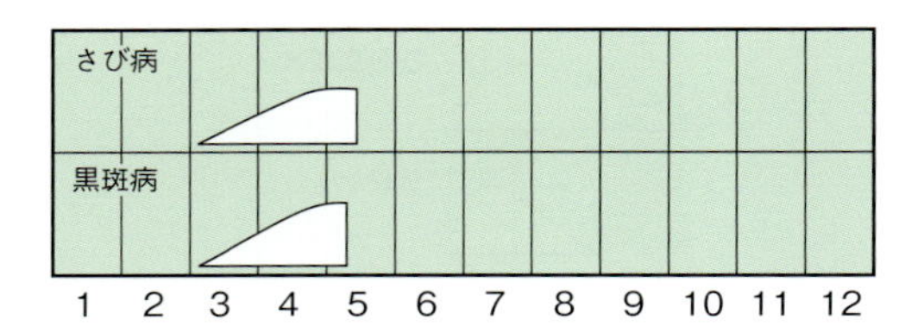

アワノメイガ

〈被害と虫の特徴〉
●果実の皮をはぐと内部が食い荒らされている。
●幼虫の体長は１～２㎝で縦縞模様はない。

〈防除〉
●薬剤散布の適期は雄穂が見え始めた頃（図参照）である。

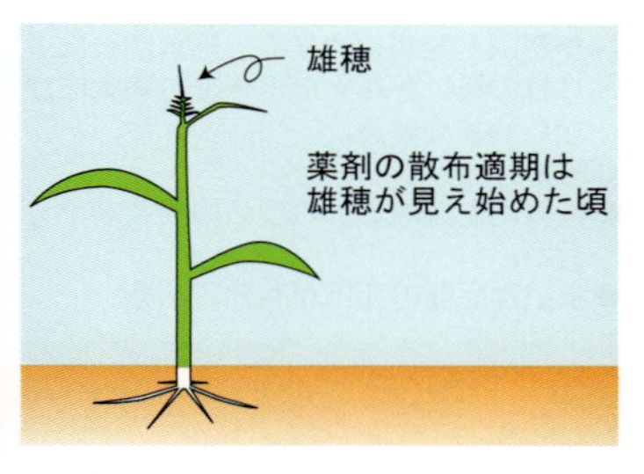

アワノメイガの幼虫と虫糞

アワヨトウ

〈被害と虫の特徴〉
●葉を食害し、多発すると株が丸坊主になる。
●幼虫の体長は３～４㎝で縦縞模様がある。

アワヨトウの幼虫

アブラムシ類

〈被害と虫の特徴〉
●体長１～２㎜の濃い緑色の虫が葉や茎に群がって汁を吸うため、株の生育が遅れる。
●ムギクビレアブラムシとキビクビレアブラムシの２種がいて、よく似ている。
●キビクビレアブラムシのほうが色がやや薄い。

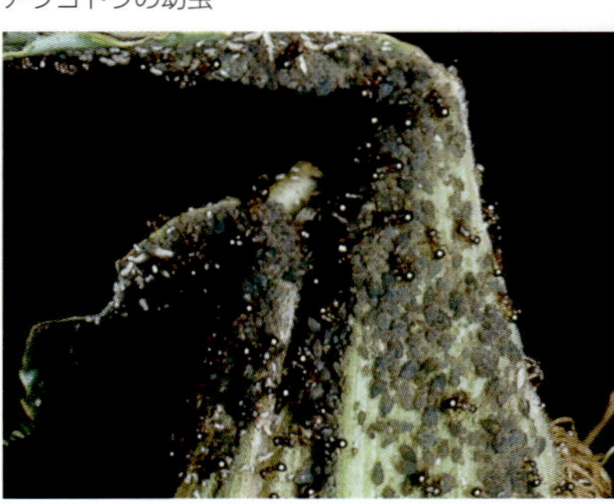
アブラムシ類

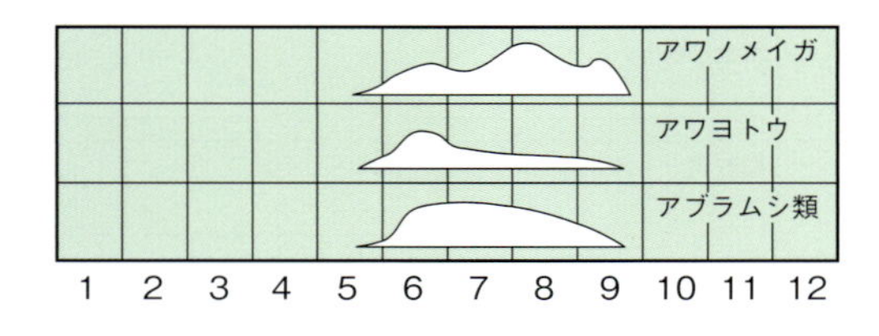

葉かび病（葉表）

葉かび病（葉裏に生えたビロード状のカビ）

輪紋病

葉かび病

〈被害の特徴と発生生態〉

- 主に葉に発生する。はじめ葉の表面にかすかに黄斑が現れ、その裏側に灰白色～灰褐色のビロード状のカビが密生する。被害が進むと葉は乾燥して巻き上がり枯れる。
- 葉裏の胞子が飛散して伝染する。特にハウスなどの多湿な環境で発生しやすく、晩秋から早春に多い。密植や通気が悪いと発病しやすく、肥料切れにより株の勢いが衰えたときにも病気にかかりやすくなる。

〈防除〉

- 被害葉を摘除し、ハウスの換気を十分行う。
- 抵抗性品種の利用が有効である。

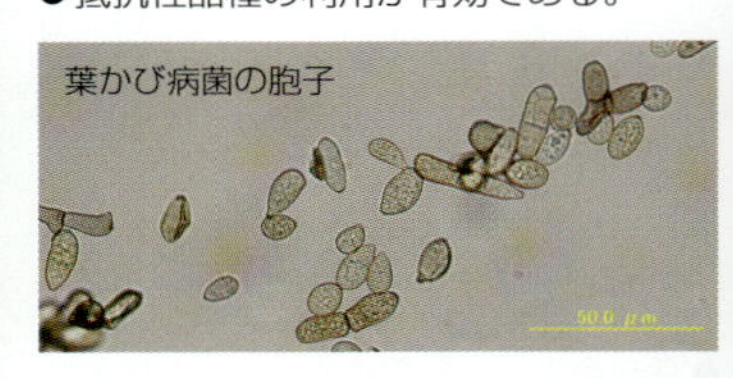
葉かび病菌の胞子

輪紋病

〈被害の特徴と発生生態〉

- 葉では、はじめ暗褐色、水浸状の小さな斑点ができ、しだいに拡大して1cm程度の同心輪紋状の大型病斑となる。
- 被害が進むと茎や果実にも同様の病斑をつくる。多湿になると病斑上には黒いビロード状のカビが生える。
- 病斑上にできた胞子が飛散して伝染する。
- 適温は28℃で、高温乾燥条件で発生が多い。

〈防除〉

- 着果期以降、肥料切れしないように注意する。特に生育後半に発生しやすい。

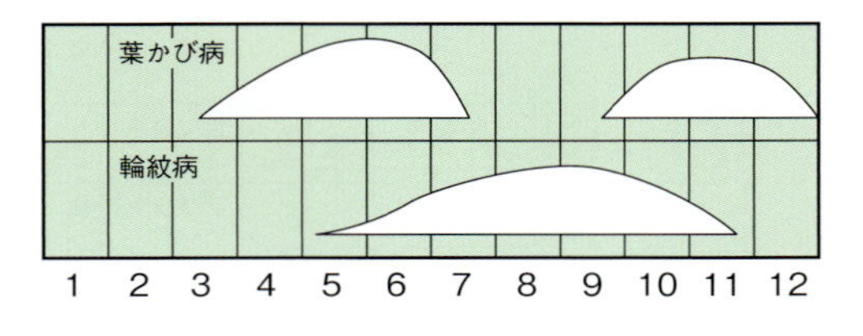

すすかび病

〈被害の特徴と発生生態〉

- はじめ葉の裏面に淡黄緑色の病斑が現れ、灰褐色のビロード状のカビが密生する。
- 被害が進むと葉は乾燥して巻き上がり枯れる。
- 表面にも不明瞭な黄褐色の病斑を生じる。
- 特にハウスなどの多湿な環境で発生しやすく、晩秋から早春に多い。
- 外見だけでは葉かび病との区別は困難である。

〈防除〉

- 密植を避け、ハウスの換気を十分行う。
- 被害葉は摘除し畑外に持ち出す。

すすかび病

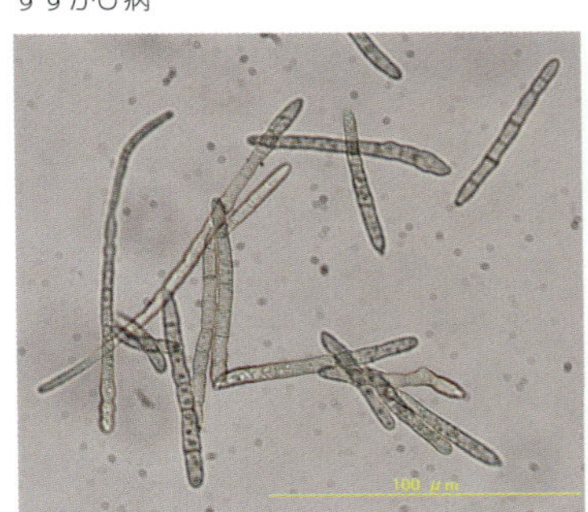

すすかび病菌の胞子

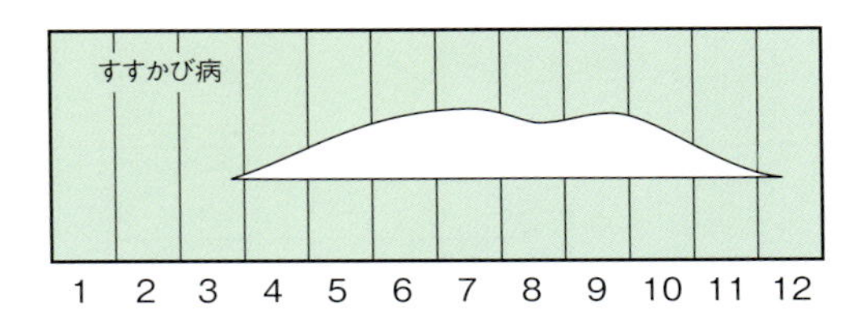

疫病による茎の褐変

疫病による果実の被害

うどんこ病

疫病

〈被害の特徴と発生生態〉

- 葉、茎、果実を侵す。葉や茎には、はじめ灰緑色、後に暗褐色、不整形の病斑をつくる。果実では、幼果にややくぼんだ褐色、ケロイド状の病斑ができる。
- 湿度が高いと、病斑上に白色霜状のカビが見られ、気温・湿度によっては急速に伝染し、大きな被害となる。
- 病原菌は被害植物とともに土の中に残り、伝染源となる。被害植物上に形成された胞子が雨滴などで飛散して伝染する。

〈防除〉

- ジャガイモ、トマトなどの連作を避ける。
- 窒素肥料が多いと発病しやすくなる。
- 施設では20℃前後の多湿条件下で急速に伝染し、全滅することがある。

うどんこ病

〈被害の特徴と発生生態〉

- 葉にはじめ白色の円形病斑ができ、やがて拡大し葉全体を覆い、小麦粉を振りかけたようになる。日数が経過すると、葉面は灰白色で汚れた感じになる。施設栽培で多発すると下葉から枯れ上がり大きな被害となる。
- 施設栽培で発生することが多い。日照不足で乾燥すると発生が多くなる。

〈防除〉

- 草勢を維持するよう施肥管理に注意する。

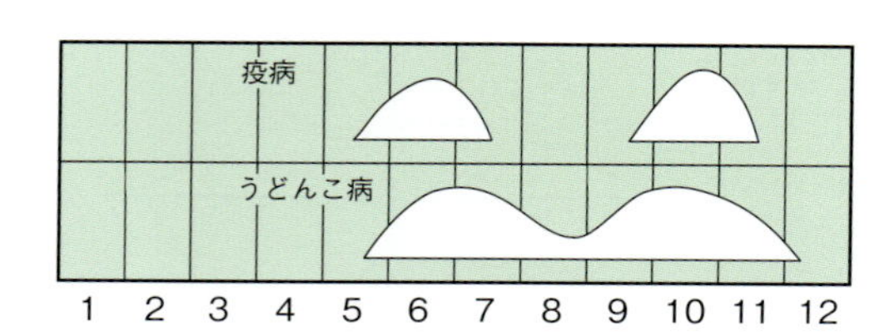

灰色かび病

〈被害の特徴と発生生態〉

- はじめ咲き終わった花びらやがくに感染が見られ、やがて果頂部やヘタが侵され、果実が腐敗する。湿度が高いと被害部に灰白色のカビが密生する。
- 果実に径１～２㎜の黄白色円形の斑点（ゴーストスポット）ができることもある。
- 施設栽培で発生が多く、被害部のカビが飛散して伝染する。12～５月にかけて 20℃くらいの多湿な環境で発生しやすい。

〈防除〉

- 多湿にならないように通気や換気に努め、敷わらやマルチを行う。病気にかかった果実や茎葉はていねいに取り除く。

尻腐症

〈被害の特徴と発生生態〉

- 生理病の一種で、果頂部に暗緑色、油浸状の病斑ができ、果実の肥大とともに病斑はくぼみ黒褐色になる。
- 主にカルシウム不足による症状で、粘土質や砂質土壌で発生が多い。窒素肥料が多いと発生が増え、リン酸肥料を施肥すると発生が抑制される。

〈防除〉

- 石灰とリン酸を十分に施用し、窒素の過用を避ける。土壌の急激な乾湿を防ぐため敷わらやマルチを行う。

灰色かび病による葉の病斑

尻腐症

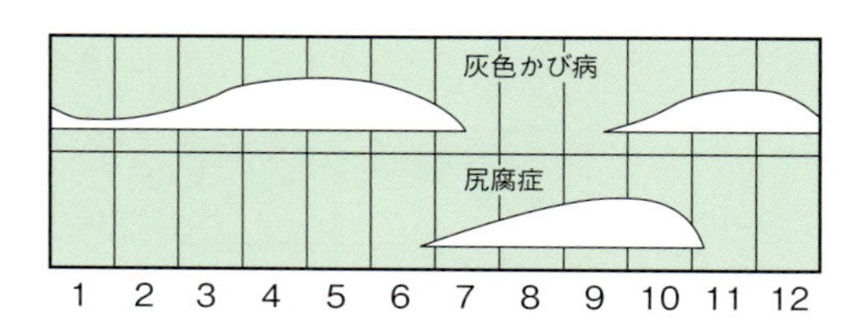

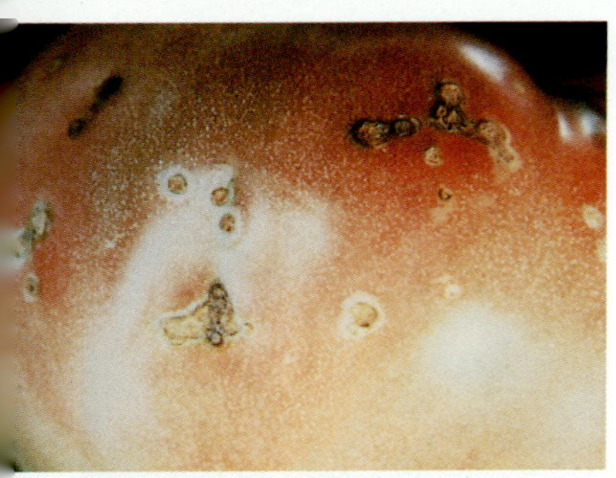
かいよう病による鳥目状斑点

かいよう病

軟腐病

かいよう病

〈被害の特徴と発生生態〉

- 下葉が垂れ下がり、葉の周縁からしおれて巻き上がる。
- また植物体表面に白色〜褐色のやや隆起したコルク質の小さな斑点や、果実表面には2〜3㎜の鳥目状の斑点をつくることもある。
- 種子伝染する。発病した畑では病原菌が土壌中に残り、伝染源となる。冷夏で雨が多いと発生は多くなる。

〈防除〉

- 種子と床土の消毒を行い、連作を避ける。
- 施設内の湿度を下げる工夫や雨よけ栽培をする。摘芽は晴天時に行う。

軟腐病

〈被害の特徴と発生生態〉

- 支柱や誘引テープに触れた部分から水浸状に黒ずみ、茎のズイまで変色してしおれて枯れる。
- 押さえると腐敗した汁液が出て悪臭を放ち、乾くと茎の内部が崩壊して空洞になる。
- 土壌中に病原菌が生存し、摘芽や風雨によってできた傷から感染する。高温で雨が続くと発生が多くなる。

〈防除〉

- 発病した株は見つけしだい除去する。
- 雨よけ栽培やマルチ、敷わらを行い、土の跳ね上がりを防ぐ。

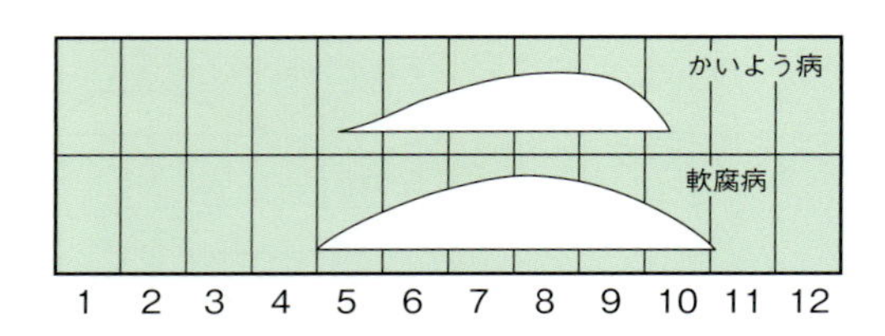

萎凋病

〈被害の特徴と発生生態〉

- 日中、株の片側の下葉から黄化してしおれ、病気が進むと全葉が黄変、しおれて枯れる。根はアメ色に、維管束は褐色に変色する。
- 連作により病原菌は土壌中に残り、土壌の温度が高く、根に傷があると発生しやすい。
- レース１～３の３種の萎凋病菌がある。

〈防除〉

- 抵抗性品種や抵抗性台木による接ぎ木栽培を行い、連作を避ける。酸性土壌で土壌 pH を矯正し、敷わらなどで地温の上昇を抑えると発病は減る。

青枯病

〈被害の特徴と発生生態〉

- 日中、急に水分を失ったようにしおれ、株全体が青枯れ状となり、急速に症状が進む。
- 地際部の茎を切ると維管束の褐変が見られ、乳白色の液が生じる。
- 夏期高温の時期に発生しやすく、ナス科作物の連作で多発する。病原菌は土壌中で２～３年以上生存し、根の傷などから侵入する。

〈防除〉

- 多発する畑では連作を避ける。排水や敷わらにより根の傷みを防ぎ、シルバーマルチにより地温上昇を防ぐ。
- 抵抗性品種や抵抗性台木に接ぎ木すると発病が少ない。
- 芽かき、収穫時のハサミによる伝染に注意する。

萎凋病による葉の黄化としおれ

青枯病によるしおれ

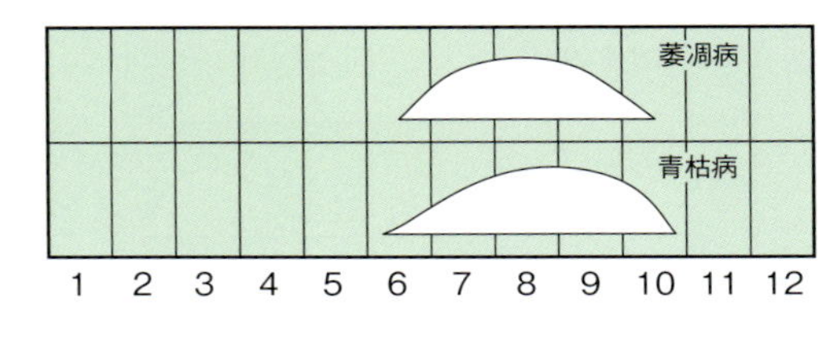

モザイク病（ToMV）

モザイク病（CMV）による果実の被害

アブラムシ類

モザイク病

〈被害の特徴と発生生態〉

- ウイルスによる病害で、新葉にまだら模様（モザイク症状）ができる。CMV（キュウリモザイクウイルス）、ToMV（トマトモザイクウイルス）などによって起こる。
- 葉脈が透けて見え、葉脈間は濃淡のモザイク状になり、被害が進むと葉が糸状となり、株がしおれることもある。また、果実、茎、葉を褐変させることもある。
- CMV は主にアブラムシで、ToMV は種子や土壌、接触によって伝染する。

〈防除〉

- うね面をシルバーポリフイルムで被覆するとアブラムシ類の飛来が少なくなる。
- 種子、育苗箱、床土の消毒を行い、抵抗性品種を用いる。

アブラムシ類

〈被害と虫の特徴〉

- 生長点付近の葉が湾曲したり、黄化している症状があれば、アブラムシ類の有無を調べる。
- モモアカアブラムシ、ジャガイモヒゲナガアブラムシ、チューリップヒゲナガアブラムシなどが発生する。翅の生えたアブラムシは頭と胸が黒く、背に斑紋がある。翅のないアブラムシは卵形で、淡黄緑色と淡紅色のものがある。

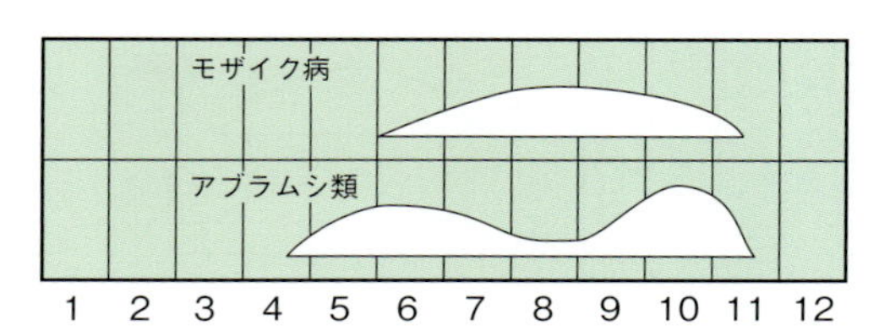

オンシツコナジラミ

〈被害と虫の特徴〉

- タバココナジラミと同様に、幼虫が葉の汁液を吸ってネバネバした液を排泄し、その上にすす病が発生するため葉や果実が黒く汚れる。
- 多発すると株全体が弱り、収量も減少する。
- 葉裏には体長 2㎜の白く透明な小判形をした幼虫が付着している。
- 成虫は体長２㎜で白いチョウのように見える。
- 寒さに弱く、主にハウス内で発生する。

タバココナジラミ

〈被害と虫の特徴〉

- 幼虫は葉裏に寄生し、葉の汁液を吸ってネバネバした液を排泄するため、すす病が発生する。
- 葉の汁が吸われると果実の一部が着色せず、赤色と薄い緑色のまだら模様になる。
- 幼虫は体長２㎜の小判形で、体色は薄い黄色で１対の赤い斑点がある。
- 成虫は体長２㎜で白いチョウのように見える。
- 黄化葉巻病ウイルスを媒介する。

オンシツコナジラミによる果実の汚れ
（右上：オンシツコナジラミの成虫）

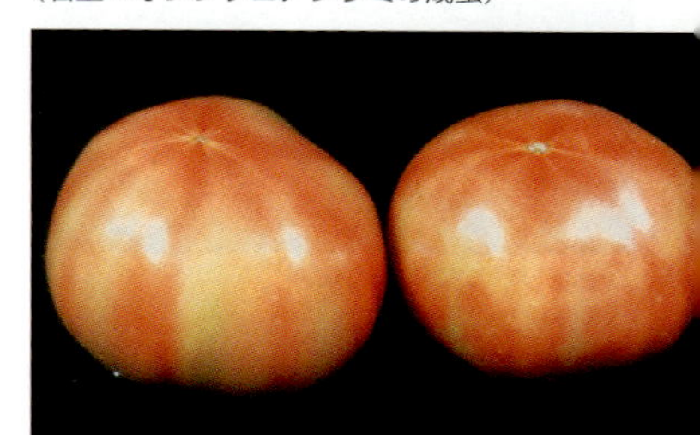

タバココナジラミによる果実の着色不良

タバココナジラミの４齢幼虫

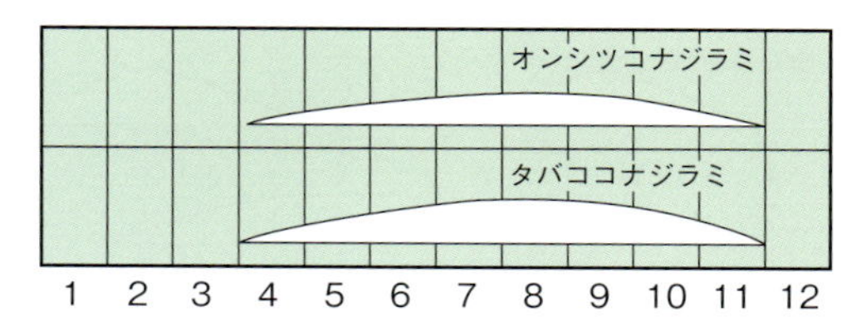

黄化葉巻病（TYLCV）

黄化葉巻病

〈被害の特徴と発生生態〉

- 感染したトマトは、新葉が表面側または裏側へ巻き上がり、葉脈部を残して黄化し丸みを帯びた葉となる。
- 本病の病原ウイルス（TYLCV）は、タバココナジラミによって媒介される。

〈防除〉

- 育苗期からタバココナラジラミの発生を防止する。

ハモグリバエ類による被害

ハモグリバエ類

〈被害と虫の特徴〉

- 幼虫が葉の内部を食べるため、葉に曲がりくねった白い帯が生じる。多発すると隣り合う帯がくっつき、葉全体が白くなる。
- トマトハモグリバエやマメハモグリバエが発生する。成虫は体長２㎜のハエで、幼虫は黄色、体長３㎜である。

〈防除〉

- 畑内や周辺の除草を行う。
- ハウスの開口部に防虫ネットを張る。

ハモグリバエ類の成虫

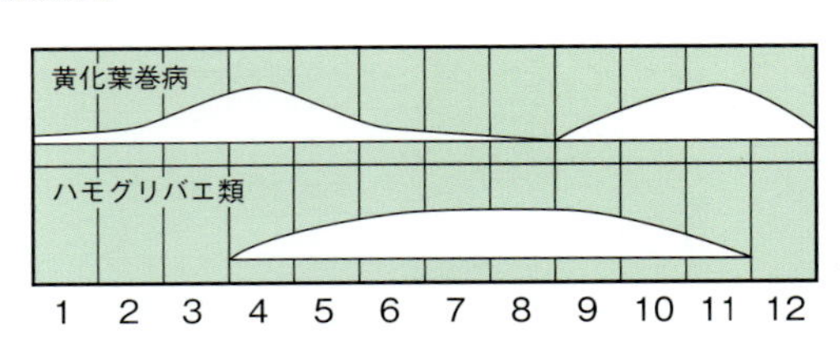

オオタバコガ

〈被害と虫の特徴〉
- 幼虫が葉や果実を食い荒らして穴をあける。
- 幼虫は緑色で、成長すると体長４cmになる。
- １匹の虫が次々と果実を加害してゆくので、虫の発生が少なくても被害は大きい。

〈防除〉
- 被害を受けた果実は見つけしだい切り取って処分する

オオタバコガの幼虫と被害果

ハダニ類

〈被害と虫の特徴〉
- 体長 0.5 ～ 1 mmの非常に小さな虫が葉の汁を吸い、吸われた部分は色が抜ける。
- 体色の赤いカンザワハダニと薄い緑色のナミハダニがいる。

ナミハダニによる被害葉

トマトサビダニ

〈被害と虫の特徴〉
- 葉の縁が裏側へそり返り、葉裏は光を反射して銀色に光る。
- 多発すると茎や果実が褐色になって硬くなる。また、葉が株元から黄色く枯れ上がる。
- 虫の体長は 0.2mmで非常に小さいため、肉眼では発見できない。
- 高温乾燥を好み、主にハウスで発生する。

トマトサビダニによる果実の被害　トマトサビダニ

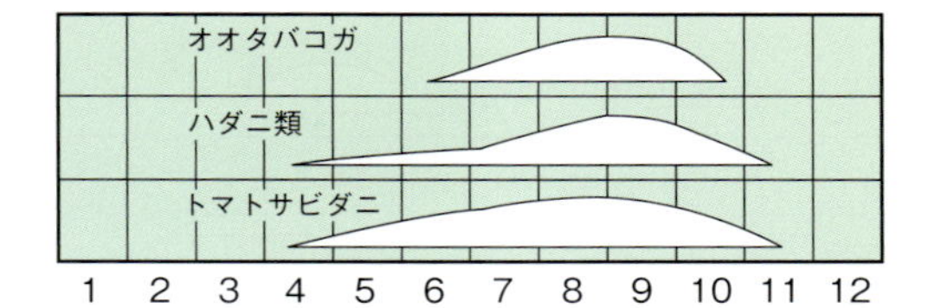

吸蛾類による被害

ダイズウスイロアザミウマによる葉の被害

ヒラズハナアザミウマによる果実の被害

吸蛾類

〈被害と虫の特徴〉

- ガの成虫によって果実が吸汁され、その部分は円く褐色に腐ってへこむ。腐敗は急速に広がり、やがて果実が落下する。
- 種類はアカエグリバ、アケビコノハなどがあり、いずれも翅を広げると4～10cmの大型のガである。
- 山林に近い畑で発生が多く、夜間に飛来する。

〈防除〉

- 畑をネットで覆って、ガの侵入を防ぐ。
- 黄色蛍光灯を点灯してガの吸汁行動を抑制する。

アザミウマ類

〈被害と虫の特徴〉

- 葉が吸汁され、その部分が光を反射して銀色に光る。また、幼果に多発すると、果実の表面にソバカス状の褐色の斑点ができる。
- 種類はダイズウスイロアザミウマ、ヒラズハナアザミウマ、ミカンキイロアザミウマなどがある。いずれも体長は1mmで小さく細長い。
- ヒラズハナアザミウマ、ミカンキイロアザミウマはウイルス病（黄化えそ病）を媒介する。
- ヒラズハナアザミウマ、ミカンキイロアザミウマが産卵した果実は一部分が白く盛り上がるのが特徴で、白ぶくれ症状と呼ばれる。

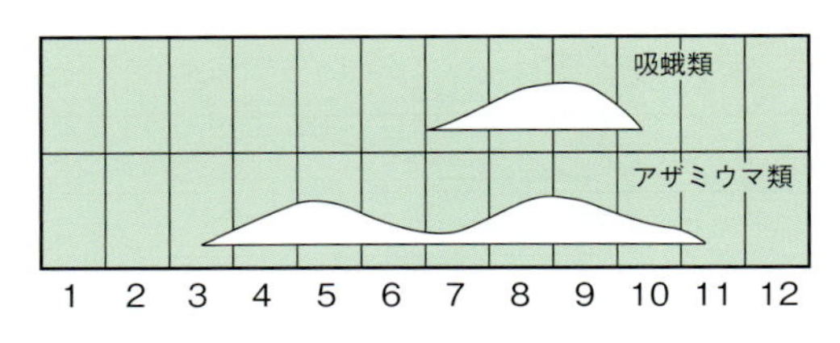

うどんこ病

〈被害の特徴と発生生態〉

- はじめ葉の表面に白いカビが点々と生じ、しだいに広がって葉全体が小麦粉を振りかけたようになる。多発すると葉柄や果実のヘタの部分も白くなる。病斑は古くなると灰色～黄褐色に変色し、病気の葉は、やがて落葉する。
- 気温が25～28℃、湿度が50～80％程度で日照不足のときに発生が多い。

〈防除〉

- 密植を避け、日当たりと風通しをよくして葉が茂りすぎないようにする。
- ハウスではビニールが汚れ、透明度が落ちると発生が多い。

すすかび病

〈被害の特徴と発生生態〉

- はじめ下葉の裏側に黄白色のカビが密生し、やがて灰褐色、ビロード状の円い病斑（0.5～1㎝）となる。葉の表面には薄い黄褐色～褐色、周縁がぼやけた円形病斑が現れる。
- 多発すると多数の病斑ができ融合し、葉が黄色くなり落葉することがある。
- 高温多湿になる施設栽培で発生が多い。

〈防除〉

- ハウスの換気や水管理に注意し、湿度を下げるように努める。
- 多発すると防除が難しくなる。

うどんこ病（果実）

うどんこ病（葉）

すすかび病（葉表）

すすかび病（葉裏）

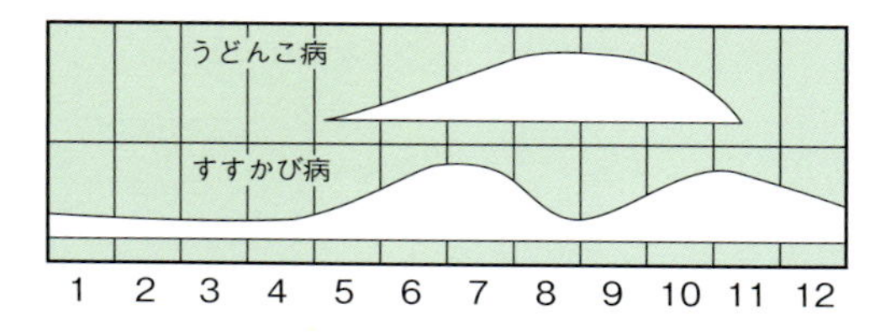

灰色かび病
（果実の症状）

灰色かび病
（葉の輪紋症状）

菌核病（茎上の菌核）

菌核病（果実の腐敗とカビ）

灰色かび病

〈被害の特徴と発生生態〉

- ハウスで発生が多く、咲き終わった花びらや幼果に感染しやすい。
- 20℃程度の多湿な環境条件や過繁茂で発病が多くなる。
- 果実の先端やがくに褐色のくぼんだ病斑ができる。病斑はしだいに大きくなり、灰色のカビが密生する。

〈防除〉

- 咲き終わった花びらはていねいに抜き取り、病気にかかった果実や葉はハウスの外へ持ち出し処分する。うね面マルチやハウスの換気を行い、湿度を下げる。

菌核病

〈被害の特徴と発生生態〉

- 茎の分かれた部分や地際部に水浸状の病斑ができ、病斑より上の茎葉がしおれる。果実では紫褐色、水浸状に腐敗する。果実、茎の病変部には白色綿状のカビが生え、後にネズミの糞状の黒い塊（菌核）ができる。
- 菌核が土壌中に残って伝染源となる。
- 20℃程度のやや低温の多湿な条件で発生し、連作により多発する。

〈防除〉

- 夏期湛水や田畑輪換により土壌中の菌核を死滅させる。マルチや敷わらによりハウス内の湿度を下げる。病気にかかった果実や枝は見つけしだい処分する。

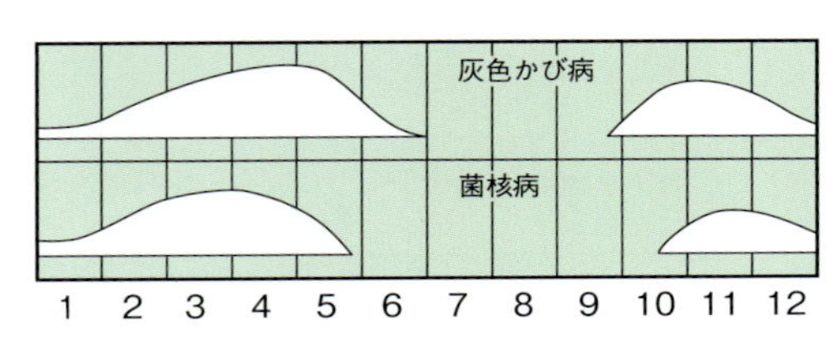

黒枯病

〈被害の特徴と発生生態〉

- 葉に境目が明瞭な黒褐色で同心円状の輪紋のある斑点ができる。多発すると葉に多数の病斑ができ落葉し、果実の表面に水泡状の小さな隆起を生じて湾曲することがある。
- ハウス特有の病害で高温多湿な環境条件で発生しやすい。褐紋病に似ているが、黒枯病は病斑の上に黒い小粒ができない。

〈防除〉

- ハウス内の換気や排水をよくする。
- うね面や通路に敷わらやマルチを行うと発病は抑制される。

黒枯病（葉）

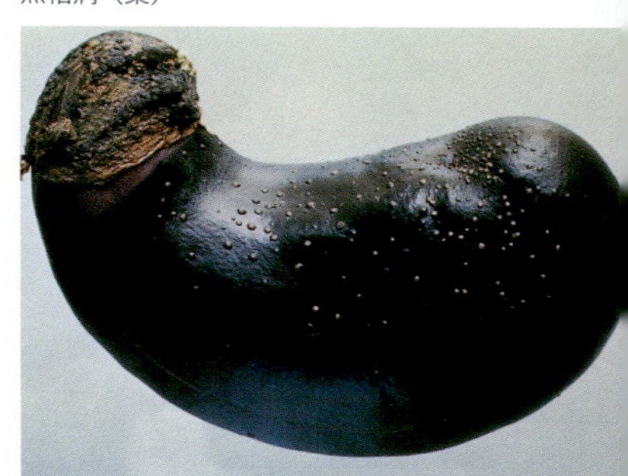

黒枯病による果実表面のイボ症状

褐色腐敗病

〈被害の特徴と発生生態〉

- 果実ではややくぼんだ褐色の病斑をつくり、多湿なときは表面に白色霜状のカビがふき果実が腐敗する。根では細根が褐変腐敗し、茎の地際部に淡褐色、水浸状の病斑ができると葉は黄変してしおれて枯れる。
- 病原菌は土壌中に存在し、土の跳ね上がりによって伝染する。

〈防除〉

- 抵抗性台木に接ぎ木し、風雨による土の跳ね上がり防止のため高うね栽培とするほか、マルチや敷わらをすると発病が軽くなる。

褐色腐敗病による果実の被害

褐色腐敗病による茎の被害

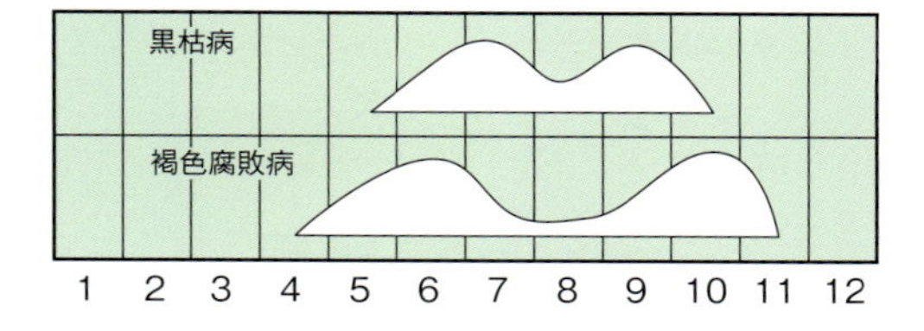

半身萎凋病

青枯病　　茎からの青枯病菌の溶出

半身萎凋病

〈被害の特徴と発生生態〉

- 下葉の葉脈間に周縁が不鮮明な薄い黄色でクサビ形の病斑が現れ、しだいに上位葉に進み、株の片側もしくは全体がしおれる。茎を切ると維管束が変色している。
- ナス科の作物を連作すると発生が増加する。
- 発病株の葉、茎などの病原菌が土壌中に蓄積して被害が増加する。
- 地温が25℃程度で根から作物体内に侵入し、道管内で増殖してナスを枯死させる。

〈防除〉

- 抵抗性の台木に接ぎ木する。
- 7～8月に太陽熱による土壌消毒を行う。
- 発生が多い畑では苗床や畑の土を土壌消毒する。

青枯病

〈被害の特徴と発生生態〉

- ナスが急激にしおれ、青枯れ状になる。茎を切ると維管束がアメ色に変色している。
- 茎を切り、水に浸すと乳白色の粘液が出る。
- 夏期に発病が多く、うね間灌水により急速に周囲へ広がる。連作や排水不良、乾湿の差が大きい畑で発病が多くなる。

〈防除〉

- 発病株は見つけしだい土とともに抜き取る。
- 堆肥の施用により土壌の微生物層を豊富にする。太陽熱により土壌消毒を行う。
- シルバーマルチで地温上昇を抑える。
- 抵抗性台木に接ぎ木する。

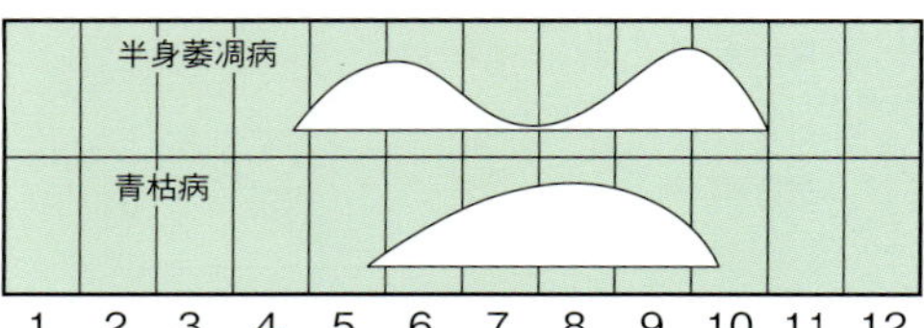

苗立枯病

〈被害の特徴と発生生態〉

- 発生は発芽直後から、本葉2～3枚の頃に多く認められる。苗の地際部の茎が暗褐色になり細くくびれ、しおれて枯死する場合（リゾクトニア菌）と、茎が水浸状に軟らかくなり、腰折状に枯死する場合（ピシウム菌）がある。
- 重粘土質や酸性土壌で発生が多く、温度、湿度が高いと急速に蔓延する。

〈防 除〉

- 育苗土は新しい土を用い、堆肥など有機質はよく腐熟したものを用いる。

苗立枯病

モザイク病

〈被害の特徴と発生生態〉

- 主にCMV（キュウリモザイクウイルス）の感染で発生する。発病したナスの葉（新葉2～3枚目）を透かしてみると葉脈間に黄斑が見られ、葉に緑の薄い部分がまだらにできる。果実の表面がデコボコしたり、湾曲する。また、果肉が部分的に褐変することがある。
- ウイルスはアブラムシ類によって被害植物から伝搬される。土壌や種子伝染はしない。

モザイク病（CMV）

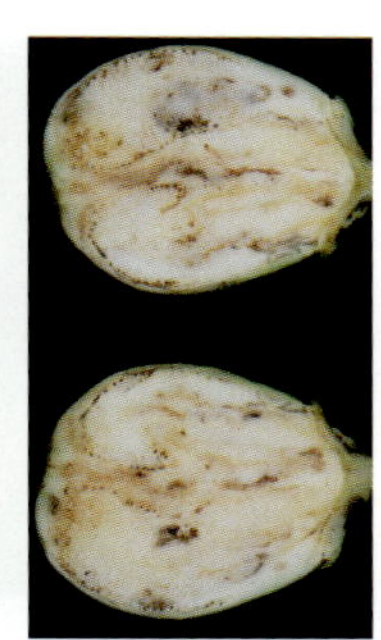

CMVによる果実内部の褐変

褐紋病

〈被害の特徴と発生生態〉

- 葉や茎に褐色の病斑ができる。特に幼苗期に地際部が侵されると立ち枯れることがある。果実では褐色で円形の斑点ができ、拡大して腐敗を生じる。病斑上にはやがて小黒点ができる。
- 露地の水なすで発生しやすい。梅雨頃から発生し、盛夏過ぎから被害の増える傾向がある。病原菌は被害植物とともに土壌中に残り次作の伝染源となる。

〈防除〉

- 被害植物は放置せず処分する。
- 種子伝染するため健全な種子を用いる。

褐紋病

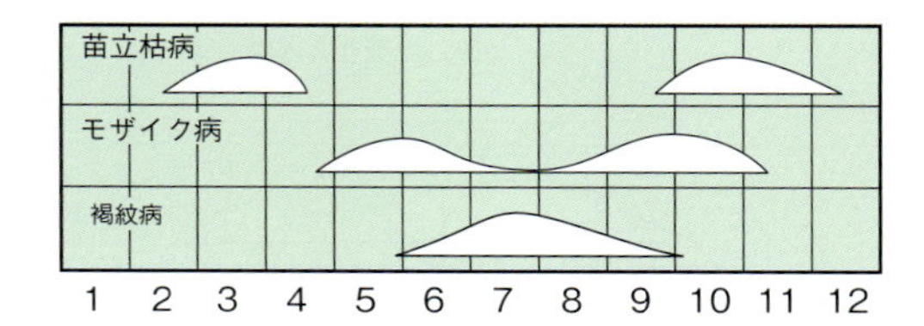

TSWVによる果実の被害

TSWVによる葉の病徴

ミカンキイロアザミウマの成虫

ミカンキイロアザミウマによる葉の被害

ミカンキイロアザミウマによる果実の被害

黄化えそ病

〈被害の特徴と発生生態〉

- 病原はウイルス（TSWV）で、アザミウマ類によって伝染する。ナス科をはじめキク、アカザ科などの植物に感染する。また、M系統はウリ科に感染する。
- ナスの葉、果実、茎、株全体に症状が出る。
- 葉では輪紋状に色の薄くなった部分が生じ、やがて、褐色のえそ症状になる。
- 果実では、がくの部分に褐色のくぼみを生じる。
- 発病が甚だしいと株全体がしおれる。

〈防除〉

- アザミウマ類の防除を徹底する。

ミカンキイロアザミウマ

〈被害と虫の特徴〉

- 葉では吸汁された部分がカスリ状の白色斑点となり、しだいに光沢を帯びて銀色に光る。
- 水ナス果実では果頂部に円形状の脱色斑点が生じ、症状がひどい場合は果頂部全体が着色不良になる。
- 体長は成幼虫とも1〜2㎜で小さく細長い。成虫の体色は黄褐色、幼虫は淡黄色である。
- ナス、キュウリ、トマト、ピーマン、キク、バラ、トルコギキョウ、ミカンなど多くの作物や雑草に発生する。

〈防除〉

- 寒冷紗などで成虫の飛来を防ぐ。
- ビニールマルチし、土中での蛹化を防ぐ。
- 畑の中や周辺の除草を行う。

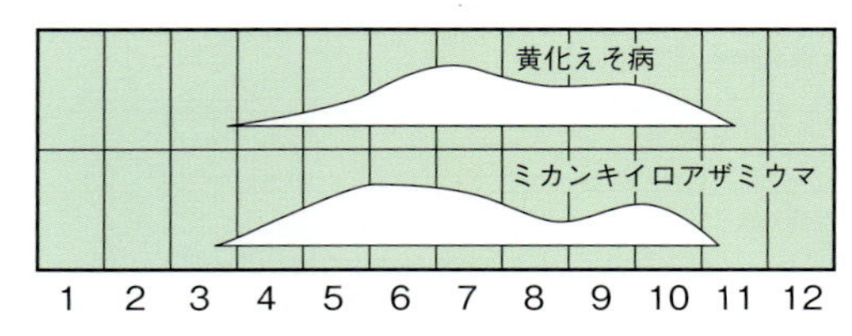

ハダニ類

〈被害と虫の特徴〉

- 葉の汁が吸われ、その部分は色が点状に白く抜ける。多発すると葉が全体に白っぽくなったり、部分的に黄色くなったりする。
- 成虫の大きさは0.5～1㎜と小さい。体色が赤色のカンザワハダニと薄い黄緑色のナミハダニがある。
- 高温・乾燥を好み、7～8月に盛んに増殖する。

チャノホコリダニ

〈被害と虫の特徴〉

- 葉裏が褐色を帯びて光沢をもち、葉の縁が裏側へ曲がる。
- 新芽では葉が開かなくなり、生長が止まる。
- 果実ではヘタが灰色になる。また、ヘタの周辺に網目状の灰色の傷がつく。
- 虫は体長0.2㎜で非常に小さいため、肉眼では発見できない。このため、被害の原因がわからないまま放置されていることが多い。

カンザワハダニよる葉の被害

カンザワハダニ

チャノホコリダニによるヘタの変色

チャノホコリダニによる新芽の被害

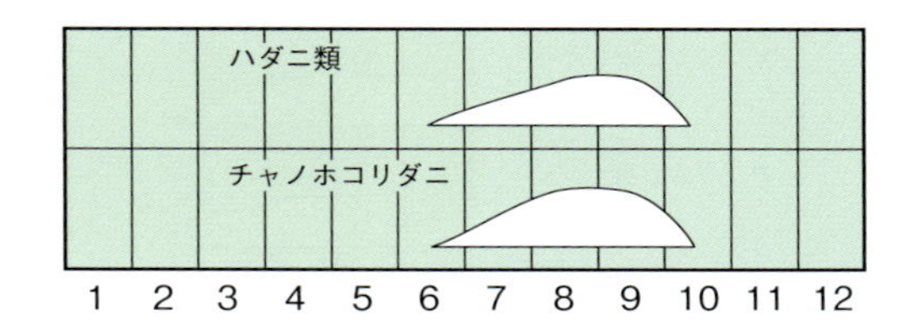

オンシツコナジラミの成虫

ワタアブラムシ

モモアカアブラムシ

オンシツコナジラミ

〈被害と虫の特徴〉

- 幼虫が葉の汁を吸ってネバネバした液を排泄し、その上にすす病が発生するため、葉や果実が黒く汚れる。多発すると株全体が弱り、収量も減少する。
- 成虫は体長2㎜で白いチョウのように見える。
- 葉裏には体長2㎜の透明な小判形をした幼虫が付着している。
- 寒さに弱いため、主にハウス内で発生する。

アブラムシ類

〈被害と虫の特徴〉

- 葉裏に虫が群がって寄生し、オンシツコナジラミと同様に葉の汁を吸ってネバネバした液を排泄するため、すす病が発生して果実や葉が黒く汚れる。
- 体色が赤褐色または黄緑色で体の後ろがとがったモモアカアブラムシと、黒色または緑色で体の後ろがとがらないワタアブラムシがある。体長は0.5～2㎜である。

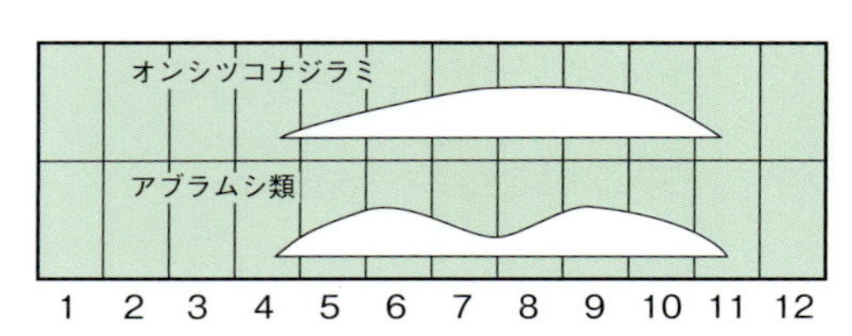

ニジュウヤホシテントウ
（テントウムシダマシ）

〈被害と虫の特徴〉

- 葉裏が薄くかじられ、階段状に透けて見える。果実の表面も薄く階段状にかじられ、その部分は硬く褐色になる。
- 成虫は体長７㎜のテントウムシで、背中に 28 個の黒点がある。幼虫は体長２～８㎜で灰白色の、黒いトゲをもったタワシのような形をしている。

ハスモンヨトウ

〈被害と虫の特徴〉

- 幼虫が葉や果実を食い荒らして穴だらけにする。幼虫は頭の後方に１対の黒い斑点があることが特徴である。

〈防除〉

- 卵からかえったばかりの幼虫は集団で暮らすため、その被害葉を見つけて処分する。

チャコウラナメクジ

〈被害と虫の特徴〉

- 葉や果実を食い荒らして穴だらけにする。昼間は石の下などに潜伏し、夜間に活動する。

ニジュウヤホシテントウの幼虫と被害

ハスモンヨトウの幼虫と被害

チャコウラナメクジによる被害

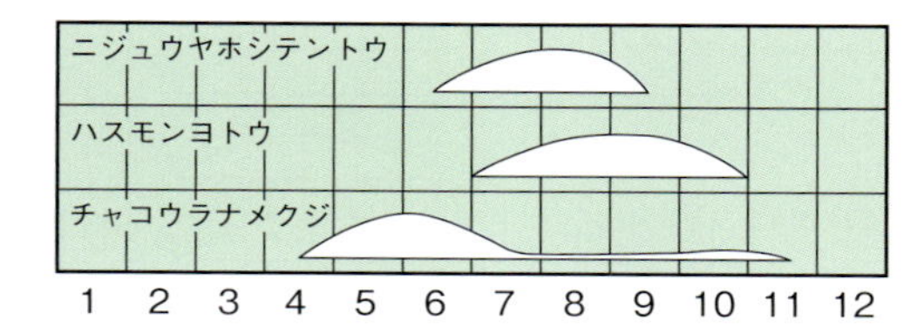

ミナミキイロアザミウマの被害

ミナミキイロアザミウマの成虫

ミナミキイロアザミウマ

〈被害と虫の特徴〉
- 葉では葉脈沿いに白色斑点が生じ、しだいに光沢を帯びて銀色に光る。
- 果実ではがくの内側の果面が褐変し、筋状の傷が広がる。多発すると果面全体に傷が広がり、褐変する。
- 体長は約１㎜で小さく、成虫は黄色、幼虫は黄白色である。

〈防除〉
- 畑内や周辺の除草を行う。
- うね面をマルチにして土中での蛹化を防ぐ。
- ハウスの開口部に防虫ネットを張る。

オオタバコガの幼虫

オオタバコガ

〈被害と虫の特徴〉
- 幼虫が葉や花を食い荒らし、果実に食入して穴をあける。
- 幼虫は緑色または褐色で、成長すると体長は４㎝になる。
- １匹の幼虫が次々と果実に食入するので、発生が少なくても被害が大きい。

〈防除〉
- 葉に発生している幼虫を見回って捕殺する。穴のあいた果実は内部の幼虫を殺してから処分する。
- 防虫ネットにより成虫の飛来を防ぐ。

タバココナジラミの成虫

タバココナジラミ

〈被害と虫の特徴〉
- 幼虫は葉裏に発生し、葉の汁を吸ってネバネバした液を排出するため、多発するとすす病が発生する。
- 成虫は体長２㎜で白いチョウのように見える。
- 幼虫は体長２㎜の小判形で、体色は黄色、１対の赤い斑点がある。

〈防除〉
- 畑内や周辺の除草を行う。
- ハウスの開口部に防虫ネットを張る。

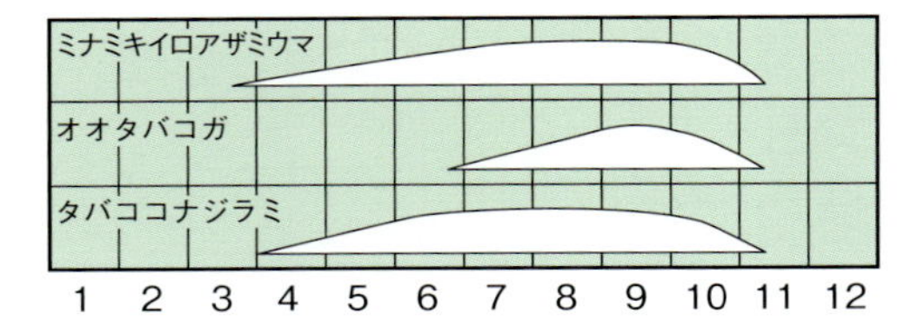

うどんこ病

〈被害の特徴と発生生態〉

- 葉および葉柄部に白い粉がついたような病斑が発生し、その後、病斑が拡大して葉全体を白く覆う。
- 発病程度が激しいと、下葉から黄化し、枯れ上がる。
- 被害部内の病原菌が越冬・越夏し、第一次伝染源となる。発病株上に形成された病原菌の胞子が飛散して感染拡大する。

〈防除〉

- 被害株は畑に放置せず、畑の衛生に努める。
- 初期防除を徹底する。

黒すす病

〈被害の特徴と発生生態〉

- 本病はニンジンの収穫後、根をブラシで洗浄する際に感染し、出荷後保存中に可食部に綿毛状の黒いカビが発生するのが特徴である。本病の発生しやすい温度は、20℃程度である。発病には品種間差異が認められている。

〈防除〉

- 洗浄の際のブラッシングを弱め、表面に傷をつけないように注意する。
- 洗浄に使用する水をこまめに交換する。
- 出荷の際、箱詰めの通気をよくするために、穴をあけた箱を使用する。

うどんこ病

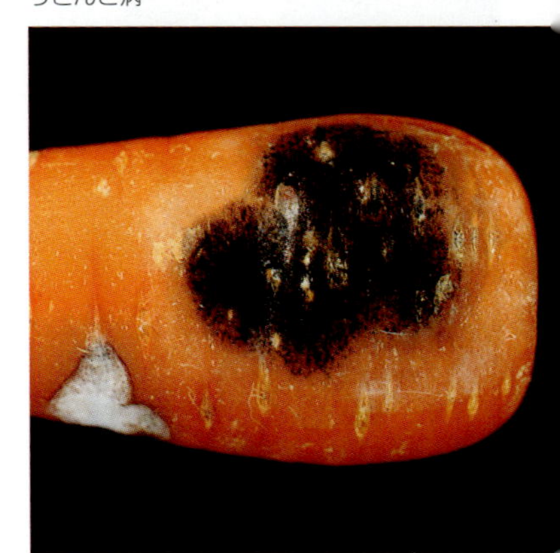

黒すす病

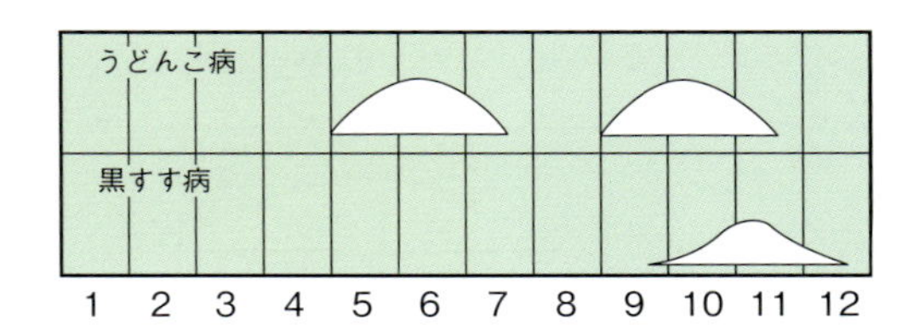

さび病

黒斑病

さび病

〈被害の特徴と発生生態〉

- 葉面にオレンジ色のやや隆起した小斑点が多数できる。後に表面が破れ、粉状、黄橙色の粉末（夏胞子）を飛散する。病状が進むと病斑周辺に褐色の病斑ができ、紫褐色の胞子（冬胞子）を形成する。
- 多発すると被害葉が枯死する。
- 気温が 22℃ぐらいのときに多発し、24℃以上で発生が減少する。春期（5～6月）と秋冬期（10～1月）の2回発生する。
- 肥料切れした畑で発生が多い。

〈防除〉

- 多発すると防除が困難となるので発病初期からの防除を徹底する。

黒斑病

〈被害の特徴と発生生態〉

- 5～11月にかけて発生する。特に梅雨期には被害が多い。
- 葉、花茎に紡錘形の病斑ができ、病斑には同心円状に淡黒色すす状のカビが生える。病斑から上部が枯れ上がり、甚だしい場合、葉全体が枯死して折れ曲がる。

〈防除〉

- 被害植物を放置せずに処分する。

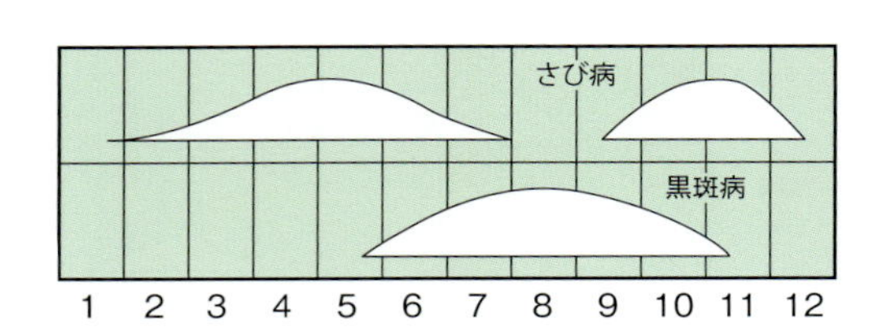

シロイチモジヨトウ

〈被害と虫の特徴〉

- 卵は 100 個くらいが 1 塊に産みつけられ、卵からかえった幼虫が集団で葉を食べる。
- その後、幼虫は散らばり、葉の中に入ってボロボロに食い荒らす。

〈防除〉

- 葉の中に幼虫が入ってしまうと薬剤が効きにくいので、早めに薬剤散布する。

ハスモンヨトウ

〈被害と虫の特徴〉

- シロイチモジヨトウによく似る（図参照）。

ヨトウムシ（ヨトウガ）

〈被害と虫の特徴〉

- シロイチモジヨトウによく似る（図参照）。

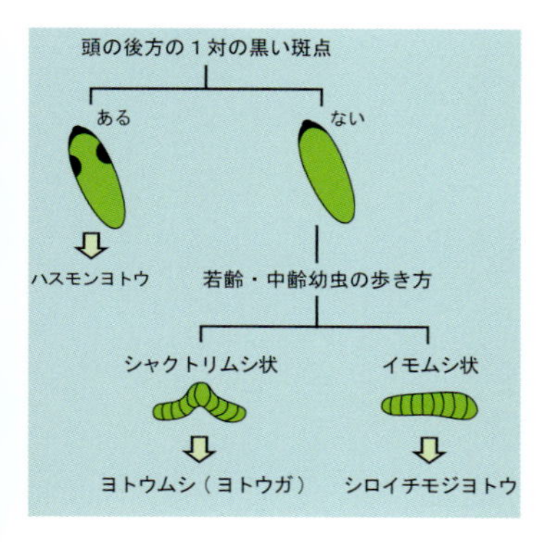

シロイチモジヨトウの幼虫

ハスモンヨトウの幼虫

ヨトウムシ（ヨトウガの幼虫）

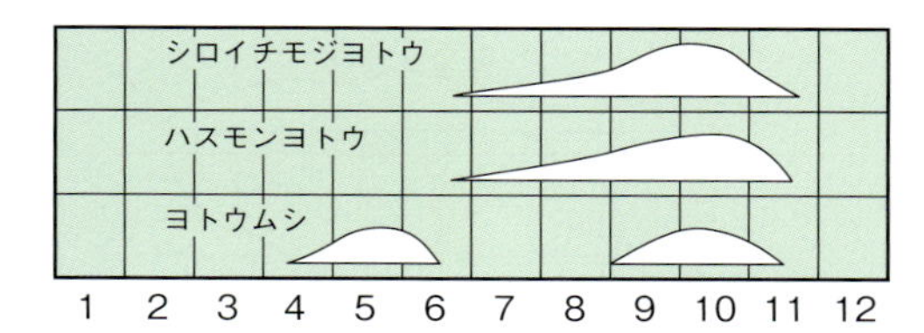

ネキリムシによる被害

ネキリムシ

ネギアブラムシ

ネキリムシ類

〈被害と虫の特徴〉

- 次々に苗が地際から切り取られて食われる。
- 犯人はタマナヤガまたはカブラヤガというガの幼虫で、体長は4cm、体色は灰色または褐色である。
- 昼は土の中に潜んでおり、夜に出てきて苗をかじって切り倒す。
- 土の中から掘り出すと体を丸めるのが特徴で、体はゴムのように弾力がある。
- さまざまな野菜、花、雑草を食べる。

〈防除〉

- 被害の見られた株のまわりを掘り返し、幼虫を捕殺する。

ネギアブラムシ

〈被害と虫の特徴〉

- 体長2～3mmの光沢のある黒い成幼虫が群がって葉の汁を吸う。
- 多発すると株の生長が止まり、小さな苗では枯死することがある。

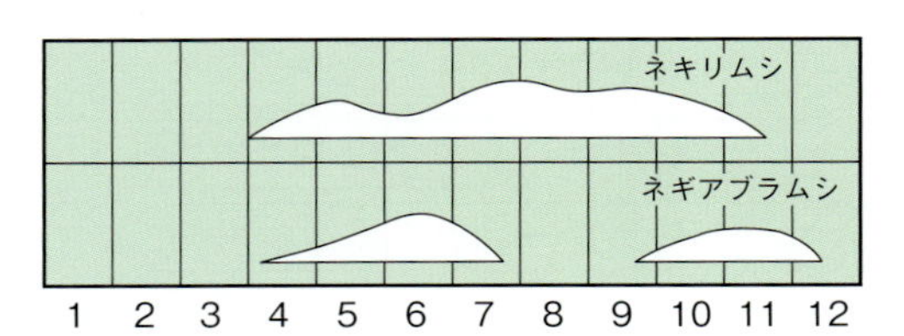

ネギアザミウマ

〈被害と虫の特徴〉
- 成幼虫が葉の汁を吸い、吸われた痕はカスリ状に色が抜けて白くなる。
- 体色は黄白色、体長は１㎜で細長い。

ネギハモグリバエ

〈被害と虫の特徴〉
- 葉の内部を幼虫がトンネルを掘って食い進み、その痕が細長く白い筋になる。
- また、成虫の産卵痕は規則正しく並んだ白い点になる。

ネギコガ

〈被害と虫の特徴〉
- 幼虫の食い進んだ痕が白く太い筋になり、葉のところどころに穴があく。

ネギアザミウマ

ネギハモグリバエによる被害

ネギハモグリバエの産卵痕

ネギコガの蛹（左）と幼虫（右）

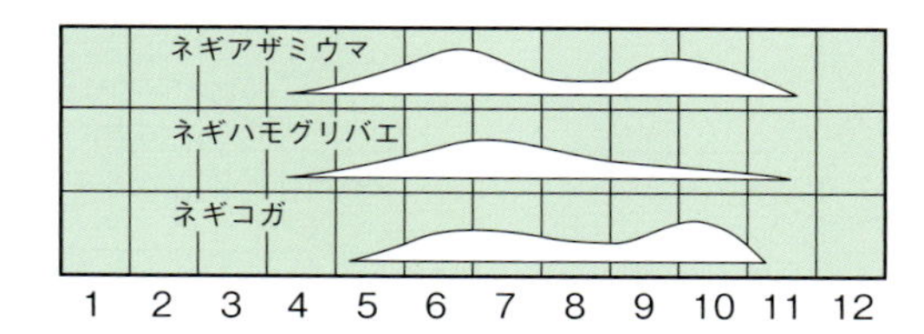

べと病（葉表）

べと病（葉裏）

軟腐病

べと病

〈被害の特徴と発生生態〉

●葉に淡黄色で不規則な病斑ができ、しだいに拡大して葉脈で区切られた角形の斑点になる。葉裏には灰白色のカビが生える。

●採種時には、茎、花柄、サヤなどが侵され、被害部分は膨れ、ゆがんで奇形となる。

●晩秋、春期の低温多湿時に発生が多い。

〈防除〉

●ハクサイに感染する病原菌は、コマツナ、カブ、ナタネなどを侵すので、多発する畑ではこれらの作物を続けて栽培しない。

軟腐病

〈被害の特徴と発生生態〉

●葉、葉柄に油のしみたような斑点ができ、しだいに淡褐色～灰褐色になって拡大し、葉は腐敗して悪臭を発生する。

●結球の外葉からだけでなく、内部から発生することもある。また、畑だけでなく収穫後の貯蔵、輸送中に発病することもある。

●病原菌は土壌中に生存し、高温多湿時に株の傷口などから侵入し発病する。

〈防除〉

●アブラナ科作物を共通して侵すので、多発した畑での連作を避ける。低湿地で発生が多いので、排水をよくする。

●高温期の栽培を避け、寒冷紗で遮光すると被害が軽くなる。

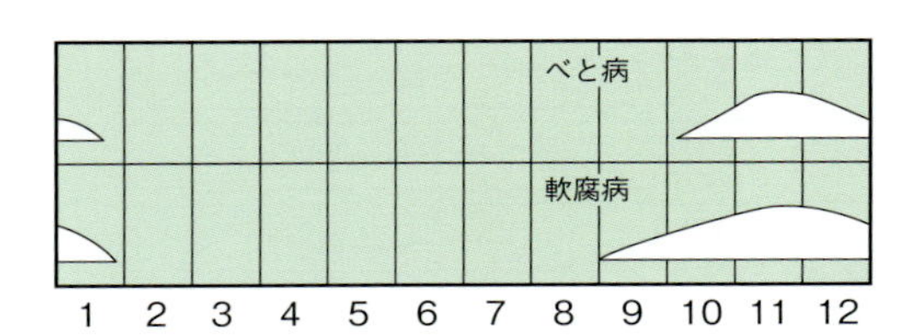

白斑病

〈被害の特徴と発生生態〉

- 葉面に灰褐色の小斑点ができ、しだいに拡大し1～2㎝の円形～多角形の灰白色の病斑ができる。病斑中央部は薄くなり破れやすい。
- 多発すると葉全体が黄化して枯死する。
- 秋から初冬にかけての雨の多い時期に多発する傾向がある。
- べと病と同時に発生することが多い。多発すると火であぶったように葉が枯れる。
- 酸性土壌、肥料切れで発生が多くなる。

〈防除〉

- 品種によって発病に差がある。連作を避け、水稲との輪作を行う。
- 被害葉が伝染源となるので除去する。

黒斑病

〈被害の特徴と発生生態〉

- 葉に2～10㎜の淡褐色の円形病斑が生じる。病斑には同心円状の輪紋があり、境界部は明瞭で周辺部は油浸状となる。
- 茎や花柄にも病斑ができ、種子中に菌糸が蔓延し、種子伝染する。

〈防除〉

- 早まきすると多発しやすい。
- 肥料切れしないようにする。
- 被害葉を放置しない。

白斑病

黒斑病

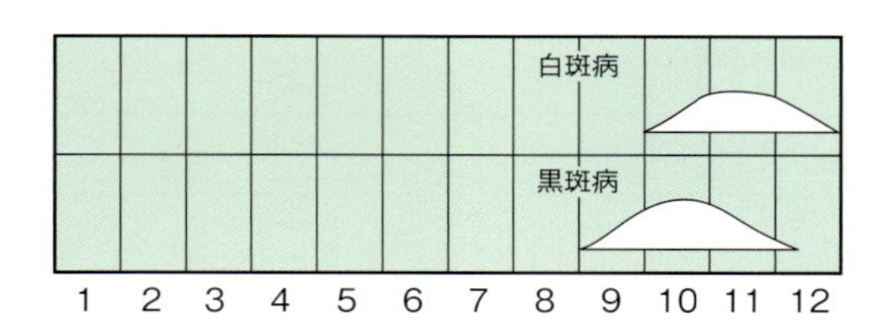

根こぶ病

ネキリムシ類

キスジノミハムシによる被害

根こぶ病

〈被害の特徴と発生生態〉

- 定植後、早期に感染した株は根にコブが多数でき、地上部が生育不良となり、しおれて結球しない。生育後期に感染すると地上部のしおれ症状は見られないが根にコブを生じて生育が遅れる。
- コブ内で増えた病原菌は数年間土壌中に生存し伝染源となる。アブラナ科作物にのみ感染し連作で被害が増大する。

〈防除〉

- 育苗は無病畑かセル成型苗で健全苗の育成に努める。アブラナ科野菜の連作、過度の早植えは避ける（ダイコンには被害を及ぼさない）。排水をよくして過湿を避ける。罹病株は根コブの崩壊前に抜き取り、コブを畑内に残さない。
- 畑の pH が酸性に傾くと発病しやすいので、石灰質資材などで土壌酸度を適正（pH7.0 前後）に調整する。

ネキリムシ類

〈被害と虫の特徴〉

- カブラヤガ、タマナヤガの幼虫が定植直後に苗を切り倒す。幼虫は灰色～褐色で成長すると体長４㎝になる。昼は土の中に潜み、夜間に現れて食害する。
- 幼虫の体はゴムのように弾力があり、土から掘り出すと体を丸める。

〈防除〉

- 被害株のまわりを掘り幼虫を捕殺する。

キスジノミハムシ

〈被害と虫の特徴〉

- 成虫が葉を食べ、１～２㎜の円形の穴がたくさんあく。幼虫は根を食害する。
- 成虫は体長２㎜、黒色に橙色の線が２本、近づくと跳ねて逃げる。幼虫は地中に生息し、土中より成虫が発生する。

〈防除〉

- アブラナ科野菜の連作を避ける。

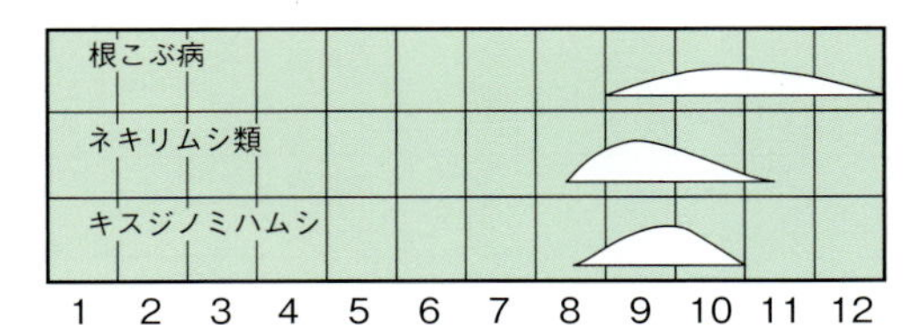

アブラムシ類

〈被害と虫の特徴〉

- 葉に体長1～2㎜の小さな成幼虫が群生して汁を吸う。
- モモアカアブラムシ（緑色または赤褐色）、ニセダイコンアブラムシ（くすんだ緑色）、ダイコンアブラムシ（白色）の3種類が寄生する。

モザイク病

〈被害の特徴と発生生態〉

- 葉に淡緑色の斑入りが生じ、葉が萎縮して生育不良となる。品種によっては葉脈が透明になったような症状を示す。
- 生育初期に感染すると株が縮れて結球しない。生育後期に感染すると結球が悪くなる。

〈防除〉

- 病原のウイルスを運ぶアブラムシ類を防除する。

ハクサイダニ

〈被害と虫の特徴〉

- 冬にのみ現れるのが特徴で、家庭菜園でしばしば発生する。
- 赤色のクモの子供のような虫が群生し吸汁するため、葉は色が抜け、しだいに枯れる。

アブラムシ類

モザイク病による葉の黒点

ハクサイダニの被害　　ハクサイダニ

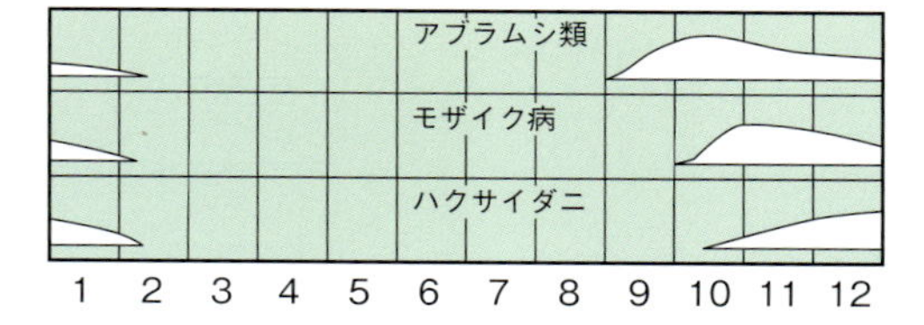

アオムシ

コナガの幼虫（右上）と蛹（左下）

ヨトウムシ

アオムシ（モンシロチョウ）

〈被害と虫の特徴〉

- 体長1～3㎝の緑色の幼虫が葉を食害して大きな穴をあける。

〈防除〉

- 少発生のときは虫を捕殺する程度でよい。

コナガ

〈被害と虫の特徴〉

- 体長0.5～1㎝の淡緑色の幼虫が葉の裏面を薄く食害する。食害直後はその部分が透かし状になり、やがて褐変して穴があく。

ヨトウムシ（ヨトウガ）

〈被害と虫の特徴〉

- 幼虫は体長1～4㎝。夜行性で、日中は根元の土の中や結球内にいるので、葉が激しく食い荒らされていても虫が見つからないことが多い。
- 卵から孵化してしばらくの間は葉の裏側に集団で寄生する。

〈防除〉

- 幼虫が集団で寄生している葉を切り取って処分する。また夜間に畑を見回って幼虫を捕殺する。

疫病

〈被害の特徴と発生生態〉

- 苗では茎の地際部が暗緑色、水浸状に軟らかくなって、しおれて倒れる。生育した株では茎や枝にも同様の症状が現れる。葉や果実には暗緑色、水浸状の斑点ができ、病斑が大きくなると灰白色、霜状のカビをつくる。
- 病原菌は土の中に2～3年生存し、水滴などにより伝染する。連作や高温多湿の条件で発生しやすく、畑が冠水すると急激に蔓延する。

〈防除〉

- 排水を良好にし、高うね栽培とする。敷わらやマルチにより土の跳ね上がりを防ぐ。
- ハウス栽培では太陽熱消毒をする。

疫病による茎の黒変

炭疽病

〈被害の特徴と発生生態〉

- 葉に黄色の小斑点ができる。病斑は褐色の不規則な斑点で中央部が灰色である。果実では中央部にややくぼんだ水浸状の小斑点ができ、やがて輪状紋ができて中央部に黒い小粒点をつくる。
- 温暖で雨が多いときに発生が多い。病斑上の胞子が雨などの水滴により飛散して病気が広がる。種子伝染もする。

〈防除〉

- 健全な種子を用い、畑の排水を良好にする。
- 発病した葉や果実は胞子が飛散する前に取り除き、処分する。

炭疽病による果実の被害

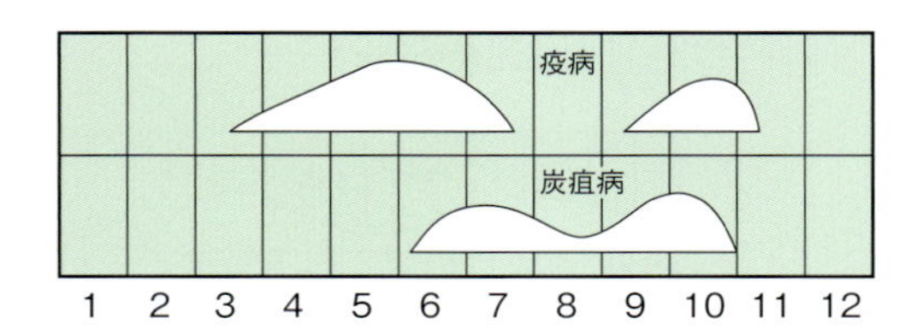

白斑病

モザイク病（PMMoV）

モザイク病（CMV）

白斑病

〈被害の特徴と発生生態〉

●主に葉に発生するが、果梗、若い枝にも発生する。葉では、はじめ褐色の小斑点が現れ、しだいに大きくなり直径2～3㎜の灰白色の病斑となる。発病は株の下葉から発生し、しだいに上の葉へ広がる。

●枝には5～10㎜の長い病斑ができる。

●露地栽培では発生が少ないが、ハウスでは多湿条件下で多発し、病斑が拡大し、葉全体が黄化して落葉することがある。

〈防除〉

●抵抗性品種を用い、肥料切れに注意する。

●発病した葉は取り除き、処分する。

モザイク病

〈被害の特徴と発生生態〉

●病原はウイルスで、CMVに比べPMMoVによる被害が多い。

●PMMoVでは新葉が黄化し、まだら模様（モザイク症状）となる。茎には筋状の斑紋、葉では褐変した斑点ができ、落葉することも多い。果実は奇形となる。

●CMVでは若い葉がモザイク状となる。

〈防除〉

●PMMoVは感染植物への接触、種子、土壌などによって伝染するが、アブラムシ類による伝染はしない。発病した株は抜き取り、管理作業などで接触しないようにする。

●CMVはアブラムシ類により伝染するので、アブラムシ類を防除する。

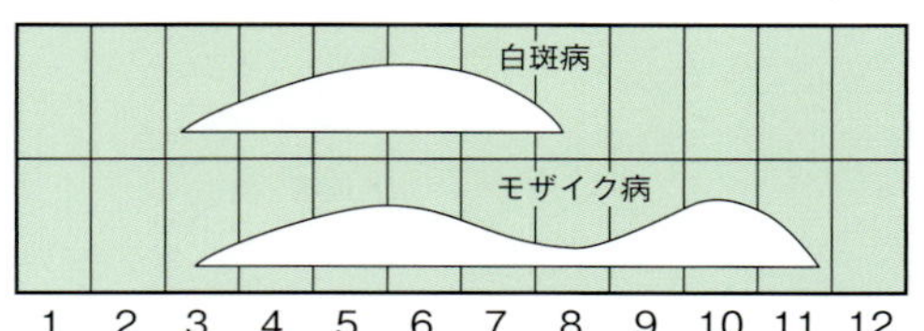

ハスモンヨトウ

〈被害と虫の特徴〉
- 幼虫が集団で葉や果実を食い荒らして穴だらけにする。
- 若い幼虫は緑色であるが、しだいに黒褐色になる。頭の後方に１対の黒い斑紋があるのが特徴である。

〈防除〉
- 卵からかえったばかりの若齢幼虫は集団で食害しているため、虫ごと葉を切り取って処分する。

ハスモンヨトウの幼虫

ヨトウムシ（ヨトウガ）

〈被害と虫の特徴〉
- 幼虫が集団で葉や果実を食い荒らして穴だらけにする。
- 若い幼虫は緑色であるが、成長すると褐色や黒色のものが多くなる。

〈防除〉
- 若齢幼虫の集団を葉とともに虫を取り除く。

ヨトウムシによる果実の被害

タバコガ

〈被害と虫の特徴〉
- 幼虫が果実の中に侵入して食い荒らし、果実を腐敗、落下させる。
- 幼虫は緑色で、背中に黒褐色の斑点が見られる。

〈防除〉
- 被害果を切り取って処分する。

タバコガの幼虫と果実の被害

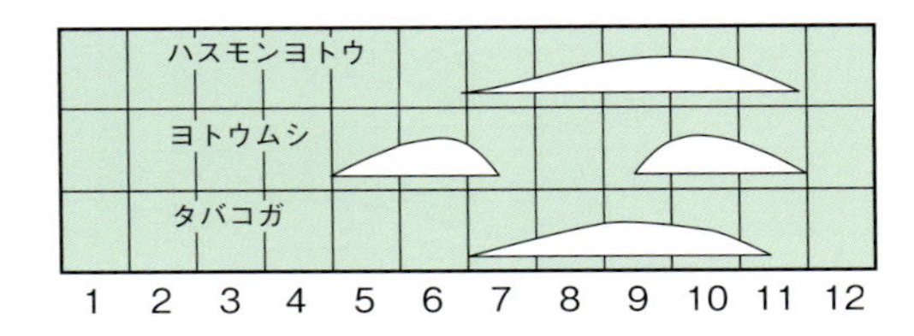

ミナミキイロアザミウマによる果実の被害

ミナミキイロアザミウマによる葉の被害

チャノホコリダニによる新葉の奇形

ミナミキイロアザミウマ

〈被害と虫の特徴〉

- 果実やヘタに褐色の傷がついて奇形果となる。
- 葉では汁を吸われた部分の色が白く抜け、光を反射して銀色に光る。
- 体長は１㎜で非常に小さく、見つけにくい。
- 体色は成虫では黄色、幼虫では白色〜薄い黄色である。

〈防除〉

- 発生が少ないうちから果実に傷がつくため、早期発見、早期防除に努める。

チャノホコリダニ

〈被害と虫の特徴〉

- 葉の新芽に寄生すると葉が奇形になったり、葉が展開しなくなったりする。
- 果実では灰褐色のコルク状の傷が、がくとその周囲に広がる。
- 体長 0.2㎜で非常に小さいため、肉眼では発見できない。このため、症状に気づいても、原因がわからないまま放置されていることが多い。

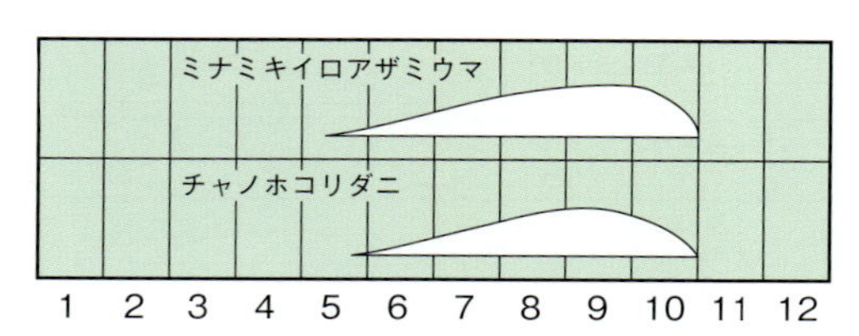

根こぶ病

〈被害の特徴と発生生態〉

- 根に大小さまざまなコブができ、地上部の生育が悪くなる。コブが多数できると日中葉がしおれるようになり、葉が黄化し生育も悪くなる。やがてコブは腐敗する。
- コブの部分には病原菌の休眠胞子が多数含まれており、土壌中に残って伝染源になる。
- 土壌水分が多いと多発し、３～９月播種の作型で発生しやすい。病原菌はアブラナ科植物のみに寄生し、これらの作物を続けて栽培すると被害が大きくなる。

〈防除〉

- 多発する畑ではアブラナ科の作物の栽培を避ける。

白さび病

〈被害の特徴と発生生態〉

- 主に葉、葉柄、花柄に発生する。
- はじめ葉の表面にぼやけた淡緑色の円形病斑ができる。病斑の裏面は盛り上がり、表皮が破れ白色粉状の胞子ができ、飛散して伝染を繰り返す。
- 発芽適温は 10℃といわれている。発生時期は春期と秋期の２回見られ、湿度の高い条件下での発生が多く、施設栽培で連作すると被害が大きい。

〈防除〉

- 畑周辺に被害株を放置しない。
- 周年栽培では連続して発生することが多い。作付体系を変えるなどの対策が必要である。

根こぶ病

白さび病（葉表）

白さび病（葉裏）

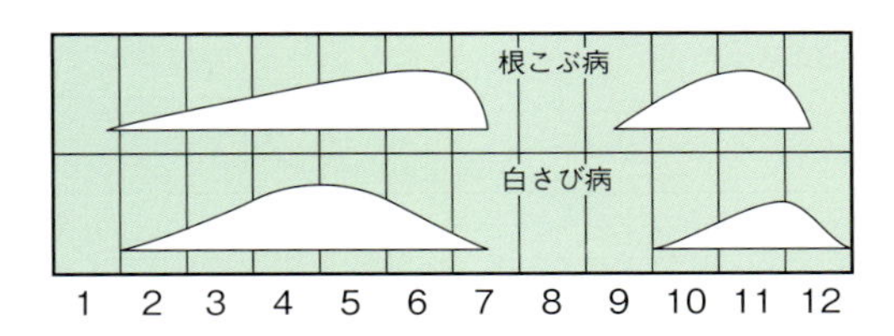

白斑病

ナモグリバエによる被害

アブラムシ類

白斑病

〈被害の特徴と発生生態〉

- はじめ淡黄色、円形の小斑点を生じ、後に1cm前後の灰白色病斑となり、融合して葉全体を覆うと火であぶったように枯れ上がる。輪紋や黄色の縁どりを伴わないので黒斑病と区別できる。

〈防除〉

- 罹病葉を放置した畑で多発しやすく、早まきや秋期に多雨の場合、発生が多くなる。肥料切れすると被害が大きくなるので、適切な肥培管理をする。
- 連作を避け、罹病残渣を発酵させるか、土中にすき込み処分する。

ナモグリバエ

〈被害と虫の特徴〉

- 体長1～3㎜の白色のハエの幼虫が葉の内部を食い進むので、葉に不規則な白い筋ができる。このため、エカキムシとも呼ばれる。
- 葉の中で褐色～黒色の蛹になる。エンドウで春に増殖し、脱出した成虫が飛来するため、4～5月に多発する。

〈防除〉

- 1㎜目合いのネットで、べたがけ、またはトンネルがけ栽培する。

アブラムシ類

〈被害と虫の特徴〉

- 体長1～2㎜の小さな虫が集団をつくって葉の汁を吸い、虫の抜け殻、粘液状の排泄物やその上に発生する黒いカビ（すす病）により葉が汚れる。幼苗期に多発すると、生育が著しく遅れる。
- 緑色か赤褐色のモモアカアブラムシ、くすんだ緑色のニセダイコンアブラムシ、白色のダイコンアブラムシがいる。

〈防除〉

- 1㎜目合いのネットで、べたがけ、またはトンネルがけ栽培する。

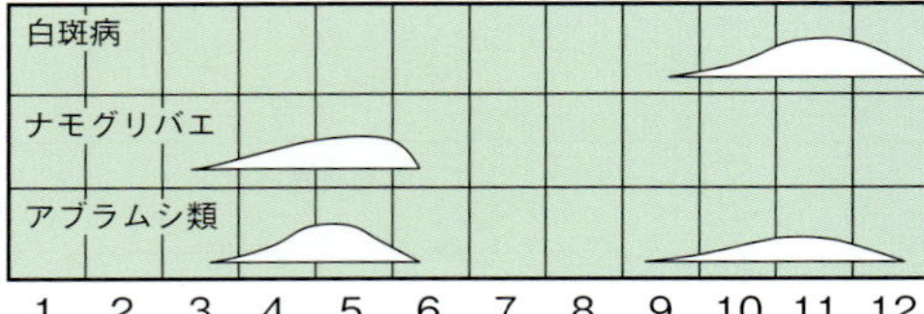

アオムシ（モンシロチョウ）

〈被害と虫の特徴〉
- 体長1～3㎝の緑色の虫で、動きは緩慢である。
- 葉表にいて葉を食い荒らし、太い葉脈だけを残す。

〈防除〉
- 防虫ネットをかけて栽培する。

アオムシ

コナガ

〈被害と虫の特徴〉
- 薄い緑色の体長5～10㎜の虫で、さわると敏捷に後ずさりする。
- 葉裏にいて葉を薄皮だけ残して食う。食われた部分ははじめ白く見えるが、後には破れて穴だらけになる。
- 新芽の部分にしばしば潜り込み、発生が多いと芯止まりになる。

〈防除〉
- 防虫ネットをかけて栽培する。

コナガによる被害

ヨトウムシ（ヨトウガ）

〈被害と虫の特徴〉
- 虫が小さいうちは集団生活をするため、畑の中の一部の株で2～3枚の葉が集中して食われ、白っぽくなる。
- 虫が大きくなると昼間は株元や土の中に潜み、夜間に出てきて葉を食い荒らす。

〈防除〉
- 集団で暮らしているときに葉を切り取って処分する。

ヨトウムシ

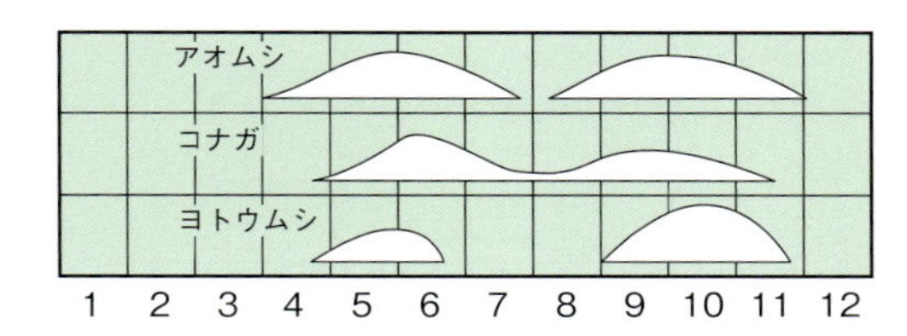

ナガメの成虫

ナガメ

〈被害と虫の特徴〉
- 体長は5～10㎜で、赤地に黒斑が混じった色鮮やかな虫である。
- 近づくとよく飛ぶが、飛び方はあまり速くない。
- 葉の汁が吸われて色が抜け、ハンコを押したような白く円い痕がたくさん残る。

〈防除〉
- 防虫ネットをかけて栽培する。

キスジノミハムシの成虫　キスジノミハムシによる被害

キスジノミハムシ

〈被害と虫の特徴〉
- 葉が食われ、1㎜くらいの楕円形の穴がたくさんあく。
- 幼虫は地中で生活し、土中より成虫が発生するので、アブラナ科野菜を連作している場合は、防虫ネットをかけて栽培しても被害は防止できない。
- 成虫の体長は2㎜で、黒色の地に2本の黄色の線がある。
- 敏捷で人が近づくとよく跳ねる。

〈防除〉
- アブラナ科野菜を連作すると発生が多くなるので、連作を避ける。

カブラハバチの幼虫

カブラハバチ

〈被害と虫の特徴〉
- 葉が縁から食われてボロボロになる。
- 体長は1～3㎝で濃い青紫色である。

〈防除〉
- 防虫ネットをかけて栽培する。

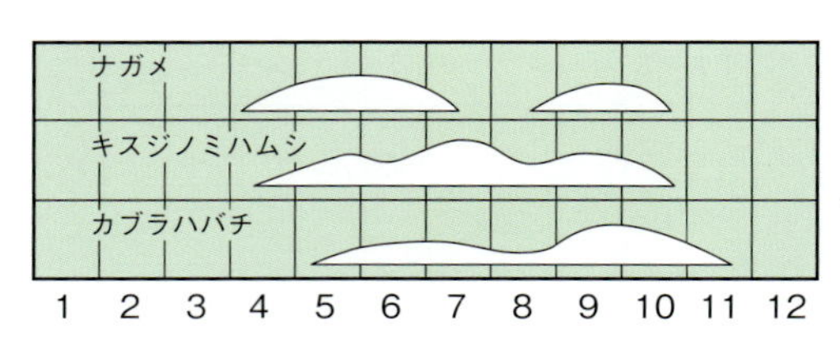

白絹病

〈被害の特徴と発生生態〉

- 株元が褐色に変色し、その部分が軟腐状に腐敗する。湿度が高いとその部分に白色の菌糸が生じる。
- 株が枯死したあとには、ケシ粒状の菌核が多数認められる。

〈防除〉

- 罹病株から伝染する。種茎の採取は健全親株からにする。

白絹病

半身萎凋病

〈被害の特徴と発生生態〉

- 日中、茎葉にしおれが認められるようになり、やがて葉に黄化症状が見られるようになる。
- 症状が進むと、株全体がしおれ、葉のしおれた部分は枯れる。
- 葉柄を切断すると維管束が褐色になっている。

〈防除〉

- 施設栽培ではハウス密閉による太陽熱消毒が効果的である。
- 水田との輪作は発生を軽減できる。

半身萎凋病　導管部の褐変

フキアブラムシ

〈被害と虫の特徴〉

- 葉が裏側に巻き、被害葉を開くと葉裏に体長1～2㎜の褐色の虫が見られる。
- 多発すると畑全面に被害葉が見られる。露地畑に多く、ハウスでは少ない。
- フキではほかにワタアブラムシとモモアカアブラムシが葉裏に寄生するが、葉は巻かない。

フキアブラムシによる葉の被害

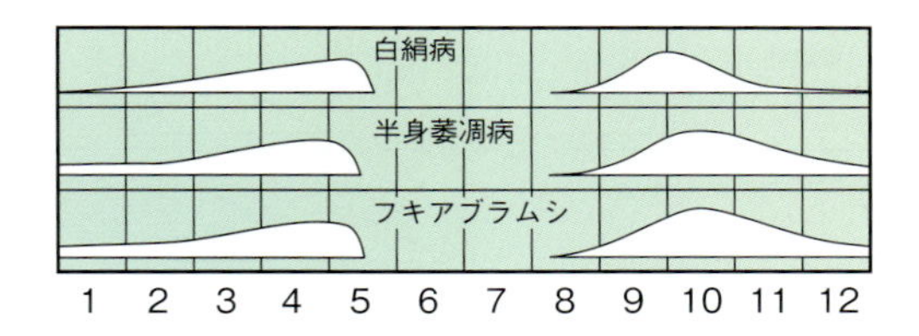

黒腐病

ハスモンヨトウの幼虫

ハスモンヨトウによる被害

黒腐病

〈被害の特徴と発生生態〉

- 主に葉に発生する。本葉では下葉に発生しやすく、葉縁にクサビ形の黄色の病斑を生じ、その後、黒褐色に変色する。病斑部は破れやすくなる。花蕾に発生すると黒変する。
- 病原菌は被害残渣とともに土壌に残存し、伝染源となる。病原菌は雨滴により跳ね上がり、葉縁の水孔部や傷口から感染する。春先や秋に降雨の多い年に多発しやすい。

〈防除〉

- 種子伝染するので、健全種子を用いる。
- アブラナ科野菜の連作を回避する。
- 病原菌は傷口などから侵入するので、害虫の発生にも留意する。

ハスモンヨトウ

〈被害と虫の特徴〉

- 体長１～４㎝の幼虫が葉を食い荒らす。体色は緑色、褐色、黒色などさまざまで、頭の後方に１対の黒い斑紋をもつのが特徴。
- 卵が数百個かためて産まれるため、若齢幼虫は集団で葉裏を食害する。このときの被害は葉表の薄皮が残るため、葉が白っぽく見える。

〈防除〉

- 若齢幼虫の集団を葉ごと処分する。

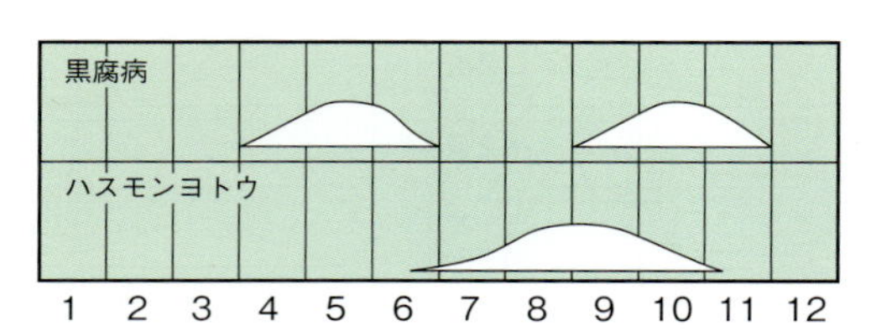

苗立枯病

〈被害の特徴と発生生態〉

- 播種後から本葉２～３葉期に発生する。
- 地際部が侵され、茎がくびれて苗が倒れる。
- 数種の病原菌が関係しており、低温から高温まで多湿な条件下で発生する。

〈防除〉

- 畑の排水をよくする。雨よけ栽培で発生が少ない。

萎凋病

〈被害の特徴と発生生態〉

- 下葉が黄化し、しおれ症状が見られる。地際部の茎を切ると維管束が褐変している。
- 土壌伝染性病害で、土壌中に厚膜胞子が残って伝染を繰り返す。
- やや温度の高い条件下で発生が多い。

〈防除〉

- 発病した畑ではホウレンソウの連作を避ける。

べと病

〈被害の特徴と発生生態〉

- 葉に薄緑色～黄色の境界不明瞭な病斑ができる。後に淡黄色の病斑となり、多湿時に葉裏に灰色のカビが生える。

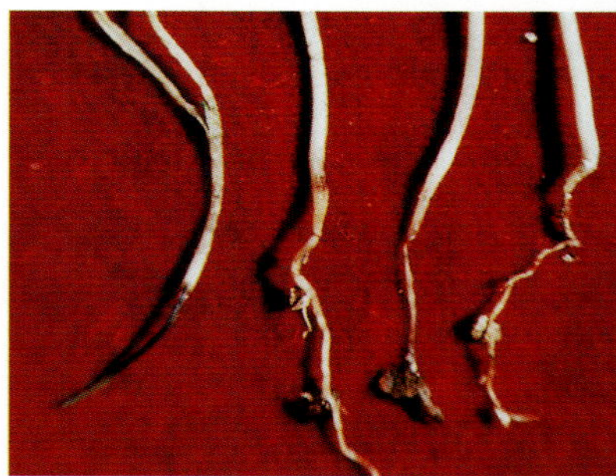

苗立枯病

萎凋病

べと病

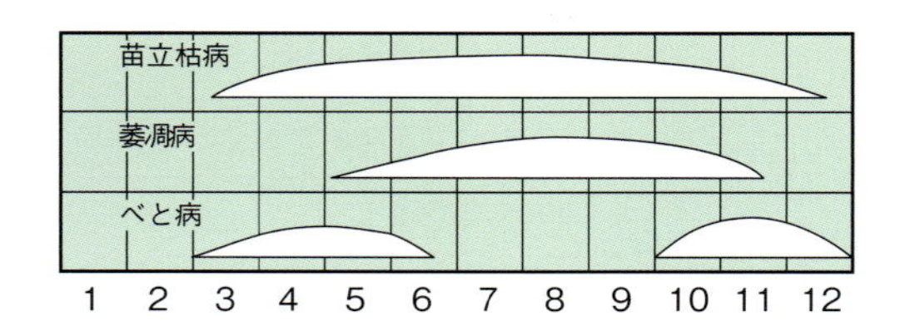

ホウレンソウ　ヒユ科

ミナミキイロアザミウマによる葉の被害

モモアカアブラムシ

ヨトウムシによる被害　　ヨトウムシ

ミナミキイロアザミウマ

〈被害と虫の特徴〉

●葉の新芽に寄生して汁を吸い、葉を傷つける。この傷は葉の生長につれて伸びてゆくため、葉が縮れ、奇形になる。

●成幼虫は体長1㎜程度で、黄色く細長い。虫が小さく、新芽に潜り込んでいるため、見つけにくい。

〈防除〉

●生育初期に防虫ネットをかけて、成虫の侵入を防ぐ。

●株が大きくなった後は中心部の新葉の傷が目立たないので防除は不要である。

モモアカアブラムシ

〈被害と虫の特徴〉

●体長1～2㎜の赤または緑色の虫が葉裏に群がって汁を吸うため、葉が縮れて奇形になり、株の生育も遅れる。

●ウイルス病を媒介し、病気にかかった葉は色が濃淡のまだら模様（モザイク状）になる。

〈防除〉

●生育初期に防虫ネットをかけて、成虫の侵入を防ぐ。

ヨトウムシ（ヨトウガ）

〈被害と虫の特徴〉

●幼虫は、はじめ集団で生活し、2～3枚の葉が集中して食われる。被害葉は最初白くなり、後に褐変して枯れる。

●集団で暮らす幼虫は体長1～2㎝の緑色で、シャクトリムシのように体を曲げたり伸ばしたりしながら歩くのが特徴である。

●虫は大きくなると4㎝になり、まわりに移動していく。昼間は株の下や土の中におり、夜に出てきて葉を暴食する。

〈防除〉

●幼虫が集団で発生している葉を切り取って処分する。

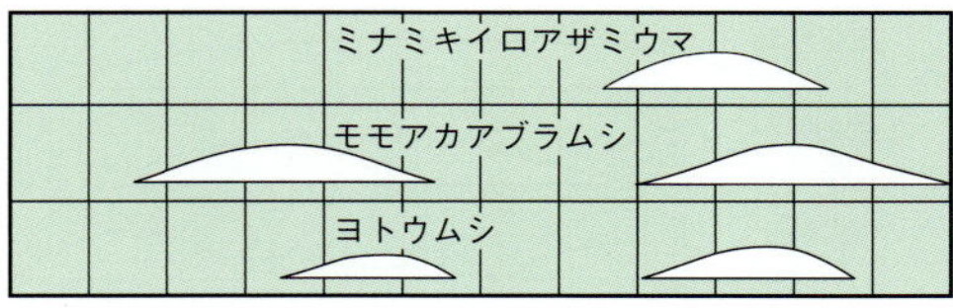

シロオビノメイガ

〈被害と虫の特徴〉

- 幼虫は体長1～2㎝、薄い緑色で、ヨトウムシによく似るが、集団生活はしない。
- 葉を薄皮だけ残して食うため、その部分が白っぽくなり、やがて穴があく。
- 糸を吐き、葉を綴り合わせて中に潜むので、この習性によってもヨトウムシと容易に区別できる。

〈防除〉

- イヌビユやアカザなどの雑草に多いので、畑の中や周辺の除草を徹底し、発生源を断つ。

ハモグリバエ類

〈被害と虫の特徴〉

- 幼虫が葉の内部を食べるため、葉に曲がりくねった白い帯が生じる。多発すると隣り合う帯がくっつき、葉全体が白くなる。
- トマトハモグリバエやマメハモグリバエが発生する。成虫は体長2㎜のハエで、幼虫は黄色、体長3㎜である。

〈防除〉

- 畑内や周辺の除草を行う。
- ハウスの開口部に防虫ネットを張る。

シロオビノメイガの幼虫

シロオビノメイガの成虫

ハモグリバエ類による被害

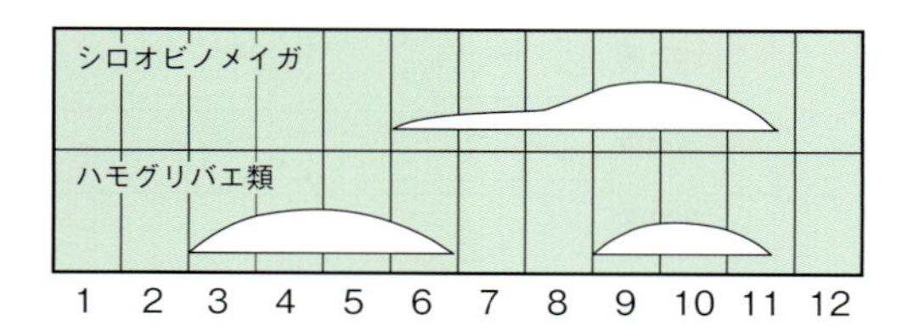

べと病

立枯病

根腐病

べと病

〈被害の特徴と発生生態〉

- 葉に淡黄色の斑点ができ、しだいに拡大して葉脈に区切られた角形病斑となる。病斑の裏面は白色霜状のカビが生える。

〈防除〉

- 発病株を放置しない。

立枯病

〈被害の特徴と発生生態〉

- 養液栽培で5～7月、9～10月に発生が多い。
- 地際部の茎葉が侵され、葉は水浸状になり急速に腐敗し、表面をクモの巣状の菌糸が覆う。

〈防除〉

- 育苗時、定植が遅れると発生しやすい。種子に混入した病原菌から伝染することもある。

根腐病

〈被害の特徴と発生生態〉

- 夏期高温時に養液栽培で発生する。地際部が水浸状となり、根が褐変し、地上部はしおれて枯死する。
- 病原菌は培養液で伝染し、急速に広がって大きな被害となる。

〈防除〉

- 培養液濃度を高くし、pH を低く管理すると被害が軽くなる。

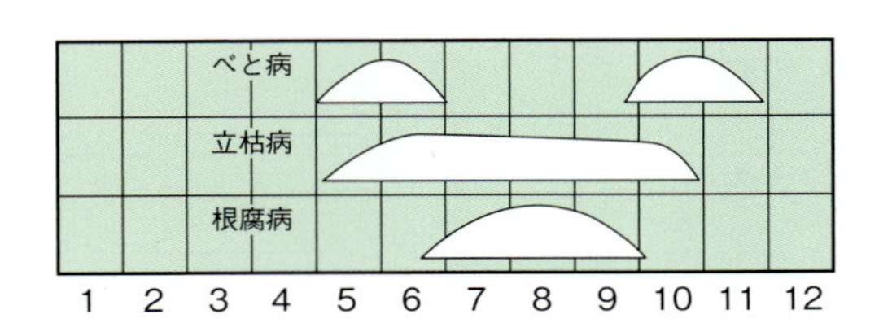

株枯病

〈被害の特徴と発生生態〉

- 高温期に発生しやすい。はじめ外側の葉が黄化し、その後、中心の葉にも同様な症状を示し、生育が阻害され枯死する。根は腐敗する。
- 病原菌は被害残渣とともに土壌中に残存、水耕栽培ではパネル内に侵入した根の組織内で残存し、伝染源となる。
- 種子伝染の可能性が示唆されている。

〈防除〉

- 種子伝染の可能性があるので、種子消毒を実施したものを使用する。
- 水耕栽培では、栽培槽、タンクを清潔にし、次亜塩素酸カルシウム剤（ケミクロンG）などで消毒する。
- パネル内に残存した病原菌が伝染源となるので、パネルを新しいものに交換するか、加熱殺菌する。

ハダニ類

〈被害と虫の特徴〉

- 体長0.5㎜の楕円形の虫が葉の汁を吸う。葉の色が抜け、多発すると葉が真っ白になる。カンザワハダニは赤色、ナミハダニは薄緑色（赤色のことも）。

〈防除〉

- ハダニ類は雑草から侵入するため、周辺に雑草を生やさない。

アザミウマ類

〈被害と虫の特徴〉

- 体長0.5～2㎜の黄色～褐色の細長い虫が葉の汁を吸うため、葉の色が抜ける。ネギアザミウマやミカンキイロアザミウマなど数種類いる。

〈防除〉

- 症状はハダニ類と似ているため、ルーペを使ってどちらであるかを確認する。
- アザミウマ類は花に集まるため、周辺に花を植えない。

株枯病

ハダニ類による被害

アザミウマ類による被害

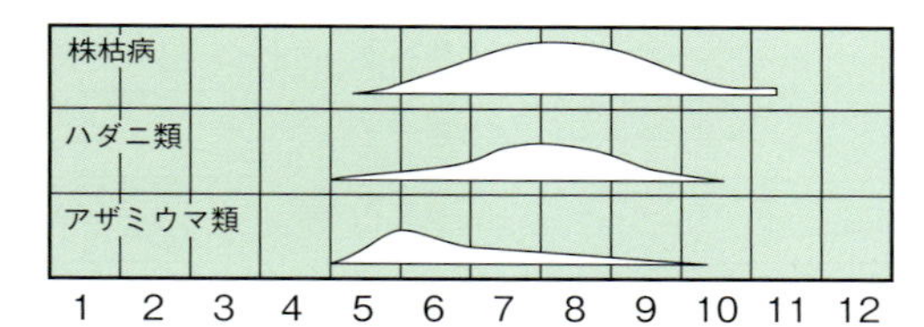

べと病

軟腐病

ビッグベイン病

べと病

〈被害の特徴と発生生態〉

- 外葉に輪郭が不明瞭で不整形の黄色斑紋ができ、やがて葉脈で囲まれた角形の病斑になる。湿度が高いと葉の裏面に白い霜状のカビが見られる。激しい場合、葉全体が枯れ上がり、乾いて紙のようになる。
- 春、冬期で湿度の高いときに発生する。

軟腐病

〈被害の特徴と発生生態〉

- 地際の茎、葉柄に淡褐色・水浸状の病斑ができ、やがて軟腐状となる。結球期では茎、葉柄基部から発病し、球全体が腐敗し悪臭を発する。
- 高温多湿条件下で発生が多く、特に初夏から秋にかけて気温の高い季節に発生が多い。

〈防除〉

- 冬期に収穫する作型では発生が少ない。

ビッグベイン病

〈被害の特徴と発生生態〉

- 葉縁部分から葉脈が透け、網目状になる。やがて葉脈に沿った部分の色が薄くなり葉脈が太く見える。
- 土壌中のカビにより媒介されるウイルス病である。

〈防除〉

- 連作によって発病が増加する。土壌のpHを低くすると発病が抑制される。

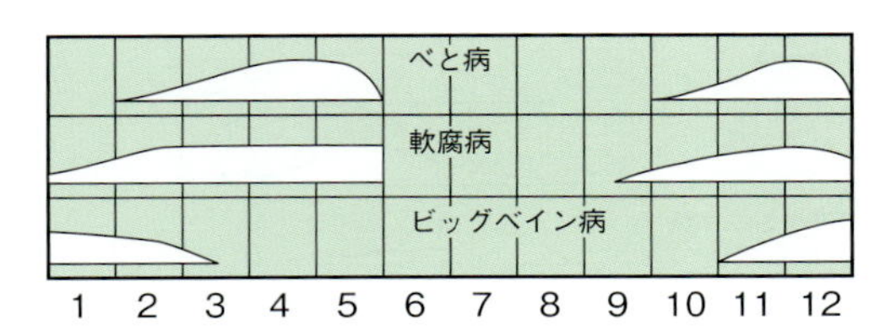

アブラムシ類

〈被害と虫の特徴〉

- 体長0.5～3㎜の赤色または緑色の虫が葉や新芽に群がって汁を吸うため、葉や新芽がしおれたり、奇形になったりする。
- 葉の汁を吸うときにウイルス病を媒介する。
- ウイルス病にかかった株は葉の色が濃淡のまだら模様（モザイク状）になり、株の生長が止まる。

〈防除〉

- 生育初期に防虫ネットをかけて、成虫の侵入を防ぐ。

ヨトウムシ（ヨトウガ）

〈被害と虫の特徴〉

- 幼虫は小さいうちは集団で生活し、2～3枚の葉を集中的に食害する。
- 虫は大きくなるとまわりに移動し、葉脈を残して葉をボロボロに食害する。
- 大きくなった虫は、昼は株元や土の中に潜み、夜に出てきて葉を食べる。ヨトウムシ（夜盗虫）の名はこの習性にもとづいている。

〈防除〉

- 生育初期に防虫ネットをかけて、成虫の侵入を防ぐ。
- 集団で食害している葉を見つけ、切り取って処分する。

モモアカアブラムシ

ヨトウムシによる被害

ヨトウムシ

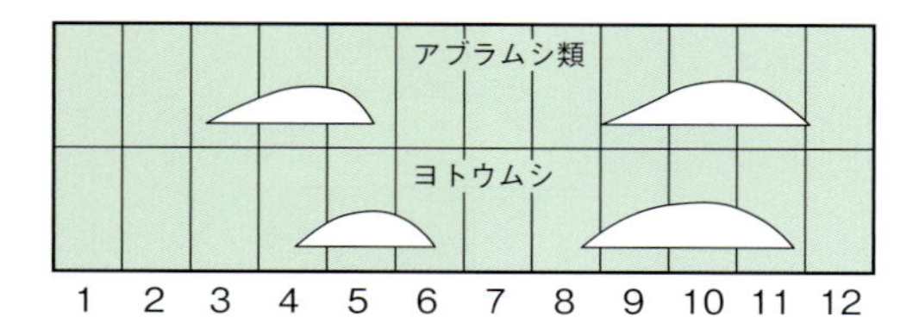

株枯病

株枯病による被害

毛状病原菌（子のう殻）と胞子（白色球状）

株枯病

〈被害の特徴と発生生態〉

- 幹の地際部または根が褐変し、夏期以降、新梢先端に近い葉からしおれ、やがて果実を残して落葉する。
- 幹の病斑部を削ると健全部との境界は明瞭である。
- 多湿条件下で病斑上に黒色の毛髪状物が生じ、先端に淡橙色の粘質塊が付着する。
- 風や水によって胞子が移動する。

〈防除〉

- 畑の排水をよくし、酸性土壌は石灰などで矯正する。
- 発病した畑から苗木や土を移動しない。
- 本病に抵抗性の台木に接ぎ木する。

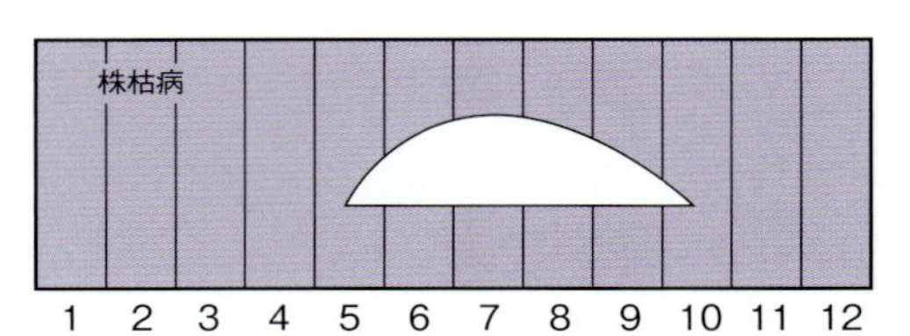

疫病

〈被害の特徴と発生生態〉

- ６月中旬頃から発生する。果実に緑色・水浸状の斑点ができ、やがて暗紫色、円形でくぼんだ病斑になり、白色のカビに覆われる。
- 葉では褐色の小斑点ができて拡大し、葉脈に区切られた２～３㎝の角形病斑になる。
- 幹の地際部では樹皮が黒褐色になり軟化する。根は腐敗消失し、やがて樹勢が衰えて枯死する。

〈防除〉

- 病気にかかった果実や葉は集め、枯れた樹は早めに抜き取り処分する。
- 暗渠を入れ、園全体の排水をよくする。
- 敷わらやマルチなどで地面からの雨水の跳ね返りを防ぐ。

疫病による果実の被害

コナカイガラムシ類

〈被害と虫の特徴〉

- 果実、新芽、葉裏に体長１～２㎜、白色の粉をかぶったワラジ状の虫が集団で寄生して吸汁する。吸汁よりも排泄物に発生するすす病の黒い汚れが問題となる。
- 幼虫と成虫は、大きさに若干差がある程度で、同じ形をしている。どちらも脚があり、移動できる。
- しばしば綿の塊のような物質が見つかるが、これは雌成虫がつくった卵の袋で、その中に数百個の卵が産まれている。

〈防除〉

- 卵の袋を見つけしだい除去する。
- 虫のいる芽や葉ではブラシで表面をこすって虫を押しつぶす。

コナカイガラムシ類

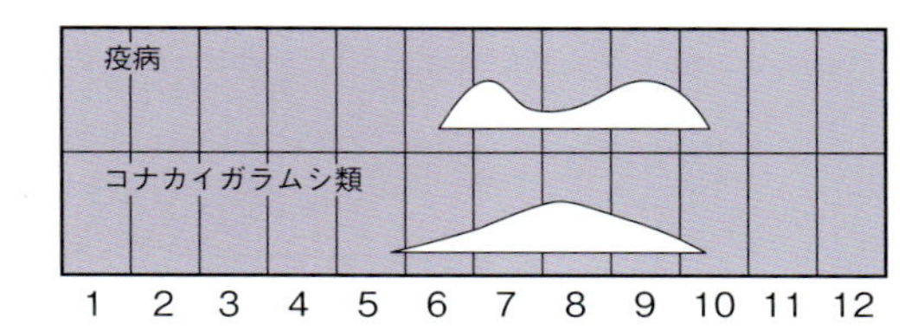

イチジク　クワ科

アザミウマ類による果実内部の変色

幹に食い入っているクワカミキリの幼虫

クワカミキリの成虫

アザミウマ類

〈被害と虫の特徴〉

●成虫が果実内に侵入して食害する。果実の外観は変わらないが、内部の食害された部分は褐変し、腐敗しやすくなる。

●寄生するアザミウマ類は数種類知られているが、いずれも体長1㎜の細長い小さな虫で、体色は黄色または褐色である。

〈防除〉

●畑周辺の雑草を除去し、虫の生息密度を下げる。

カミキリムシ類

〈被害と虫の特徴〉

●キボシカミキリとクワカミキリの2種類が寄生する。

●キボシカミキリは幼虫が樹幹や主枝の樹皮下を食害し、被害が進むと樹勢が衰えて枯れる。近年被害が大きい。成虫は体長1.5～3㎝、体は黒色で多数の黄色の斑紋がある。

●クワカミキリは幼虫が枝や樹幹の中心部を食害する。成虫は体長4㎝で黄褐色である。産卵時に新梢に傷をつけるため、果実が成熟して重くなると、新梢が傷の部分から折れる。

●成虫の脱出孔から雨水が入り、内部を腐らせる。

〈防除〉

●被害枝は切り、枯れた株は掘り起こして処分する。

●成虫を見つけしだい捕殺する。

●脱出孔を木工ボンドなどでふさぐ。

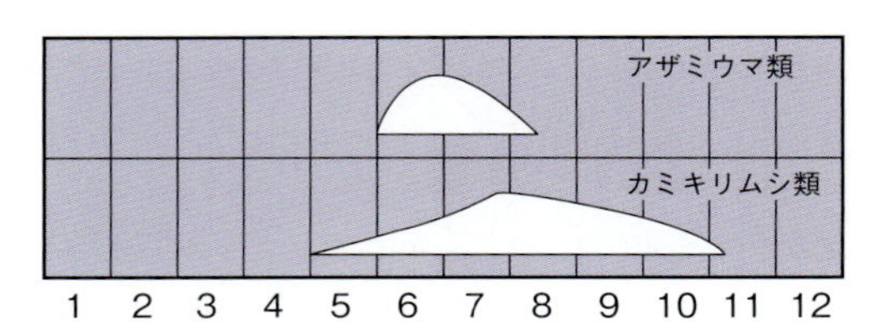

ハダニ類

〈被害と虫の特徴〉

● 葉裏に寄生して汁を吸うため、多発すると葉の色が全体に薄くなり、被害がひどいと葉が褐変して硬くなる。
● 果実に寄生すると果皮が褐変して硬くなる。多発すると果実が肥大しない。
● ハダニ類のほとんどは赤色のカンザワハダニで、このほかに薄い緑色のナミハダニがときどき見られる。体長は両種とも0.5㎜で小さい。
● カンザワハダニが発生すると、作業用の手袋に小さな赤いシミが付着する。この赤いシミの量によって発生状況が把握できる。
● 高温乾燥条件で多発しやすい。

〈防除〉

● 雌成虫は雑草で越冬するので、除草を徹底する。

イチジクモンサビダニ

〈被害と虫の特徴〉

● 体長0.2㎜で、肉眼では見えない。
● 葉や果実の新芽に寄生し、葉は奇形になったり、まだらに色が抜ける。果実は肥大しないか、まだらに色が抜ける。

イチジクヒトリモドキ

〈被害と虫の特徴〉

● 幼虫は葉脈を残して葉を食べる。多発すると樹が丸坊主になる。発生が多いと果皮まで食害する。
● 卵は葉の裏に塊で産みつけられ、幼虫は集合性が強い。
● 南方系のガで最近、本州でも発生が拡大している。
● 成虫は年4回以上発生する。越冬は蛹で土の中で行われる。

〈防除〉

● 幼虫の集団を見つけしだい、葉ごと処分する。

カンザワハダニによる果実の被害

イチジクモンサビダニによる葉の被害

イチジクモンサビダニによる果実の被害

群生するイチジクヒトリモドキの幼虫

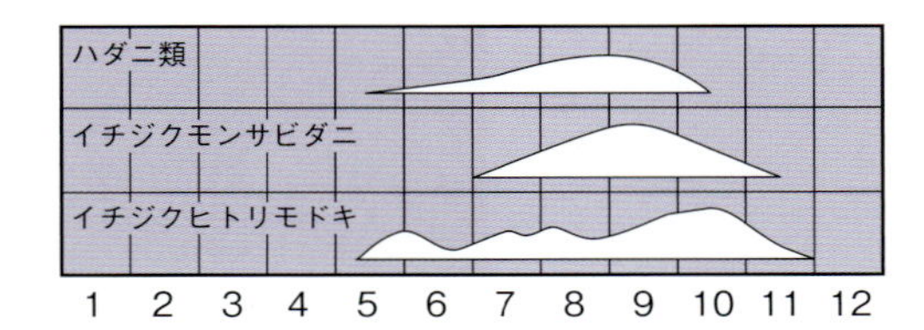

輪紋病（葉の病斑）

輪紋病

〈被害の特徴と発生生態〉

- 葉に淡緑色の輪紋や雲形紋、斑点などを生じ、花弁が斑入りになることもある。
- アブラムシや接ぎ木で伝染し、モモ、スモモなどにも感染する。
- 感染から発病まで３年程度の潜伏期間がある。
- ５月以降、葉の病徴が顕著になる。

〈防除〉

- 周辺雑草も含めてアブラムシ類の防除を徹底する。
- 発病地域から苗や穂木を導入しない。
- 発病樹は伐採、抜根し、焼却などの処分を行う。

輪紋病（多発時）

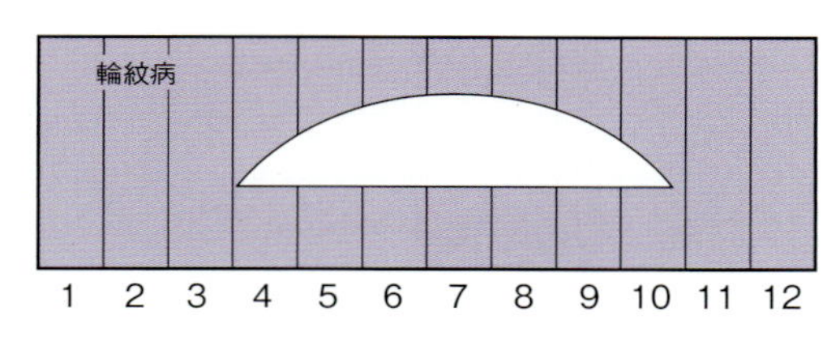

黒星病

〈被害の特徴と発生生態〉

- 葉に赤褐色の小斑点ができ、中心部が脱落し穴があく。
- 枝では輪状の病斑ができ、中心部は灰色となる。
- 果実では、2～3㎜の円形の黒色斑ができ、多発すると果面に亀裂ができ、果実の外観が悪くなり商品価値が著しく低下する。
- 特に、梅酒用の青ウメでは商品性がなくなる。
- 低湿地や山間部などの通風不良園、日照不良園、密植園および老木園に発生が多い。

〈防除〉

- 剪定時に病斑のできた枝を切除する。
- 密植を避け、通風、排水を良好にする。

アブラムシ類

〈被害と虫の特徴〉

- 体長1㎜の小さな虫が集団で新梢や葉裏に寄生し、吸汁する。
- 吸汁された葉は縮れ、新梢の伸びが悪くなる。
- 被害がひどいと果実が発育不良となって落果する。
- 葉や果実が虫の抜け殻、排泄物、その上に発生するすす病によって黒く汚れる。
- ムギワラギクオマルアブラムシ、オカボノアカアブラムシなどが寄生する。

黒星病による果実の病斑

ムギワラギクオマルアブラムシの巻葉

オカボノアカアブラムシ

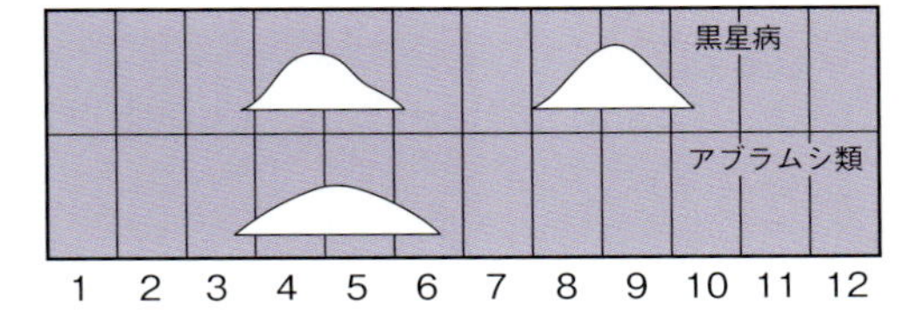

ウメシロカイガラムシ

タマカタカイガラムシ

タマカタカイガラムシ（拡大）

ウメシロカイガラムシ

〈被害と虫の特徴〉

- 若い枝に集団で寄生して吸汁するので、多発すると落葉や枝枯れが起こり、樹勢が著しく衰える。
- 虫の介殻は直径2㎜、白色で円く平らな形をしている。
- 寄生が多い樹では、2～3年生枝が白く粉をふいたように見える。

タマカタカイガラムシ

〈被害と虫の特徴〉

- 枝に集団で寄生して吸汁するので、多発すると枝全体が枯れる。
- 虫は体長5㎜、赤褐色の球形である。

〈防除〉

- 発生が少ない場合は、作業用の手袋をはめて虫をこすり落とす。

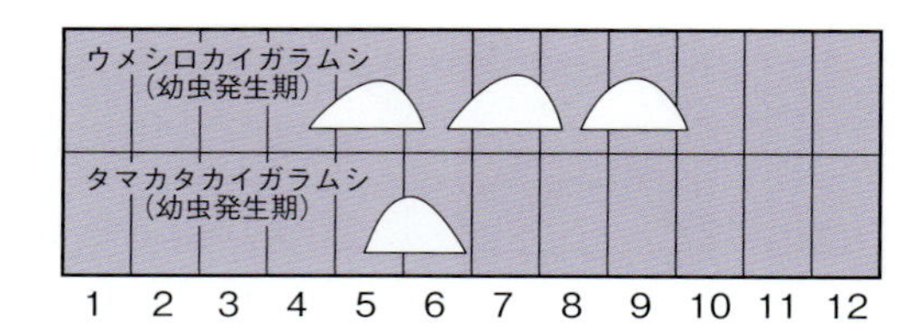

炭疽病

〈被害の特徴と発生生態〉

- ５月頃、新梢に楕円形で暗褐色の病斑ができ、広がると木質部分に達し縦に亀裂ができる。
- 病斑上部の枝が枯れることがある。
- 果実では、梅雨期に黒色で円形～楕円形のくぼんだ病斑ができ、早く着色し、熟果となって落下しやすくなる。
- 病原菌は病気になった枝で越冬し、翌春胞子ができ新梢に伝染する。

〈防除〉

- 間伐を行って園内の通風をよくする。
- 剪定時に発病枝、果実を切り取り、除去する。

うどんこ病

〈被害の特徴と発生生態〉

- ５～６月頃、若葉に小黒点が多数集まり、墨を塗ったような病斑となる。
- ８月下旬になると葉裏が白い粉で覆われる。
- 多発すると落葉を早め、品質が低下する。
- 空梅雨の年に多発傾向がある。

〈防除〉

- 落葉を集めて処分する。

炭疽病による枝の病斑

炭疽病による果実の病斑

うどんこ病（葉表）

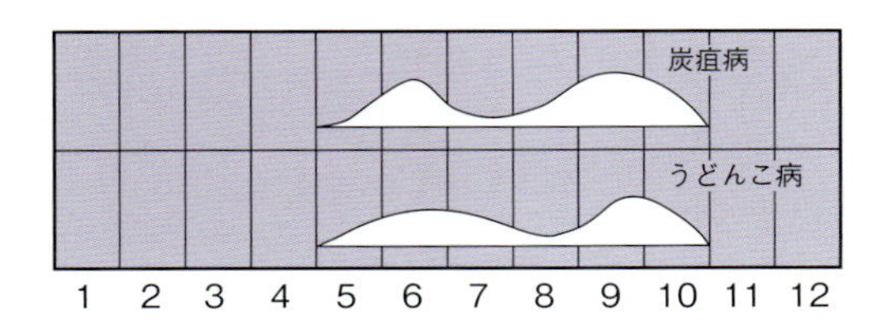

カキ　カキノキ科

円星落葉病

角斑落葉病

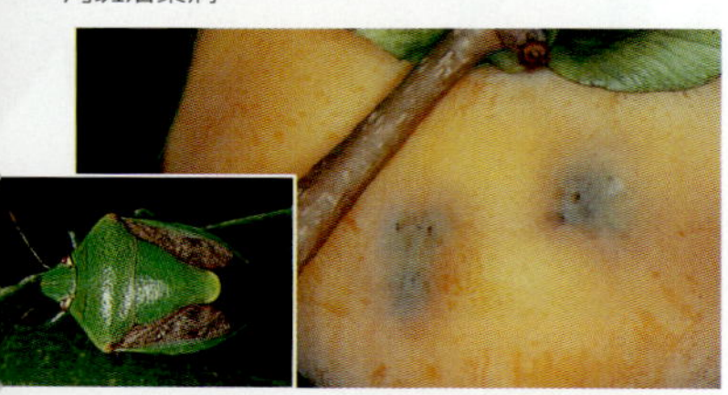

チャバネアオカメムシの成虫　　カメムシ類による被害果実

カキクダアザミウマによる巻葉

カキクダアザミウマの成虫

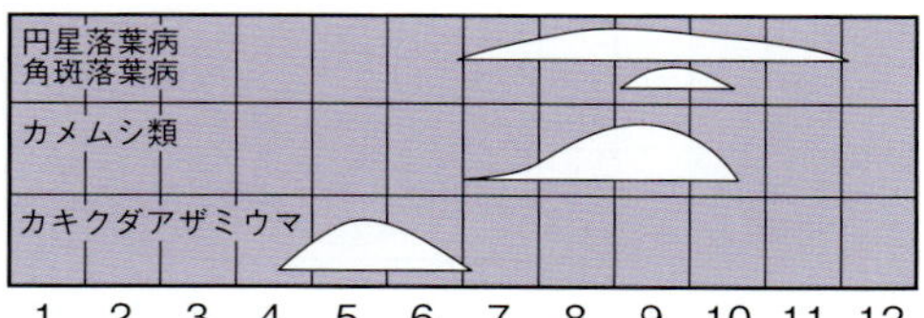

落葉病

〈被害の特徴と発生生態〉

- 円星落葉病と角斑落葉病があり、カキに最も普通に見られる病気である。
- 円星落葉病は９月頃から発生し、葉に３～５㎜の赤褐色で円い病斑ができ、落葉する。
- 角斑落葉病は７～８月頃から発生し、３～７㎜、灰褐色の角ばった病斑が葉にできる。果実が早期に着色軟化することがある。

〈防除〉

- 落葉はていねいに集めて処分する。

カメムシ類

〈被害と虫の特徴〉

- 成虫が果実に飛来して吸汁する。吸われた部分は、はじめは目立たないが、その後、腐って１㎝の円いくぼみになる。
- チャバネアオカメムシ、ツヤアオカメムシ、クサギカメムシの３種類による被害が大きい。

カキクダアザミウマ

〈被害と虫の特徴〉

- 新葉が縦に細く巻き、その後、褐変して落葉する。葉を開くと細長い虫がいる。
- 成虫は体長３㎜で黒く、幼虫は体長0.5～２㎜で黄色である。
- 幼果にも寄生し、吸汁された痕は果実の生長後、褐色の斑点となって残る。

カキノヘタムシガ（カキミガ）

〈被害と虫の特徴〉

- 幼虫がヘタの部分から果実に食い入り、食い入った部分には褐色の虫糞が見られる。
- 被害を受けた果実はその後ヘタを残して落果する。また、8月の被害果は早期に着色するのが特徴である。
- 1年に2回発生し、幼虫が樹皮の割れ目で越冬する。

〈防除〉

- 秋にムシロを幹に巻き、潜り込んだ越冬幼虫を冬にムシロごと処分する。
- 冬に粗皮削りを行う。

イラガ類

〈被害と虫の特徴〉

- 幼虫は5～20匹が葉裏に集まって寄生し、葉表の薄皮を残して食べるので、その部分が透けて見える。大きくなった幼虫は葉脈や葉柄だけを残して葉を食べつくす。
- 幼虫には毒のあるトゲがあり、さわるとひどく痛む。
- 1㎝の楕円形のマユの中で越冬する。
- イラガ、アオイラガ、ヒロヘリアオイラガなど約10種類がカキに寄生する。

〈防除〉

- 冬期にマユを集めて処分する。

カキノヘタムシガによる果実の被害

カキノヘタムシガの成虫

アオイラガの幼虫

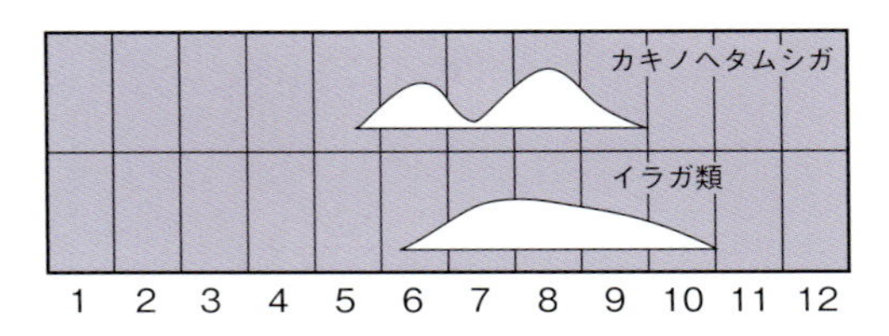

そうか病による果実のイボ症状

そうか病による葉の突起

かいよう病による葉の病斑

そうか病

〈被害の特徴と発生生態〉

- 葉、果実の表面に、直径1㎜前後に隆起する「イボ型」や「そうか型」の病斑ができる。
- 果実の外観が悪くなり、糖は少なく、酸が多くなるなど品質が低下する。
- 降雨により伝染、幼木や樹勢の盛んな樹で発生が多い。温州やレモンは罹病しやすい。

〈防除〉

- 被害枝葉は剪定し、園内の通風と採光をよくし、多湿にならないようにする。

かいよう病

〈被害の特徴と発生生態〉

- 葉、果実に発生する。はじめ円形、水浸状の斑点ができ、やがて盛り上がり、中央部の表皮が破れコルク化し、その周囲が黄色くなる。発病が激しいと落葉する。
- 果実に発生すると、外観が悪くなり、商品価値が著しく低下する。
- 越冬した病斑が伝染源となる。夏秋枝に潜伏して越冬することもある。
- 風当たりの強い園や台風後、さらにはミカンハモグリガの食痕などからも発病する。
- 温州ミカンでは発生が少なく、グレープフルーツやネーブルで発生が多い。

〈防除〉

- ミカンハモグリガの防除や風ずれ対策、施肥管理を十分に行う。

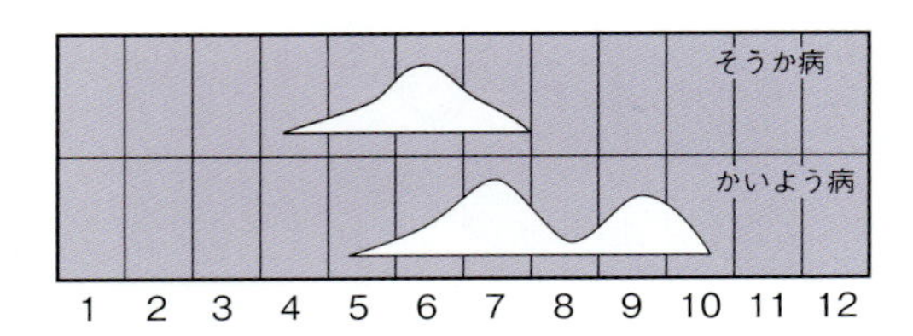

黒点病

〈被害の特徴と発生生態〉

- 葉、枝、果実に感染して、微小な黒色、円形の病斑ができる。病斑は黒点、涙斑、泥塊状とさまざまである。
- 果実に発生すると商品価値が低下する。
- 伝染源は枯枝で、6～10月に降雨が多いと多発する。また、若木園より老木園や管理不良園に発病が多い。

〈防除〉

- 枯枝を剪定し、剪定枝は放置せず、埋没するなど処分する。
- 密植園の間伐を行い、樹冠内部まで十分光を入れ、通風をよくする。
- 初期発生期の防除が重要である。

ミカンハモグリガ

〈被害と虫の特徴〉

- 体長4㎜、薄い黄色の虫が新葉の内部にトンネルを掘って食い進むため、葉に曲がりくねった白い筋がたくさん見られる。また、葉が奇形になったり、生長が止まる。
- 夏から秋に伸びた秋梢に被害が多い。このため、特に若木で被害が目立ち、多発すると生育が抑制される。
- 食痕に沿って、かいよう病が発生しやすい。

黒点病による果実の黒点

黒点病による葉の黒点

ミカンハモグリガによる葉の食害痕

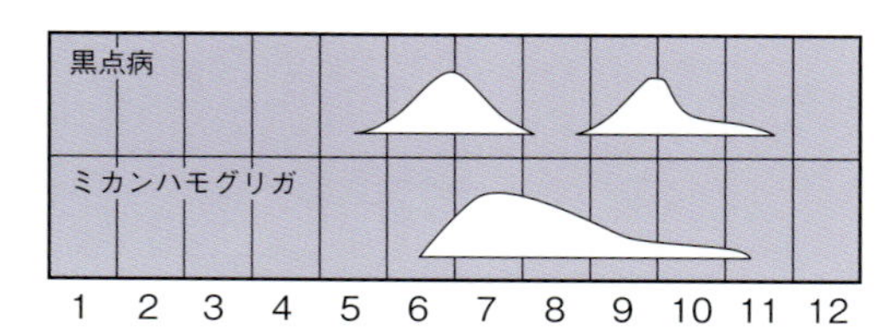

ルビーロウムシ

果実のヤノネカイガラムシ　　葉裏のヤノネカイガラムシ

ヤノネカイガラムシによる枝枯れ

ロウムシ類

〈被害と虫の特徴〉

- 枝や葉に寄生して吸汁するため、多発すると樹勢が衰える。また、虫の排泄物上に発生するすす病によって葉や果実が黒く汚れる。
- ルビーロウムシとツノロウムシが主な種類で、いずれも名前のとおり、体がロウ物質でできた介殻に覆われている。
- ルビーロウムシは５～６㎜でアズキ色、ツノロウムシは６～８㎜で白色である。

ヤノネカイガラムシ

〈被害と虫の特徴〉

- 葉、枝、果実に寄生して吸汁し、多発すると落葉がひどくなり、樹が枯死する。また、果実では虫の寄生した部分がへこむとともに着色不良となり、商品価値が低下する。
- 雌の介殻は褐色で体長３㎜、矢じり（矢の根）のような形をしており、虫の名前はこれにちなむ。
- 雄の介殻は体長 1.5㎜、白色の綿状で細長く、葉裏で群れをつくっている。

〈防除〉

- 国内各地で天敵のヤノネツヤコバチ、ヤノネキイロコバチが放飼され、現在は発生が少ない。

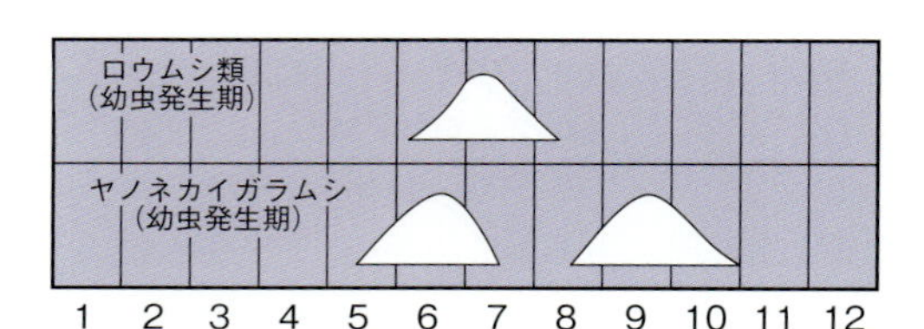

ミカンコナジラミ

〈被害と虫の特徴〉

- 幼虫が葉裏に寄生して吸汁する。虫の排泄物上に発生するすす病のために葉や果実が黒く汚れる。
- 幼虫は透きとおった緑色で体長1～1.5㎜、平らな小判形をしている。
- 成虫は体長1～1.5㎜で翅が白く、樹をゆするとパッと舞い上がる。

〈防除〉

- 密植すると多発するので、剪定を十分に行い、日当たりや通風をよくする。

ゴマダラカミキリ

〈被害と虫の特徴〉

- 幼虫は幹の樹皮下を食害し、地際から木くず状の糞が出ているのが特徴である。発生が多いと樹が衰弱し、枯死する。
- 幼虫はテッポウムシと呼ばれ、白色で老熟すると体長は5㎝になる。
- 成虫は体長3.5㎝、背中は濃い藍色で光沢があり、多数の白点をもつ。
- 成虫の脱出孔から雨水が入り、内部を腐らせる。

〈防除〉

- 成虫を見つけしだい捕殺する。糞の出ている場所から針金をさし込んで、中の幼虫を殺す。
- 産卵を防ぐために、幹の地際付近にネットを巻きつける。
- 脱出孔を木工ボンドなどでふさぐ。

ミカンコナジラミの幼虫と脱皮殻

ミカンコナジラミの成虫

ゴマダラカミキリの成虫

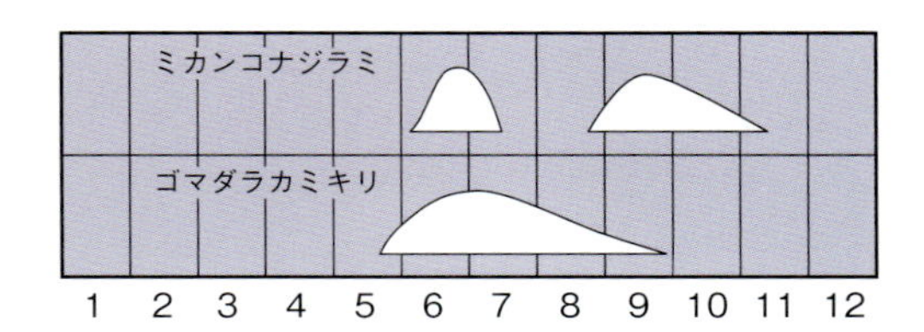

コアオハナムグリの成虫

ミカンサビダニによる果実の褐変

ミカンサビダニ

コアオハナムグリ

〈被害と虫の特徴〉

- 成虫は体長 1 ～ 1.5㎝のコガネムシで、緑色の地に白い模様が散在する。
- 開花時に蜜を吸うために飛来し、将来果実になる部分を足の爪や頭で傷つける。
- 傷は果実の生長に伴って大きくなり、果頂部からクモの巣状や放射状に広がる傷となる。
- 発生が多いときは着果率が悪くなる。

ミカンサビダニ

〈被害と虫の特徴〉

- 果実に虫が寄生して吸汁し、傷ついた果皮はカサブタ状になって、果実全体が褐色または灰色に変色する。
- 虫は体長 0.2㎜と非常に小さいので肉眼では見えないが、果実に無数に寄生しているときは、果実が黄色っぽいホコリをかぶったように見える。
- 気温が高く、降水量が少ない年に発生が多い。

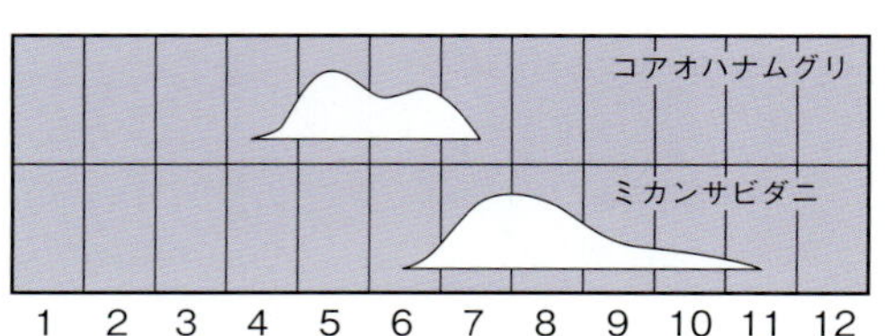

ミカンハダニ

〈被害と虫の特徴〉

- 葉表に体長 0.5㎜の赤色のダニが寄生して吸汁するため、吸われた部分は色が抜けて白くなる。
- 多発すると落葉が早まる。
- 果実に寄生すると着色が遅れ、色がぼけて商品価値が著しく低下する。

アブラムシ類

〈被害と虫の特徴〉

- 新梢と葉裏に体長 1 ㎜の小さな虫が集団をつくって寄生し、吸汁する。
- 吸汁された葉は小さくなったり巻いたりするほか、虫の抜け殻と排泄物がつき、さらに排泄物にすす病が発生して汚くなる。
- 多発すると果実の生育が抑えられて品質が悪くなる。
- ワタアブラムシ、ユキヤナギアブラムシ、ミカンクロアブラムシが主な種類である。

〈防除〉

- 苗木や高接ぎ樹は防除する必要があるが、成木では普通、防除は不要である。

ミカンハダニによる葉の被害　　ミカンハダニ

ワタアブラムシ

ユキヤナギアブラムシ

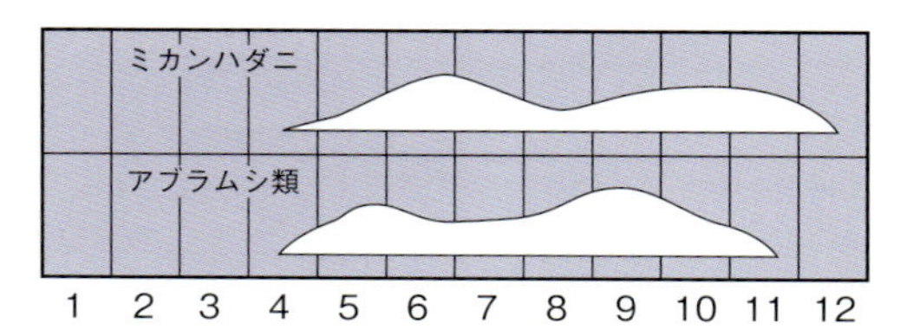

ナシマルカイガラムシ

吸汁ヤガ類の被害

ナシマルカイガラムシ

〈被害と虫の特徴〉

●葉、枝、幹、果実に発生する。

●多発すると黄斑～赤褐色斑を生じ、果実では着色むらとなって外観が損なわれる。

●雌成虫は円形、やや隆起し、体長は2㎜、茶褐色または黄褐色である。

●サンホーゼカイガラムシとも呼ばれる。

吸汁ヤガ類

〈被害と虫の特徴〉

●成虫が夜間に飛来し、熟した果実を吸汁する。

●果実には円い1㎜の穴があき、この部分から腐敗して落果する。

●アカエグリバ、ヒメエグリバ、アケビコノハなどが加害する。

●アカエグリバとヒメエグリバは開張3～4㎝、アケビコノハは開張10㎝で大型のガである。

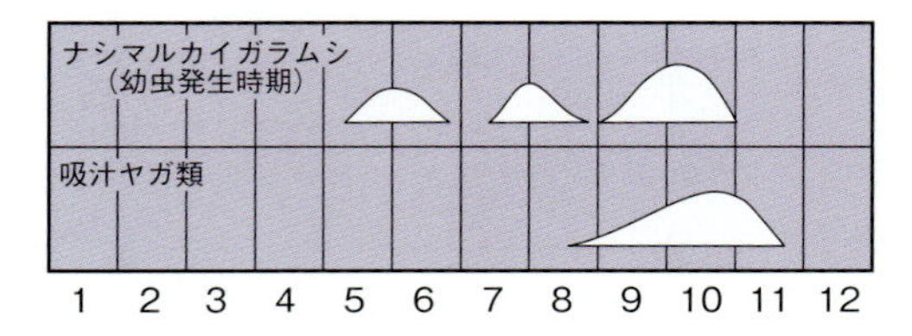

炭疽病（実炭疽病）

〈被害の特徴と発生生態〉

- イガに不定形の褐色～黒褐色斑紋ができ、湿度の高いときには病斑上に粘質でピンク色の胞子の塊ができる。
- 果実は表面が黒褐色に腐敗し、内部も褐色～黒褐色になり腐敗し、空洞ができ、灰白色の菌糸が生える。葉では葉脈、中肋部分が黒褐色の斑紋になる。
- 枝や芽の中に潜在する病原菌が雨水によって流れ出し伝染する。

〈防除〉

- 枝葉を適度に剪定し、密生を防ぐ。
- 発病の多い場合には耐病性品種を用いる。

コウモリガ

〈被害と虫の特徴〉

- 枝、幹のまわりに、大きさ１～３㎝の木くずを固めた団子状の塊が付着する。
- 塊になった木くずを手ではがすと簡単に取れ、穴があいている。
- 穴の奥にイモムシ状の虫がいる。
- 幼木に食入すると、樹を枯らすこともある。
- 小枝や樹幹に食入すると、強風などでそこから折れることがある。

〈防除〉

- 幼虫は周辺の雑草から移動してくるので、雑草を適切に管理する。
- 食入している穴に針金などをさし込んで、幼虫を殺す。

実炭疽病

コウモリガによる木くずの塊

コウモリガの成虫

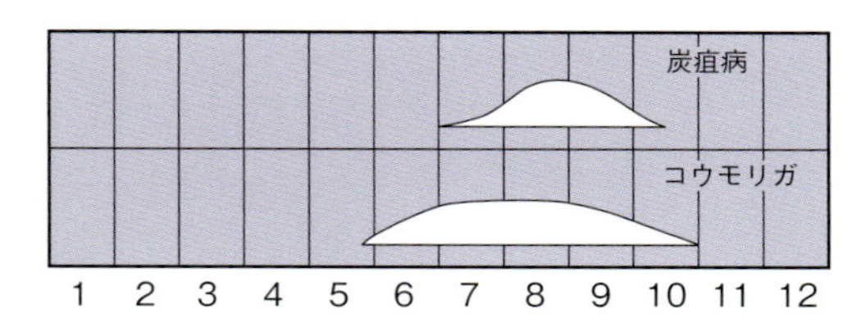

モモノゴマダラノメイガの被害と虫糞

モモノゴマダラノメイガの幼虫

クリミガの虫糞

クリシギゾウムシの幼虫

モモノゴマダラノメイガ

〈被害と虫の特徴〉

●幼虫は果実に食入し、大粒の糞を外に出して糸で綴る。

●幼虫は樹皮の割れ目などで越冬する。

〈防除〉

●秋にムシロを幹に巻き、越冬幼虫を集めて処分する。

クリミガ

〈被害と虫の特徴〉

●幼虫は９～１０月に果実に食入するが、収穫時には糞が見られないため、被害がわかりにくい。

●幼虫は１０月中旬～１１月上旬に果実から脱出して土に潜り、マユをつくって越冬する。

〈防除〉

●１０月上旬～中旬にイガを集めて処分する。

クリシギゾウムシ

〈被害と虫の特徴〉

●幼虫は９～１０月に果実に食入するが、糞を外に出さないため、被害がわかりにくい。

●幼虫は１０月中旬～１１月上旬に果実から脱出して土に潜り越冬する。

〈防除〉

●１０月上旬～中旬にイガを集めて処分する。

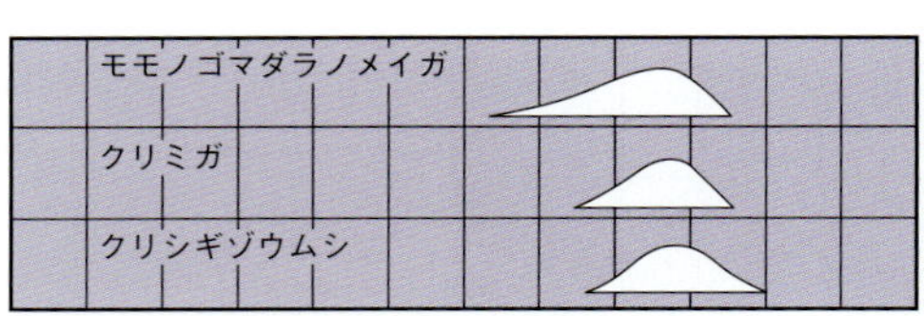

カツラマルカイガラムシ

〈被害と虫の特徴〉

- 枝や幹の表面に寄生して吸汁するため、多発すると樹が衰弱して枯死する。
- 介殻は褐色、直径2㎜で、殻をはがすと黄色く軟らかい虫の本体が見られる。
- 卵から孵化したばかりの幼虫は黄色で殻がない。脚があって歩けるのはこの時期だけで、新しい枝にたどりついて定着した後は移動しない。

〈防除〉

- カットバックを行って樹高を低くし、薬剤がかかりやすくする。

枝に群生するカツラマルカイガラムシ

成虫と幼虫

クリタマバチ

〈被害と虫の特徴〉

- 幼虫はクリの芽に寄生し、虫コブをつくる。
- 発生が多いと果実が少なくなって収量が減る。樹が弱って枯れることもある。
- 6～7月に虫コブから成虫が羽化して新芽に卵を産みつける。卵からかえった幼虫は、はじめのうち成長が遅く、越冬後に急に成長して虫コブをつくる。
- 成虫は黒色で、体長3㎜の小さなハチである。

〈防除〉

- 剪定を行い、樹勢を強く保つ。
- 天敵のチュウゴクオナガコバチを放飼する。

クリタマバチの虫コブ

虫コブ内にいるクリタマバチの成虫

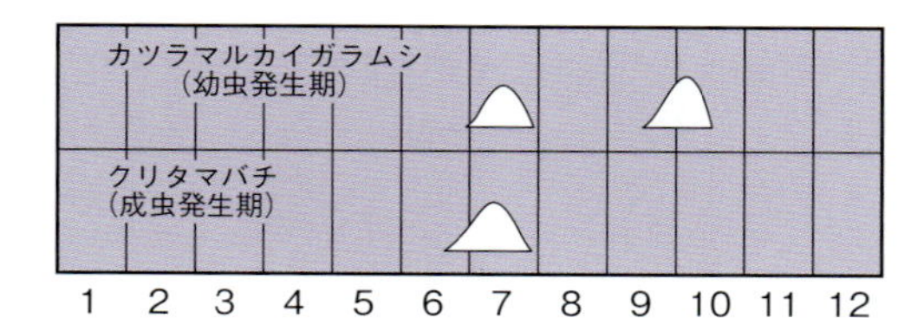

クリオオアブラムシ

クリオオアブラムシの成虫と卵塊

クスサンの幼虫

クリオオアブラムシ

〈被害と虫の特徴〉

- 卵は黒く、体長 1.5㎜の長円形である。幹や枝に多数の卵が塊で産みつけられ、冬を越す。
- 卵は４月中旬に孵化し、その後、成虫が枝に寄生して吸汁する。
- 虫は黒色で、一見するとアリのように見える。成虫になると体長が５㎜に達する大型のアブラムシである。

〈防除〉

- 越冬中の卵塊を冬の間に見つけてつぶす。

クスサン

〈被害と虫の特徴〉

- 卵で越冬し、４月下旬～５月上旬に黒色の幼虫が卵から孵化する。若齢幼虫は群れをつくるが、成長するにつれ分散する。
- ６～７月に白色で毛が長い体長 10㎝の大型の毛虫になり、盛んに葉を食べた後、褐色のカゴのようなマユの中で蛹になる。
- 成虫のガは９～ 10 月に現れ、100 個以上の卵を１塊にして枝の分岐点付近に産みつける。

〈防除〉

- 冬の間に卵塊を見つけてつぶす。
- ５月上旬に幼虫が集まっている葉を切り取って処分する。

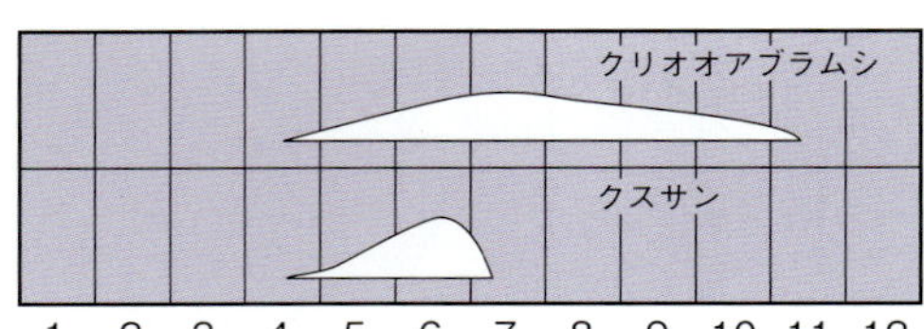

晩腐病

〈被害の特徴と発生生態〉

- 果房、葉、枝などに発病するが、最も被害が大きいのは成熟期の果房の腐敗である。
- 果実の成熟が進むと、表面に淡褐色の点から墨がにじむような病斑になり、さらにサメ肌状に黒変する。その後、晴天が続くとミイラ化し、干しブドウ状になる。
- 病原菌は結果母枝、巻きヒゲなどで越冬する。

〈防除〉

- 密植を避け、棚面を明るくし、通風および排水をよくするとともに雨よけや袋かけを行う。

黒とう病

〈被害の特徴と発生生態〉

- 葉、果実、新梢、巻きヒゲに発病し、甲州、ネオマスカット、巨峰などに多い。
- 開花期では、花が黒く変色し、花流れとなる。幼果期では２～５㎜の円形病斑ができ､鳥の目状になることから｢鳥眼病｣とも呼ばれる。果実肥大が悪く、品質低下につながる。
- 病原菌は、ツルなどに菌糸で越冬し、雨滴の飛沫により蔓延する。

〈防除〉

- 病枝、病果、巻きヒゲを除去する。
- ハウス栽培では発病が抑制される。病枝は剪定で除去する。
- 雨よけすることで被害が軽減できる。

晩腐病による果実の腐敗

黒とう病による果実の病斑

黒とう病による葉の病斑　　枝の病斑

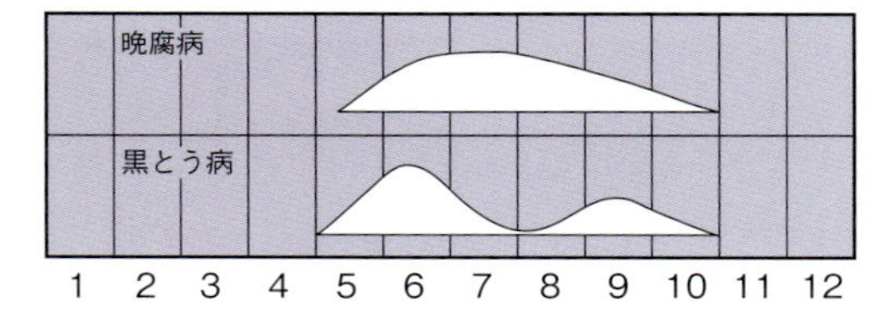

べと病（葉表）

べと病（葉裏）

褐斑病

べと病

〈被害の特徴と発生生態〉

- 若葉での被害は、はじめ淡黄色で輪郭の不明瞭な斑点が現れ、やがて裏面に白色のカビが密生し、ひどくなると早期落葉する。
- 開花前の花穂は白色のカビが生えた後、褐変枯死する。未熟期の果房では鉛色から紫黒色に変わり脱粒しやすくなる。
- 雨滴により伝染し、露地栽培で発生が多い。
- 落葉の組織内で胞子の状態で越冬する。
- 20 ～ 22℃の多湿な条件で発生しやすい。

〈防除〉

- 被害葉は早めに除去し、処分する。雨よけ栽培により被害が軽減できる。

褐斑病

〈被害の特徴と発生生態〉

- デラウエア、キャンベルアーリーに多発する。葉に5～9㎜程度の黒褐色の斑点ができ、品種によって大きさが違う。病斑の裏には淡褐色ですす状のカビが生える。多発すると、葉が早期落葉し、果実の着色が不良となり商品価値が低下する。
- 発病枝や葉に付着した病原菌が越冬し、翌年、再び風雨により飛散し、感染・発病する。

〈防除〉

- 越冬伝染源の除去を目的に粗皮削りを行う。

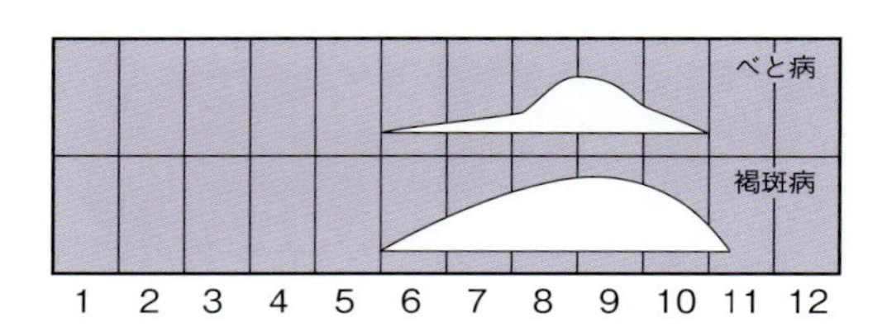

さび病

〈被害の特徴と発生生態〉

- 葉身、葉柄、穂軸、果梗、新梢に発生し、デラウエア、巨峰などの品種に被害が多い。
- 発病が多いと早期落葉し、結果母枝の栄養の蓄積が妨げられ、翌年の生育が悪くなる。
- 伝染経路は、ブドウ葉上にできた冬胞子が落葉上で越冬し、翌年、中間寄主のアワブキなどに寄生し、再びブドウに伝染する。
- 露地栽培で発生が多い。

〈防除〉

- 被害葉は早めに除去し、処分する。雨よけ栽培により被害が軽減できる。

うどんこ病

〈被害の特徴と発生生態〉

- 施設栽培で発生が多く、若葉、新梢、果実に発病が見られる。
- 一般に欧州系品種（マスカット、甲州）に発病が多く、アメリカ系品種（キャンベルなど）は耐病性である。
- 葉の表面にクモの巣様の白色のカビが生え、後に黄白色の病斑ができる。
- 多発すると、葉の裏側まで広がり、葉全体が白色の粉で覆われたように真っ白となる。
- 果実への被害は成熟を遅らせ、収穫後の果房の日持ちを悪くする。

〈防除〉

- 通風、日当たり、排水をよくする。
- 被害部（芽しぶ）を早めに除去し、処分する。

さび病（葉裏の胞子）

うどんこ病（葉）

うどんこ病（果実）

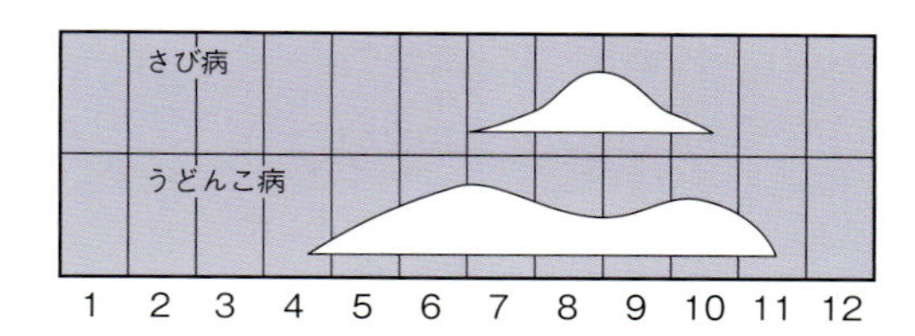

つる割病による枝の亀裂

つる割病による果実の被害

灰色かび病による果実の被害

つる割病

〈被害の特徴と発生生態〉

- 若葉、幼果、緑枝、古ツルなどに発生する。被害は欧州系品種に多い。
- 若葉では葉が縮れ、葉の縁が内側に巻く。緑枝の基部付近には円みを帯びた黒色の条斑が一面にでき、いわゆる「黒ツル」となり折れやすくなる。
- 病原菌は枯死した２年枝の病患部で越冬し、翌年発芽し、胞子が降雨により伝染する。

〈防除〉

- 発病枝の切除、古ツルの除去や粗皮はぎを行う。
- 窒素質肥料をひかえ、軟弱徒長を防ぐ。

灰色かび病

〈被害の特徴と発生生態〉

- 主にハウス栽培で発生が多く見られ、花穂、果実、穂軸、葉が侵される。
- 開花中、落花直後の花穂での被害が最も大きい。穂軸などが褐色になり、多湿条件で灰色のカビが生え、褐変枯死して脱粒する。
- 排水不良園や、開花期前後の長雨、台風時に低温多湿になると園全体に広がり、収穫皆無になることがある。

〈防除〉

- 園地の排水をよくし、枝の過繁茂を避ける。
- ハウス栽培では、ビニールマルチをし、温風を循環させたり換気を十分に行って湿度を低下させる。

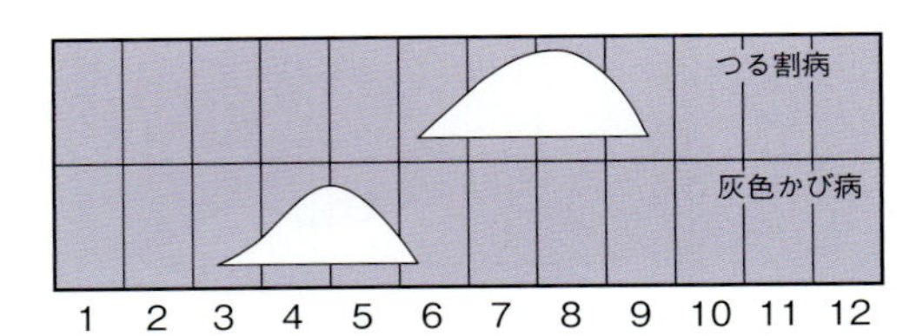

ブドウトラカミキリ

〈被害と虫の特徴〉
- 幼虫が枝の内部を食い進み、被害を受けた部分は黒くなる。虫のいる枝の先の新梢はしおれて枯れる。糞は外に排出しない。
- 幼虫は体長1～2cmで白く、頭と胸は褐色である。
- 成虫は8～10月に羽化する。体長1～1.5cmで、腹部に黒地で黄色の横縞模様があるのが特徴である。

〈防除〉
- 剪定時に被害枝を切り取り、処分する。

ブドウスカシバ

〈被害と虫の特徴〉
- 幼虫が枝の内部を食い進み、食害された部分は赤褐色になって膨れる。虫のいる枝の先では新梢の伸びが止まる。
- 被害枝のところどころから糞が出されるため、ブドウトラカミキリと区別できる。
- 幼虫は体長3～4cm、薄い黄色で、頭は褐色である。
- 成虫は5月中旬～下旬に羽化する。体長2cmで、黒地に黄色の横縞模様がある。一見するとハチに非常によく似ている。

〈防除〉
- 剪定時に被害枝を切り取り、処分する。

ブドウトラカミキリの成虫

ブドウスカシバの成虫

ブドウスカシバの蛹殻

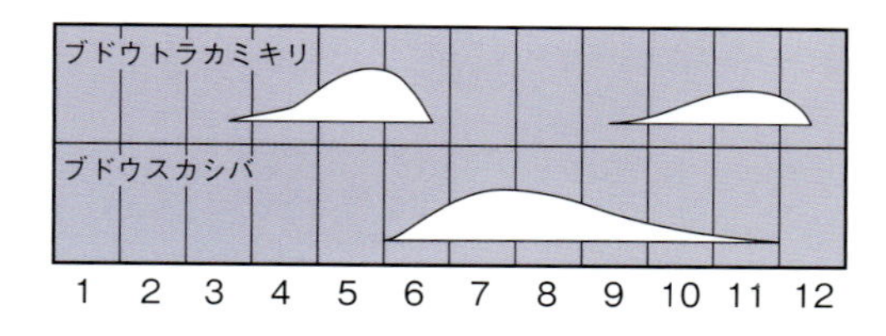

チャノキイロアザミウマによる果実の褐変

チャノキイロアザミウマによる葉脈の褐変

クワコナカイガラムシの成虫と幼虫

チャノキイロアザミウマ

〈被害と虫の特徴〉

- 果実の表面に褐色の傷ができ、その部分は硬くなる。特にマスカット·オブ·アレキサンドリアのような緑色系統のブドウでは症状が顕著で被害が大きく、多発すると褐色の果実に変わる。
- 虫は体長１㎜と非常に小さいので、発見するのは困難である。
- 新芽、新葉にも寄生し、新葉では葉裏の葉脈が褐変する。この症状は虫の発生量の目安になる。
- 幼果の頃の被害が収穫後まで残る。

クワコナカイガラムシ

〈被害と虫の特徴〉

- 果実と果梗に白色、綿状の虫が群生して吸汁する。
- 少しでも虫がつくと商品価値がなくなってしまうので、被害は大きい。また、虫の排泄物にすす病が発生するので、果実が黒く汚れる。
- 緑色系統のブドウで発生が多い。

〈防除〉

- 粗皮削りを行い、虫の越冬場所をなくす。

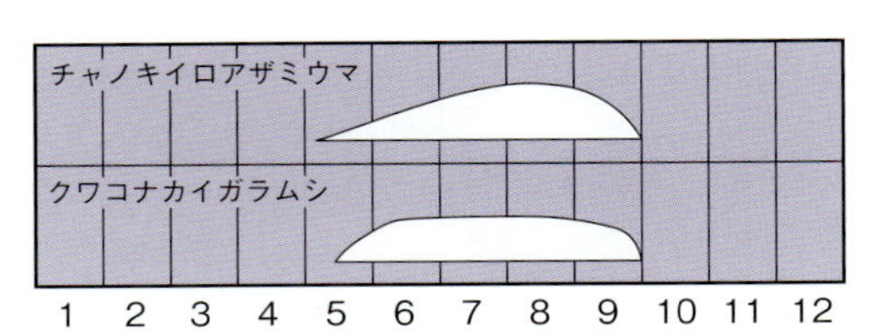

フタテンヒメヨコバイ

〈被害と虫の特徴〉

- 虫が葉裏に寄生して吸汁するため、その部分は色が白く抜ける。
- 多発すると葉全体が白っぽくなり、果実の着色が不良になって糖度が下がる。
- 成虫は体長３～４㎜で、薄い黄色の地に褐色の模様がある。
- 幼虫は体長１～４㎜で、白色または黄色である。
- 多発時に園内を歩くと成虫が盛んに顔にぶつかってくる。

カンザワハダニ

〈被害と虫の特徴〉

- 葉裏に体長 0.5㎜の小さな赤いダニが寄生して吸汁するため、葉の色が白く抜ける。
- 乾燥を好み、ハウスでしばしば多発する。

ドウガネブイブイ

〈被害と虫の特徴〉

- 名前のとおり、銅のような色をした体長２～ 2.5㎝のコガネムシで、園内または園外からたくさん飛んで来て、葉を暴食する。

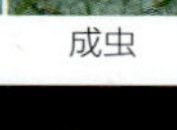

フタテンヒメヨコバイによる葉の被害　　成虫

カンザワハダニと葉の被害

ドウガネブイブイの成虫

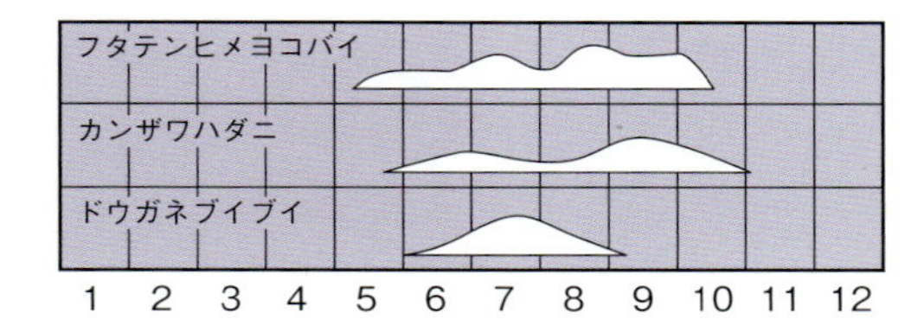

アメリカシロヒトリの幼虫

トビイロトラガの幼虫

ハスモンヨトウの幼虫

アメリカシロヒトリ

〈被害と虫の特徴〉

- 幼虫がテント状に糸を張って群生し、葉脈と薄皮を残して葉を食い荒らす。幼虫が大きくなると、テントの外に出て葉を食べる。
- 卵は100個くらいの塊で葉に産みつけられるので、卵からかえった幼虫が集団で葉を食べる。
- 幼虫は灰黒色で、白色の長い毛が目立ち、成長すると体長は3cmになる。

〈防除〉

- 幼虫が集団で発生している葉を切り取って処分する。

トビイロトラガ

〈被害と虫の特徴〉

- 幼虫が新梢の先端など軟らかい葉を食害し、成長すると葉脈や葉柄を残して葉を食い荒らす。
- 幼虫は橙黄色、黒色の横帯が線状に走り、成長すると体長は4cmになる。

〈防除〉

- 畑を見回り、幼虫を捕殺する。

ハスモンヨトウ

〈被害と虫の特徴〉

- 幼虫が葉や新芽を食い荒らす。早期加温栽培で被害が多い。
- 卵は100個くらいの塊で葉に産みつけられるので、卵からかえった幼虫が集団で葉を食べる。
- 幼虫は緑色、灰色、黒褐色などさまざまで、体長は1～4cmである。
- 頭の後ろに1対の小さな黒い斑紋があるので、他のヨトウムシ類と区別できる。

〈防除〉

- 幼虫が集団で発生している葉を切り取って処分する。

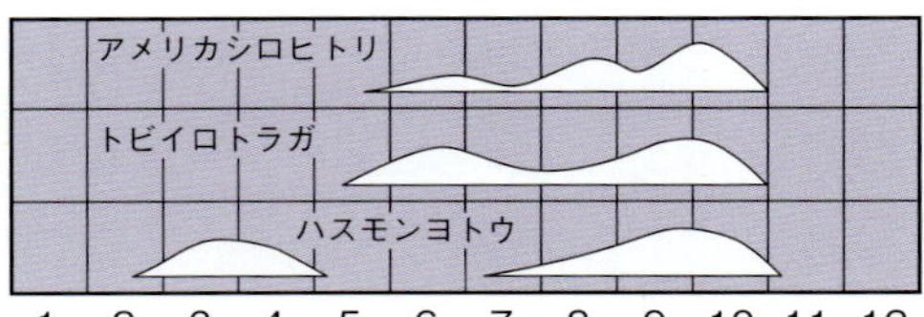

クワゴマダラヒトリ

〈被害と虫の特徴〉

- 越冬後の幼虫による被害が大きい。萌芽期に食害を受けると経済的損失が大きい。幼虫はさまざまな植物を食べる。
- 幼虫は大きく、黄褐色の突起をもち、多数の黒くて長い毛が生えている。
- 卵は塊で産みつけられるが、ブドウには産卵しない。若齢幼虫は巣網の中で集団で生息し、その後に落葉の間などで越冬する。越冬後は単独で行動する。

〈防除〉

- ブドウのハウスでは、ハウスを開け始めると外から越冬後の幼虫が侵入してくるため、見つけしだい捕殺する。
- 畑周辺から侵入してくるので、周辺の除草に努める。

クワゴマダラヒトリの幼虫

アカガネサルハムシ

〈被害と虫の特徴〉

- 成虫が発芽後の新芽や軟らかい新梢を食い荒らす。食害された部分は赤褐色に変色し、へこむ。
- 発生が多いと果実も食害し、穂軸が切り取られる。
- 成虫は体長7㎜、金属光沢の緑藍色で、中央に赤褐色の筋が2本走る。
- 幼虫は土中に生息し、根を食害するが、実害はほとんどない。

アカガネサルハムシの成虫

ブドウヒメハダニ

〈被害と虫の特徴〉

- 新梢基部の表皮が吸汁されて黒褐色に変色し、伸びが悪くなる。葉は葉脈沿いに黒褐色になる。
- 多発すると果実の肥大や着色が妨げられる。
- きわめて偏平なダニで、体長は0.3㎜、赤色で、ほぼ卵形である。

ブドウヒメハダニによる枝の被害　　ブドウヒメハダニ

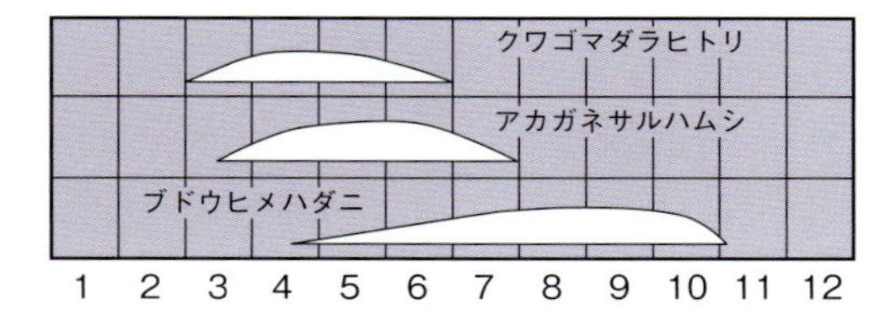

縮葉病による葉の被害

せん孔細菌病による葉の被害

せん孔細菌病による果実の被害

縮葉病

〈被害の特徴と発生生態〉

- 新葉に赤色～黄色の火ぶくれ状の病斑ができ、分厚く膨れる。表面には白い粉が覆い、やがて黒褐色に腐って落ちる。
- 果実に火ぶくれ状の病斑ができる。
- 気温が低く、雨が多い年に発生が多い。
- 新葉が展開する頃に発生し、5月頃まで伝染し、25℃以上の気温で発生が減少する。

せん孔細菌病

〈被害の特徴と発生生態〉

- はじめ、葉に葉脈で区切られた不整形の斑点ができ、淡褐色～紫褐色の斑点となり、やがて病斑部分が乾いて抜け落ち、円い穴になる。
- 新梢では水浸状の病斑ができ、やがて褐色に変わり枝の表面に亀裂ができる。強い風雨により感染が拡大する。

〈防除〉

- 枝にできた病斑は切り取り、枯れた枝は集めて処分する。防風樹やネットにより園を強風から保護する。

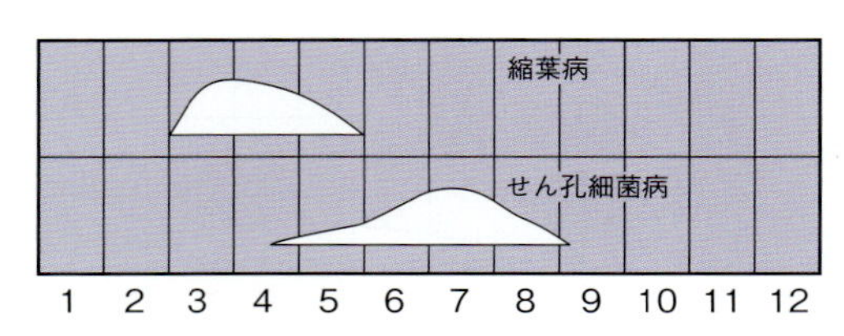

黒星病

〈被害の特徴と発生生態〉

● 果皮にホクロ状の黒い斑点ができる。発病が激しい場合、病斑が多数密生し、病斑密生部分の皮が硬くなり裂果することがある。

〈防除〉

● 中晩生種で発生が多い。早期に袋かけを行うと被害が少なくなる。

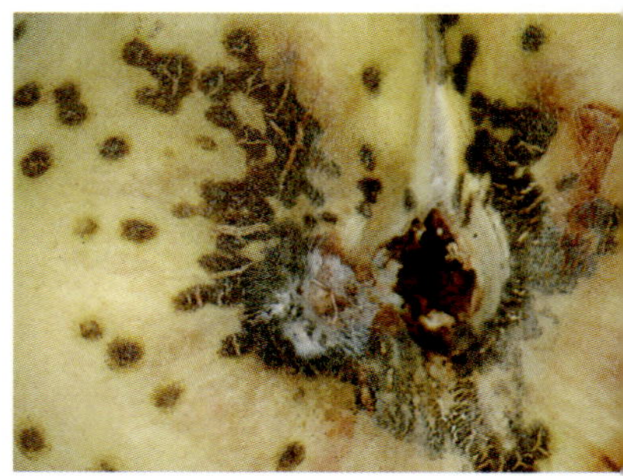

黒星病による果実の病斑

炭疽病

〈被害の特徴と発生生態〉

● 幼果頃から発病し、病斑部はくぼみ、ピンク色の胞子の塊ができ、やがてミイラ化する。

● 病気にかかった枝の葉は上に巻く。

〈防除〉

● 発病の多い園では早期に袋かけを行う。

● 病果や、葉の巻いている枝は切り取る。

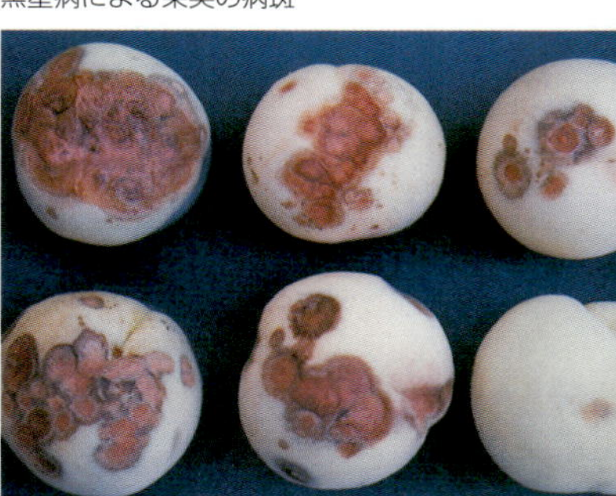

炭疽病による果実の病斑

灰星病

〈被害の特徴と発生生態〉

● 主に熟した果実で発病し、粉状で灰白色の胞子が多数でき、急速に広がり落果する。

● 花が病気にかかると、褐色に変色し腐る。

〈防除〉

● 病気にかかった果実は直ちに除去する。

灰星病による果実の病斑

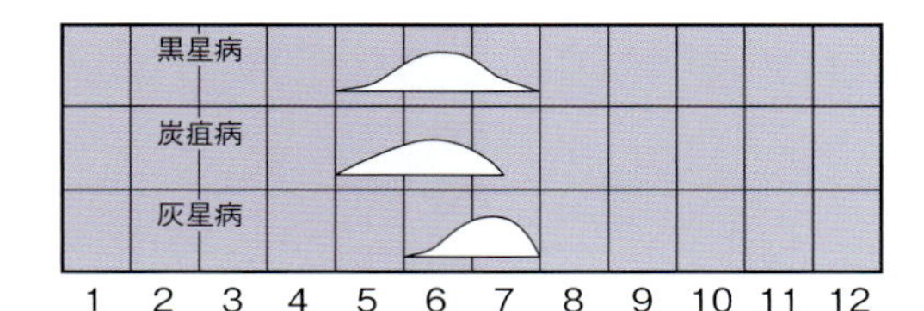

モモノゴマダラノメイガによる被害果

モモノゴマダラノメイガの幼虫

ナシヒメシンクイによる新梢の被害

モモノゴマダラノメイガ

〈被害と虫の特徴〉

- 幼虫は果実内に食い入り、果実の外に粒状の糞を出す。
- 幼虫は全体が赤っぽく、褐色の斑点がある。成長すると体長 2.5cmになる。
- 成虫は翅を開くと 2.5cmのガで、夜間に活動する。虫の名前は黄色の翅に黒い点がゴマのように散らばっていることによる。

〈防除〉

- 袋かけをして虫の食入を防ぐ。

ナシヒメシンクイ

〈被害と虫の特徴〉

- 幼虫が新梢に食入するため、新梢の先端が枯れて黒くなる。また、そこから細かい糞が出る。
- 中生、晩生種では、新梢の伸びが止まると果実に食入し、食入した部分から細かい糞を出す。
- 幼虫は黄色で、斑点はない。成長すると体長１cmになる。成虫は体長５～７mmの黒っぽい小さなガである。

〈防除〉

- 袋かけをして虫の食入を防ぐ。

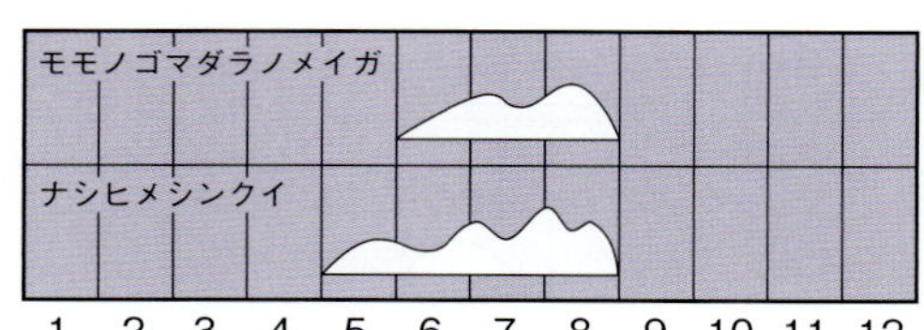

アブラムシ類

〈被害と虫の特徴〉

- 主にカワリコブアブラムシとモモコフキアブラムシの２種類が寄生する。
- カワリコブアブラムシは葉裏に集団で寄生して吸汁し、葉は裏側へ縦に巻き込んで棒状になる。発生が多いと樹内のほとんどの葉が巻いてしまう。
- モモコフキアブラムシも葉に集団で寄生して吸汁するが、葉が巻くことはない。虫の排泄物にすす病が発生し、葉や果実が黒く汚れる。虫は名前のとおり、粉をふいたように白っぽいのが特徴である。

モモハモグリガ

〈被害と虫の特徴〉

- 幼虫は葉の内部に、はじめ渦巻き状の、その後は蛇行したトンネルを掘って食い進む。
- トンネルは白く見え、細かい黒い糞がトンネル内に残される。
- 渦巻き状に食害された部分は枯れて抜け落ち、円い穴になるため、せん孔細菌病の被害と間違いやすい。
- 幼虫は成長すると葉から脱出し、葉裏にハンモックのようなマユをつくる。
- 成虫は体長３㎜、銀色の小さなガである。

〈防除〉

- 落葉を集めて処分する。

カワリコブアブラムシによる巻葉

モモコフキアブラムシ

モモハモグリガの食害痕

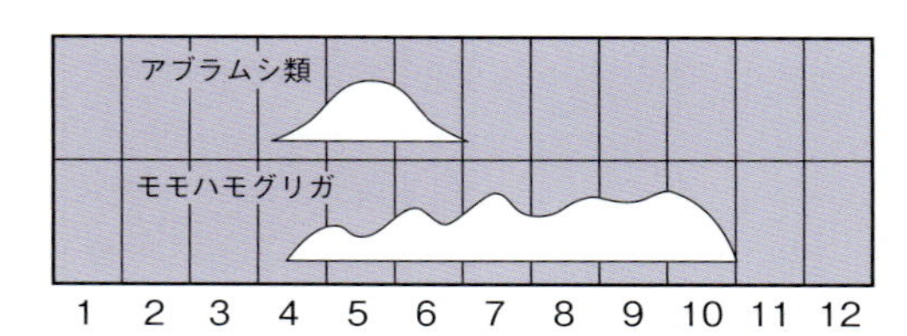

コスカシバの虫糞とヤニ

コスカシバの成虫

ハダニ類による被害葉

コスカシバ

〈被害と虫の特徴〉
- 幼虫が枝や幹の樹皮下に潜り込んで食害し、樹を弱らせる。また、食害部から樹が折れやすくなる。
- 幼虫は成長すると、体長 2.5㎝になる。

〈防除〉
- 虫糞や樹脂の出ているところを皮ごと削り取り、中にいる幼虫を殺す。
- スカシバコンを 10a 当たり 50 ～ 150 本設置して成虫の交尾を妨げる。

ハダニ類

〈被害と虫の特徴〉
- 葉裏に寄生して吸汁するため、吸われた部分はカスリ状の白い斑点になる。多発すると葉全体が白っぽくなり、早期に落葉する。
- 主要なハダニ類は、カンザワハダニ、ミカンハダニ、ナミハダニの３種類である。
- カンザワハダニ、ミカンハダニは赤く、ナミハダニは薄い緑色である。いずれも体長 0.5㎜で小さい。

〈防除〉
- 下草で繁殖した後、樹にのぼってくるので、雑草を繁茂させないようにする。

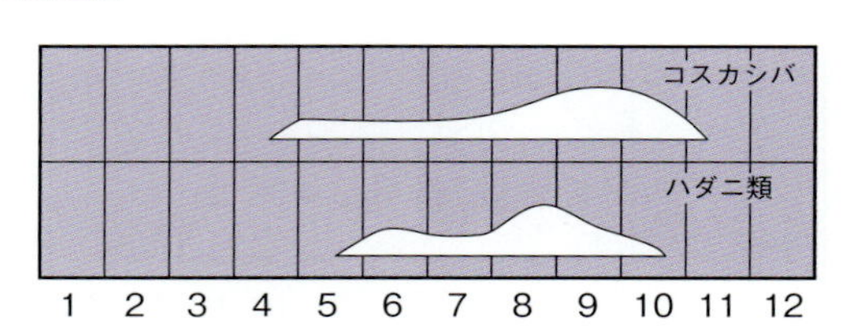

カメムシ類

〈被害と虫の特徴〉

- 成虫が果実に飛来して吸汁する。吸われた部分の果皮下はスポンジ状になり、果面がデコボコになる。
- チャバネアオカメムシ、ツヤアオカメムシ、クサギカメムシの３種が主に発生する。
- ３種とも幼虫がスギやヒノキの果実で生育し、羽化後の成虫が飛来して加害する。
- チャバネアオカメムシは体長１cm、光沢のある緑色で、翅の部分は褐色である。

〈防除〉

- 袋かけを行う。

カメムシ類による被害

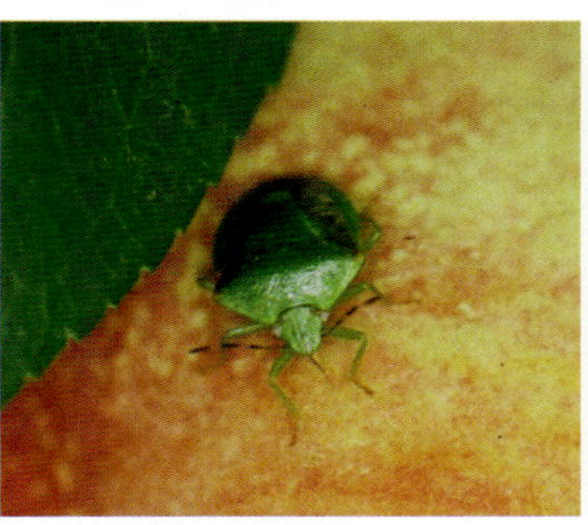

チャバネアオカメムシの成虫

クビアカツヤカミキリ

〈被害と虫の特徴〉

- モモのほか、ウメやサクラも加害する。
- 幼虫が樹木内部を食い荒らし、うどん状のフラス（木くず・糞・樹脂の混合物）を排出する。被害が激しいと枯死する。
- 成虫は体長３～４cm、光沢のある黒色で、前胸は明赤色である。６～８月に発生し、幹や樹皮の割れ目に産卵する。

〈防除〉

- 成虫は見つけしだい捕殺する。樹に４mm目合いネットを巻き付け、羽化した成虫を閉じ込めて捕殺する。
- フラスの排出口に針金などをさし込み、幼虫を刺殺する。

クビアカツヤカミキリの成虫

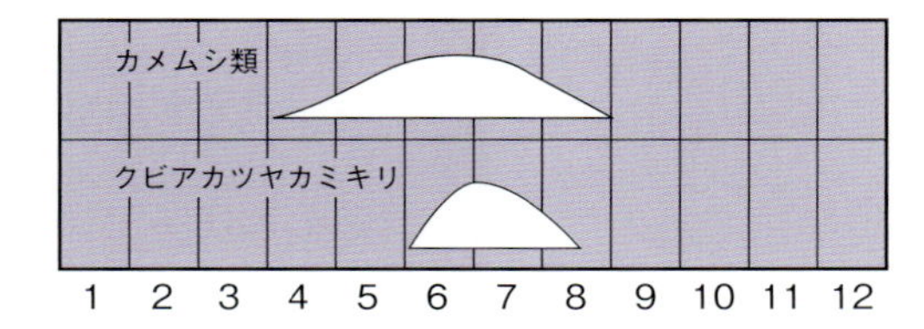

モモスズメの老齢幼虫

ヒメシロモンドクガの幼虫

ウスバツバメの幼虫

モモスズメ

〈被害と虫の特徴〉

●幼虫は葉を食害し、成長すると体長8cmになる。

●幼虫のお尻に1本の長い突起をもつのが特徴で、幼虫の色は緑色ないし黄色である。

●モモ、ウメ、サクラなどのバラ科植物とツゲ、ニシキギなどを食害する。

〈防除〉

●見つけしだい幼虫を捕殺する。

ヒメシロモンドクガ

〈被害と虫の特徴〉

●若齢幼虫は群がって葉を食害するが、成長すると1匹ずつ葉の縁から食害するようになる。

●モモ、ウメ、サクラ、バラなどのバラ科植物とベゴニアなどを食害する。

〈防除〉

●毛虫が群がっているときに枝ごと切り取り、処分する。

ウスバツバメ

〈被害と虫の特徴〉

●４月頃から葉を食害して、小さな穴をあける。

●大発生した場合、樹全体が丸坊主になることもある。

●モモ、ウメ、サクラ、スモモ、リンゴなどのバラ科植物を食害する。

〈防除〉

●見つけしだい幼虫を捕殺する。

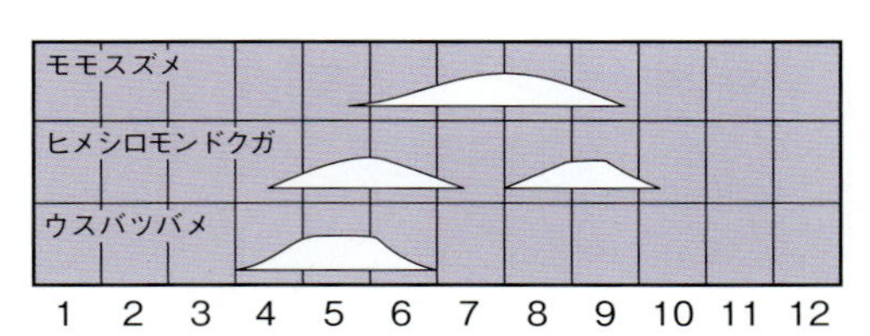

ばか苗病

〈被害の特徴と発生生態〉

- 育苗箱で苗が著しく伸び、黄緑色になる。甚だしい場合には枯死することもある。
- 本田では株が黄化、伸長し、葉と茎との角度が大きくなり、横に開いた感じとなり上位節から根が出る。
- 本田においては、発病株は枯れ、株元の葉鞘または節に白い粉状のカビが生える。
- 高温多湿条件下で被害もみが多くなる。

〈防除〉

- 病原菌は種もみで伝染するので、種子消毒が重要である。
- 発病株から胞子が飛散し、感染もみの原因になるので、伸長した株を見つけたら抜き取る。

苗立枯病

〈被害の特徴と発生生態〉

- 病原菌の種類によって症状が違う。
- 発芽後の苗がしおれ、黄化枯死する（フザリウム菌）。
- 根が水浸状になり褐変し、しおれて枯れる（ピシウム菌）。
- 灰白色のカビが生え、苗の不揃い、枯死が見られる（リゾープス菌）。
- 床土にはじめ白いカビが生え、やがて黄緑色になり発芽障害となる（トリコデルマ菌）。

〈防除〉

- 育苗箱は消毒したものを用いる。

ばか苗病による徒長苗

ばか苗病による上位節からの発根

フザリウム菌による苗立枯れ

ピシウム菌による苗立枯れ

リゾープス菌による発芽不良

トリコデルマ菌による発芽不良

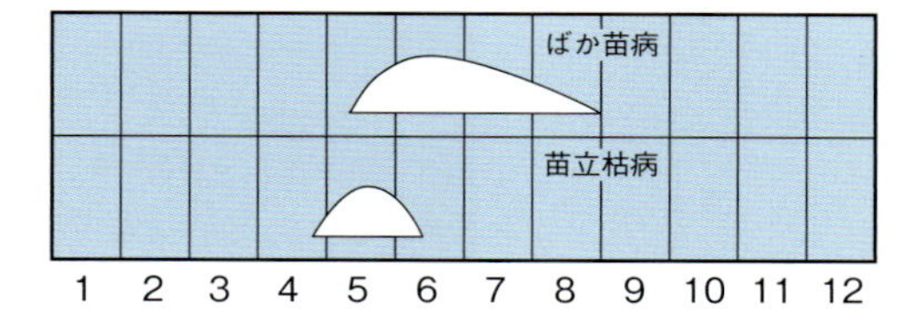

葉いもち

穂いもち

ごま葉枯病の多発田

ごま葉枯病

いもち病

〈被害の特徴と発生生態〉

- 葉、節、穂首、もみなどに感染し発病する。
- 葉いもちは、葉に褐色で紡錘形の斑点ができる。病斑には壊死線と呼ばれる褐色の条線があるので、ごま葉枯病と区別できる。
- 病斑には、白斑型、褐点型、浸潤型、停止型などがある。多発すると株が小さくなり、いわゆるずり込み症状になる。
- 穂首部分が侵されたものを穂いもちといい、穂が折れやすく、白穂になったり稔実が悪くなったりする。
- 低温、日照不足、降雨が多いと発病が多い。

〈防除〉

- 本田での密植、窒素過多を避ける。
- 種子消毒を行い、田植え後は置き苗を放置しない。

ごま葉枯病

〈被害の特徴と発生生態〉

- 葉に褐色で楕円形の斑点ができ、周辺に黄色のカサができる。病斑にはやや不鮮明な同心円状の輪紋があるのが特徴である。
- もみには周辺部に不鮮明で暗褐色（中央部灰白色）の病斑ができる。節に発病すると、黒褐色の斑点ができるが、いもち病のように折れることはない。

〈防除〉

- 秋落ち田で発病しやすいので、ケイ酸質肥料の施用や客土で土壌の改良を図る。
- 根腐れを起こさないように、水管理をする。

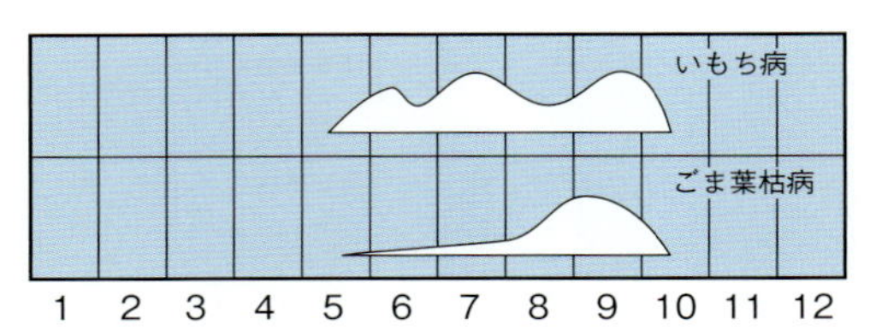

白葉枯病

〈被害の特徴と発生生態〉
- 葉の縁が波形に白くなり、葉先のほうから枯れる。発病が激しい場合、株の葉全体が灰白色になって枯死する。
- 発病葉では早朝、葉の縁に濁った露が見られ、乾燥すると黄褐色の塊となる。
- 病原菌は傷口から侵入する。台風直後の傷や冠水により発病することが多い。

〈防除〉
- 病原菌は雑草のサヤヌカグサで越冬するので、水田周辺のサヤヌカグサを刈り取る。
- 浸水、深水を避ける。
- 窒素肥料をやりすぎないようにする。

白葉枯病

紋枯病

〈被害の特徴と発生生態〉
- 水面に近い葉鞘に、はじめ橙色、楕円形の不鮮明な病斑ができ、やがて中央部が灰白色、周囲が褐色の病斑となる。
- 病斑は下の葉鞘からしだいに上に進み、葉や穂に発生することもある。
- 病斑上に1～3㎜の薄い褐色の病原菌の塊（菌核）が見られることがある。

〈防除〉
- 早期早植栽培は被害が大きい。幼穂形成期と穂ばらみ期の2回の防除が必要である。
- 窒素肥料の過用、遅い追肥は避ける。
- 株間や条間を広げ、風通しをよくする。

紋枯病

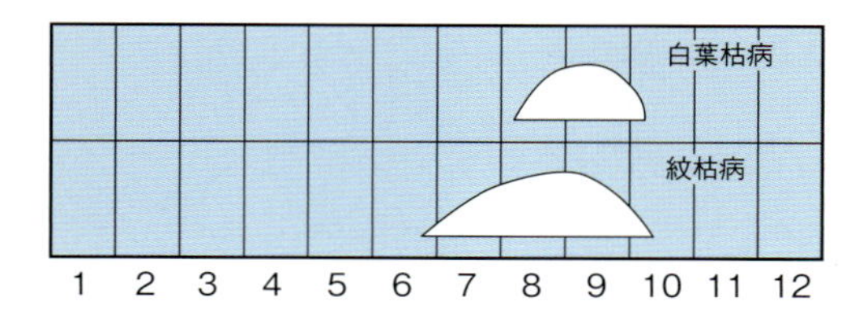

もみ枯細菌病による苗腐敗

もみ枯細菌病による穂の被害　玄米の横縞症状

稲こうじ病

もみ枯細菌病

〈被害の特徴と発生生態〉
- 穂で発病すると、もみ全体が青白色になり、後に薄い褐色になる。シイナになることが多く、穂は直立したままである。
- 発病した玄米は、健全部と病変部の境に褐色～淡褐色の縞が帯を巻いたようになることがある。
- 育苗箱で発生すると、葉の一部が白化したり、ねじれて褐色になり、腐敗して枯れる。育苗箱での発生はパッチ状に現れる。

〈防除〉
- 種子伝染するので、種子消毒を徹底する。
- 育苗中は高温（30℃以上）にならないようにする。

稲こうじ病

〈被害の特徴と発生生態〉
- もみに発病する。乳熟期頃のもみに黄緑色の塊ができ、もみ全体を包み、やがて表面が破れて濃緑色の粉状の塊となる。
- 多発すると、穂に濃緑色（橙色になることもある）の塊が多数つき、周辺のもみに胞子が付着し、まわりが坪状に黒ずんで見える。
- 出穂期にかけて低温、日照不足の年に多い。
- 遅まき、遅植え、晩生種で発生が多い。

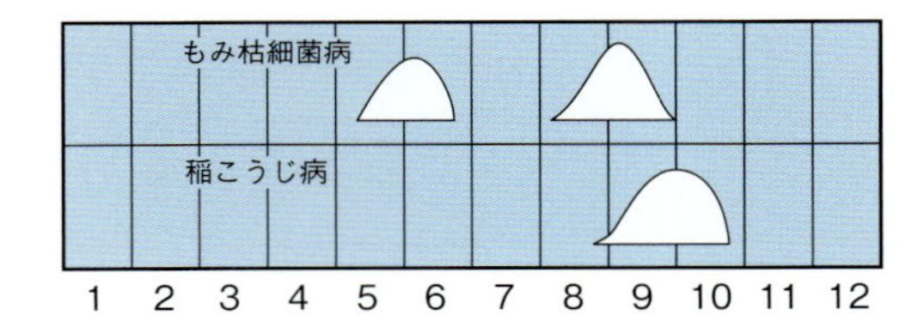

ツマグロヨコバイ

〈被害と虫の特徴〉

- 虫が葉に群がって汁を吸う。吸汁による実害はほとんどないが、多発すると虫の排泄物にすす病が発生して、葉が黒く汚れる。
- 吸汁時に萎縮病ウイルスを媒介する。
- 体長は雌が6㎜、雄は5㎜である。体色は緑色で、雌の翅の先端は薄い褐色、雄の翅の先端は黒色である。幼虫は薄い黄色で、尾端がとがっている。

〈防除〉

- 田んぼの中やあぜのイネ科雑草で越冬するので、雑草を刈り取る。

萎縮病

〈被害の特徴と発生生態〉

- 病原体は萎縮病ウイルスで、ツマグロヨコバイによって媒介される。
- 株全体が小さくなり、分けつが増える。葉の色が濃くなり、葉脈に沿って連続的に白色の小さな斑点ができる。
- 早植えのイネが6月上中旬に感染すると出穂せず、被害が大きい。7月以降に感染した場合は出穂するが、シイナになることがある。

〈防除〉

- ツマグロヨコバイを防除する。

ツマグロヨコバイの雄成虫

萎縮病による生育不良

萎縮病による葉のカスリ症状

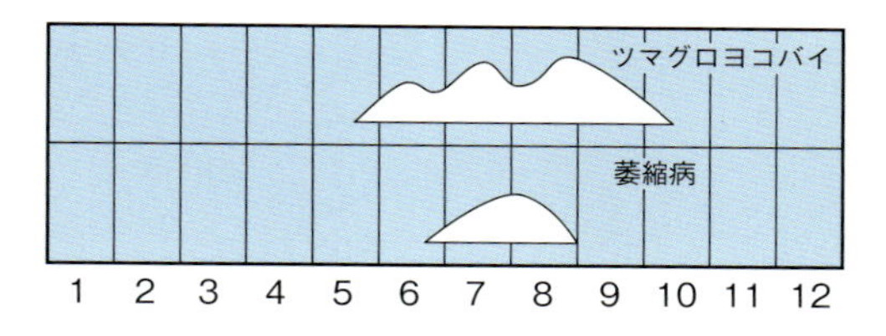

ヒメトビウンカの雄成虫

ヒメトビウンカの幼虫

縞葉枯病

ヒメトビウンカ

〈被害と虫の特徴〉

- 虫が葉に寄生して汁を吸う。密度は低く、吸汁による実害はほとんどないが、縞葉枯病ウイルスを媒介するので問題になる。
- 体長は３～４㎜、体色は薄い褐色で、雄の背中が黒いのが特徴である。

〈防除〉

- 田んぼの中やあぜのイネ科雑草で越冬するので、雑草を刈り取る。
- 密植を避け、窒素肥料をやりすぎないようにする。

縞葉枯病

〈被害の特徴と発生生態〉

- 病原体は縞葉枯病ウイルスで、主にヒメトビウンカによって媒介される。
- 葉脈に沿って黄色の縞状の斑点ができる。
- 生育初期に発病すると葉がコヨリ状に巻いて長くなり、垂れ下がる。その後、７月下旬～８月上旬に枯れる。
- 生育後期に発病すると草丈が低く、出穂しなかったり、不稔になったりする。

〈防除〉

- ヒメトビウンカを防除する。

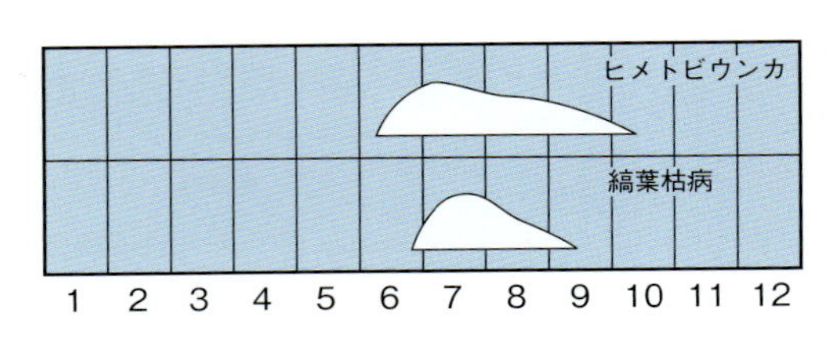

ニカメイチュウ（ニカメイガ）

〈被害と虫の特徴〉

- 幼虫が葉鞘や茎の内部に潜って食害するので、葉鞘は褐変し、芯枯れになる。また穂が出なかったり、白穂になったりする。
- 幼虫は体長２～2.5㎝、薄い褐色の地に５本の濃い褐色の縦縞がある。
- 成虫は体長 1.5 ～２㎝のガである。翅は黄色または褐色で模様はない。
- １年に２回発生するのでニカメイガ（二化冥蛾）の名がついた。

〈防除〉

- わらの中で越冬するので、多発する田んぼではわらの処分を徹底する。

フタオビコヤガ（イネアオムシ）

〈被害と虫の特徴〉

- 幼虫が葉を食害し、葉にカスリ状の食痕が見られる。多発すると葉が食いつくされて中央の葉脈だけが残る。
- 幼虫は体長２～2.5㎝で、シャクトリムシのような歩き方が特徴である。
- 成虫は体長 0.8 ～１㎝のガである。翅は黄色で２本の褐色の帯がある。フタオビコヤガの名はこれに由来する。
- １年に５～６回発生し、局地的に多発する。

ニカメイチュウによる被害

ニカメイチュウ

イネアオムシによる被害葉

イネアオムシ

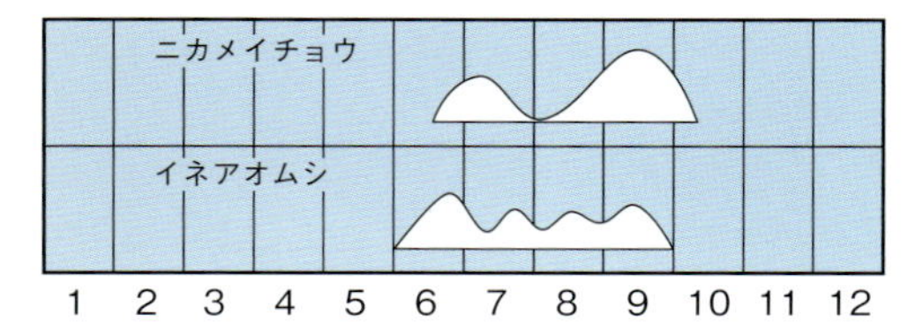

イネツトムシの巣（ツト）

イネツトムシ

コブノメイガによる被害

コブノメイガの幼虫

イネツトムシ（イチモンジセセリ）

〈被害と虫の特徴〉

- 葉を折り曲げたり綴り合わせてつくった巣（ツト）の中に潜み、周囲の葉を食害する。また、ツトに妨げられて穂が出なくなる。
- 幼虫は体長３～４㎝、薄い緑色で背中に褐色の筋がある。成虫は体長２㎝、翅は褐色で小さな白斑がある。
- １年に３回発生し、８月上旬～中旬の被害が最も大きい。
- 成虫は秋に集団で西または南に向かって長距離移動する。

〈防除〉

- 窒素肥料が多いと多発するので、やりすぎないようにする。

コブノメイガ

〈被害と虫の特徴〉

- 幼虫は糸で綴って葉を縦に巻き、内側から薄皮を残して食害するため、食害された部分は白く透ける。
- 幼虫は体長 1.5㎝、体色は黄色である。成虫は体長 1.5㎝、翅は黄色で、細い褐色の筋がある。
- 低温に弱いので国内では越冬できず、毎年、梅雨期に中国大陸から飛来する。

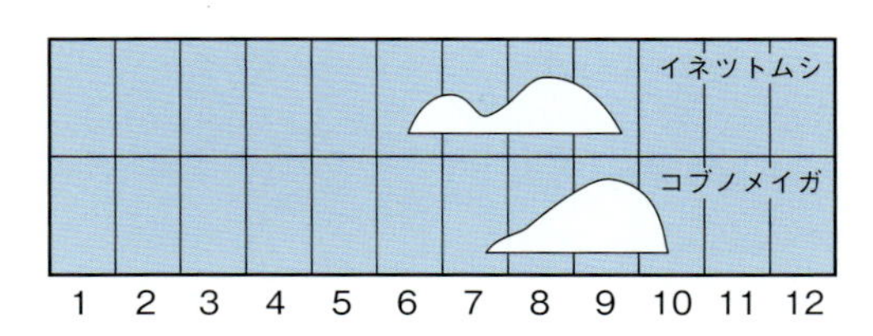

トビイロウンカ

〈被害と虫の特徴〉

- 株元の葉鞘に群がって汁を吸うため、株が弱って9〜10月に枯死する。多発すると水田の中に直径5〜10mの円形に枯れた部分ができる（坪枯れ）。
- 成虫は体長4〜5㎜、濃い褐色で、あぶらぎって見える。幼虫は体長1〜3㎜、褐色である。
- 毎年、中国大陸から飛来し、国内で3回発生する。被害が秋に発生するため、秋ウンカと呼ばれる。

〈防除〉

- 密植を避け、風通しをよくする。
- 窒素肥料をやりすぎないようにする。

セジロウンカ

〈被害と虫の特徴〉

- 株元の葉鞘に産卵し、その部分が黄色または褐色になる。多発するとイネの生育が悪くなる。また、虫の排泄物にすす病が発生して葉が黒く汚れる。
- 成虫は体長4〜5㎜、黄色で背中に白い筋がある。幼虫は体長1〜3㎜、白色で、背中に黒い模様が見られる。
- 毎年中国大陸から飛来する。被害が夏に発生するため、夏ウンカと呼ばれる。

〈防除〉

- トビイロウンカと同じ。

トビイロウンカによる坪枯れ

トビイロウンカの成虫

セジロウンカ

セジロウンカの産卵塊

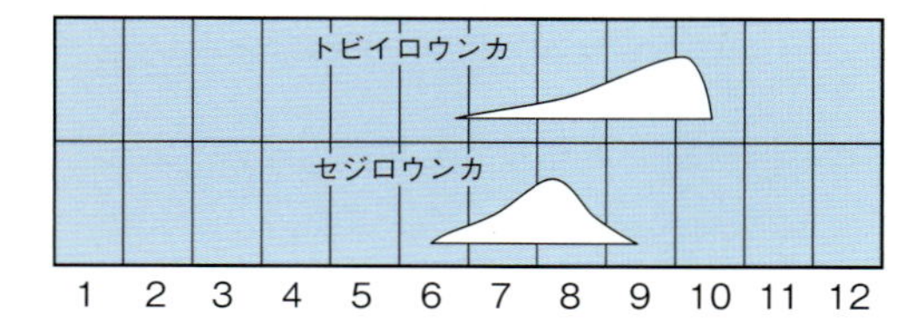

イネミズゾウムシによる葉の被害

イネミズゾウムシの成虫

イネドロオイムシによる葉の被害

イネドロオイムシの幼虫

イネミズゾウムシ

〈被害と虫の特徴〉

- 成虫は体長３㎜、灰色で背中に黒い模様がある。葉を筋状に白く食害し、多発するとイネの生育が悪くなる。あぜの近くに多く見られ、水田の中央には少ない。
- 幼虫は体長８～10㎜、乳白色のウジムシである。根を食害するため、多発すると株の生育が悪くなる。
- 成虫が水田の近くの土手や雑木林で越冬し、５～６月に水田に飛び込んでくる。
- 1970年代にアメリカから侵入した。

イネドロオイムシ

〈被害と虫の特徴〉

- 成虫、幼虫ともに葉を食害し、白い筋状の食痕が残る。
- 成虫は体長４～５㎜の小さな甲虫である。体色は胴体が黒色で、背中は黄色である。
- 幼虫は体長５㎜、泥状の糞を背負っており、濃い褐色の水滴のように見える。
- もともとは北陸や東北地方で発生の多かった虫であるが、早植え化が進むとともに近畿地方でも発生が増えている。

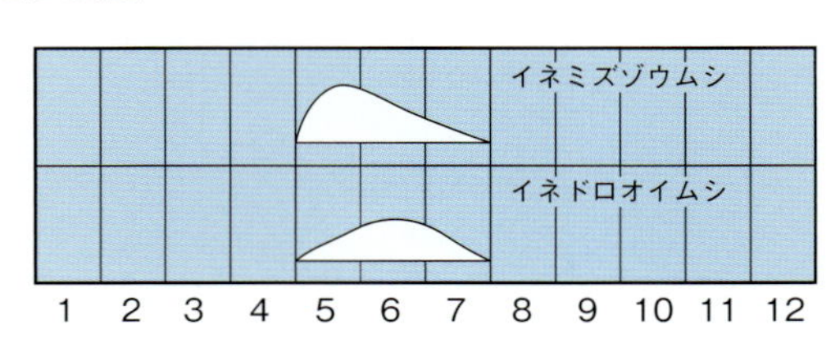

イネシンガレセンチュウ

〈被害と虫の特徴〉

- 葉の生長点が食害されると、葉先が白く枯れて曲がったり巻いたりする。
- 穂が食害されると、玄米に黒い斑点ができ、黒点米となる。もみが不稔となる場合もある。
- センチュウは昆虫ではなく、人間に寄生する回虫やギョウチュウの仲間である。体長は0.5㎜で細長く、肉眼では見えない。

〈防除〉

- センチュウは種もみの中で越冬するので、被害もみは処分する。

スクミリンゴガイ（ジャンボタニシ）

〈被害と虫の特徴〉

- 移植直後の苗を食いつくし、欠株になる。生長した株では実害はない。
- 大型の巻貝で、成長すると体長8㎝になる。卵は赤く、イネの株や水路の壁面に数百個かためて産みつけられる。
- 南米原産で、1980年頃に養殖用として輸入されたものが逃げ出して水田に侵入した。

〈防除〉

- 貝や卵塊を見つけしだい処分する。
- 冬にロータリー耕で水田の耕起を行い、貝の密度を下げる。
- 田植後20日間は、水深4㎝以下の浅水管理にする。

イネシンガレセンチュウによる葉先枯れ

イネシンガレセンチュウによる黒点米

スクミリンゴガイ

スクミリンゴガイの卵塊

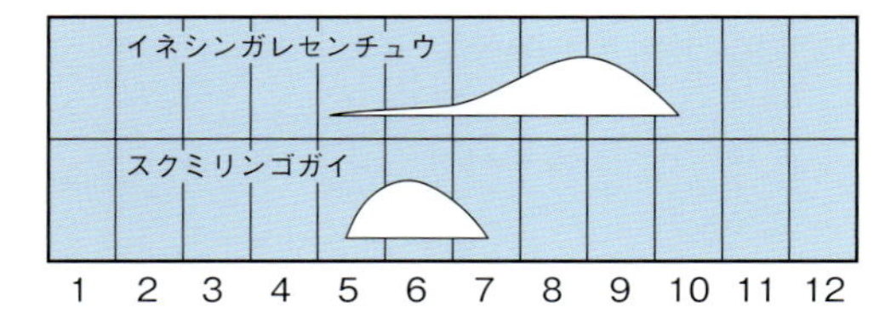

コバネイナゴの成虫

コバネササキリによる白穂

コバネササキリによる茎の被害

イナゴ類

〈被害と虫の特徴〉

- 葉を激しく食害し、多発すると葉やもみが食いつくされる場合がある。
- 成虫は体長3～4㎝、緑色で胸に褐色の筋がある。翅の短いコバネイナゴと翅の長いハネナガイナゴがいるが、コバネイナゴが多い。
- 1970年代には少なくなっていたが、1990年頃から再び多くなってきている。

〈防除〉

- あぜや休耕田の雑草が発生源になっているので、除草を徹底する。

コバネササキリ

〈被害と虫の特徴〉

- 穂軸を食害するため、被害部はささくれだち、白穂になる。もみを直接かじる場合もある。
- 体長2～3㎝、体色は緑色または褐色である。イナゴによく似た虫であるが、触角が体の長さよりはるかに長いことにより区別できる。
- 夜行性であり、また密度が低いため、ほとんど人目につかない。

〈防除〉

- 白穂が目立って気になるが、虫は少なく、全体として見ると収量の減少はほとんどない。

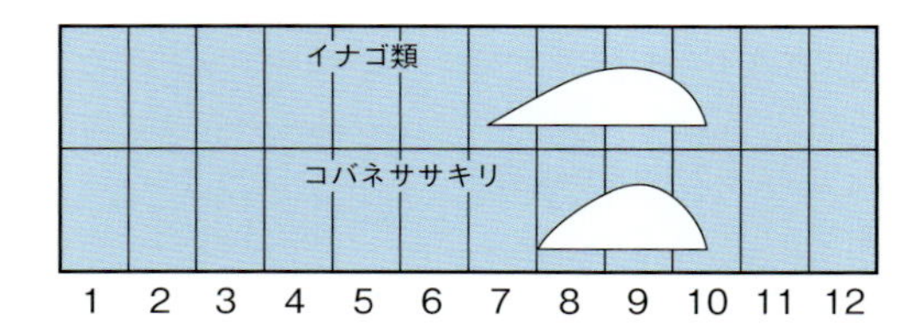

斑点米カメムシ類

〈虫の特徴〉

ミナミアオカメムシ

- 成虫は体長1.5㎝、体色は緑色で、斑点をもつものもいる。
- 幼虫は黒っぽい体に白い斑点を多数もつ。幼虫は集団で加害する。

トゲシラホシカメムシ

- 成虫は体長5～7㎜。成幼虫とも全体が褐色で、背中に1対の白斑をもつ。
- 成虫は背中の両側に鋭い突起をもつ。

ホソハリカメムシ

- 成虫は体長1㎝、黄褐色である。
- 成虫で越冬し、年2回発生する。

アカスジカスミカメ

- 成虫は体長5～7㎜、淡緑色で、翅の縁が赤褐色である。

〈被害の特徴〉

- 成虫と幼虫が出穂後の登熟期にもみの汁を吸う。
- 登熟初期に加害を受けると、シイナやクズ米が増え、中期以降に加害されると斑点米となる。

〈防除〉

- 水田周辺の草地で成虫越冬するので、周辺の除草に努める。

ミナミアオカメムシの幼虫

トゲシラホシカメムシの成虫

ホソハリカメムシの成虫

アカスジカスミカメの成虫

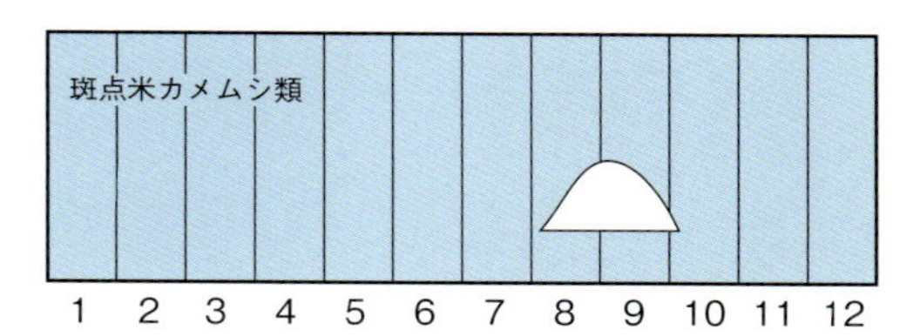

主な農薬と防除法

2018年5月現在

●使用に際しての注意点

本書に掲載した病害虫について、登録がある主な農薬とその他の防除法を掲載しましたので、ご参考にしてください。
農薬登録の内容は、2018年5月末日時点のものです。農作物への登録のない農薬の散布は、農薬取締法で禁止されております。ご使用にあたっては、必ず登録の有無と使用方法（使用時期、使用回数、希釈倍数、処理量など）をご確認ください。

農薬の登録内容は、下記のサイトで確認できます。

農薬登録情報提供システム：
https://www.acis.famic.go.jp/index_kensaku.htm

農薬は登録内容の変更や注意事項が多くあるため、選定にあたっては各都道府県の病害虫防除指針や指導書を参考にしていただき、専門家（JAの営農指導員、都道府県の普及指導員、農薬店）にご相談ください。

植物名	病害虫名	主な農薬と防除法
アイリス	白絹病	タチガレン液剤、モンカットフロアブル 40、リゾレックス水和剤
	アブラムシ類	スタークル／アルバリン顆粒水溶剤、ダントツ水溶剤
インパチェンス	立枯病	オーソサイド水和剤 80
	青枯病	周辺の土壌を取り替える
	斑点病	斑点が多数できた被害株は除去する
	ホコリダニ類	被害茎を切り取り処分する
	ベニスズメ	捕殺する
	セスジスズメ	捕殺する
カーネーション	斑点病	ダコニール 1000、ステンレス、ポリオキシン AL 水溶剤
	さび病	バシタック水和剤 75、ジマンダイセン水和剤
	立枯病	タチガレン液剤
	萎凋細菌病	バスアミド／ガスタード微粒剤（土壌消毒）
	萎凋病	トラペックサイド油剤（土壌消毒）
	ハダニ類	バロックフロアブル、ダニサラバフロアブル、カネマイトフロアブル
	アザミウマ類	ディアナ SC、ハチハチフロアブル、モスピラン顆粒水溶剤、アファーム乳剤
	シロイチモジヨトウ	アファーム乳剤、コテツフロアブル
観葉植物	カイガラムシ類	虫をこすり落とす。カイガラムシエアゾール
キク	黒斑病	ダコニール 1000、ストロビーフロアブル、ベンレート水和剤
	褐斑病	ダコニール 1000、ストロビーフロアブル、トップジン M 水和剤、ベンレート水和剤
	白さび病	ストロビーフロアブル、ステンレス、サプロール乳剤、トリフミン乳剤、マネージ乳剤
	黒さび病	ステンレス、マネージ乳剤
	菌核病	トップジン M 水和剤
	根頭がんしゅ病	バクテローズ
	えそ病・茎えそ病	健全な苗を用い、アザミウマ類を防除する
	アブラムシ類	スタークル／アルバリン粒剤、モスピラン粒剤、スタークル／アルバリン顆粒水溶剤、チェス顆粒水和剤、コルト顆粒水和剤
	ハダニ類	スターマイトフロアブル、マイトコーネフロアブル（ナミハダニ）、バロックフロアブル、カネマイトフロアブル
	キクモンサビダニ	被害葉を除去する
	ハガレセンチュウ	ガードホープ液剤
	キクスイカミキリ	周辺雑草を除去し、古株を処分する
	ミナミキイロアザミウマ	モスピラン粒剤、ディアナ SC、スピノエース顆粒水和剤
	オオタバコガ	スピノエース顆粒水和剤、アファーム乳剤、プレオフロアブル、フェニックス顆粒水和剤

植物名	病害虫名	主な農薬と防除法
キク	シロイチモジヨトウ	アファーム乳剤、コテツフロアブル、アクセルフロアブル、ロムダンフロアブル
	ミカンキイロアザミウマ	プリンス粒剤、アファーム乳剤、スピノエース顆粒水和剤、トクチオン乳剤、ディアナ SC
ケイトウ	ホコリダニ類	被害株を切り取り処分する
	シロオビノメイガ	ノーモルト乳剤、カスケード乳剤
コスモス	うどんこ病	モレスタン水和剤、ベニカX、サンヨール、トリフミン水和剤、パンチョ TF 顆粒水和剤
	ユキヤナギアブラムシ	スタークル／アルバリン顆粒水溶剤
	カンザワハダニ	カネマイトフロアブル、ダニトロンフロアブル、ダニサラバフロアブル
サルビア	ワタアブラムシ	スタークル／アルバリン顆粒水溶剤
	カンザワハダニ	カネマイトフロアブル、ダニトロンフロアブル、ダニサラバフロアブル
	ホコリダニ類	被害株を切り取り処分する
シクラメン	炭疽病	ジマンダイセン水和剤、ヘルシード乳剤（施設栽培）、キノンドーフロアブル
	灰色かび病	ポリオキシン AL 水溶剤、ボトキラー水和剤（ダクト内投入）、フルピカフロアブル、サンヨール、トップジン M 水和剤
シバ	ラージパッチ	グラステン水和剤（日本芝）、パッチコロン水和剤（日本芝）、ポリオキシン Z 水和剤、シバンバフロアブル（日本芝）、ロブラール水和剤（日本芝）
	葉枯病	ボディーブロー水和剤（日本芝）、ポリオキシン Z 水和剤、ロブラール水和剤、ラリー水和剤
	ダラースポット病	シバンバフロアブル（日本芝）、ロブラール水和剤（西洋芝）
	スジキリヨトウ	ダイアジノン粒剤 5、リラーク DF、ダイアジノン SL ゾル、フルスウィング
	シバツトガ	
	シバオサゾウムシ	
	コガネムシ類（幼虫）	
ゼラニウム	茎腐病	オーソサイド水和剤 80
	ヨトウムシ	アファーム乳剤、オルトラン粒剤、コテツフロアブル、ノーモルト乳剤、アディオン乳剤
セントポーリア	疫病	オラクル顆粒水和剤（プランターなど容器栽培）、プレビクール N 液剤
	コナカイガラムシ類	虫をこすり落とす。カイガラムシエアゾール
	シクラメンホコリダニ	発生株は早めに除去する
チューリップ	モザイク病	発病株は早めに除去する
	チューリップヒゲナガアブラムシ	アドマイヤー 1 粒剤、ダントツ水溶剤、チェス顆粒水和剤、コルト顆粒水和剤
	チューリップサビダニ	モベントフロアブル、ダニゲッターフロアブル、アクテリック乳剤

植物名	病害虫名	主な農薬と防除法
ナデシコ	萎凋病	トラペックサイド油剤（土壌消毒）
	白星病	病斑のできた葉を取り除く
	さび病	病斑のできた葉を取り除く
パンジー	立枯病	オーソサイド水和剤80
	根腐病	ベンレート水和剤
	斑点病	病斑のできた葉は取り除く
	灰色かび病	サンヨール、ポリベリン水和剤、ゲッター水和剤、アフェットフロアブル、ボトキラー水和剤（ダクト内投入）
	ツマグロヒョウモン	幼虫を捕殺する
	アブラムシ類	ベストガード粒剤、スタークル／アルバリン顆粒水溶剤、チェス顆粒水和剤、コルト顆粒水和剤
	ヨトウムシ類	アディオン乳剤、アファーム乳剤、コテツフロアブル
ヒマワリ	斑点病	ゲッター水和剤
	オオタバコガ	アファーム乳剤、フェニックス顆粒水和剤、ディアナSC、プレオフロアブル
	ハスモンヨトウ	フェニックス顆粒水和剤、プレオフロアブル
ヒョウタン	うどんこ病	サンヨール、トリフミン水和剤
	ワタアブラムシ	スタークル／アルバリン顆粒水溶剤
	ウリキンウワバ	幼虫を捕殺する
フリージア／グラジオラス	モザイク病	発病した球根は処分する
	首腐病	バスアミド／ガスタード微粒剤（土壌消毒）
マリーゴールド	ワタアブラムシ	アドマイヤー1粒剤、ベストガード粒剤、スタークル／アルバリン顆粒水溶剤、チェス顆粒水和剤、コルト顆粒水和剤
	カンザワハダニ	カネマイトフロアブル、ダニサラバフロアブル
	チャコウラナメクジ	マイキラー、スラゴ
ユリ	葉枯病	ダコニール1000、トップジンM水和剤、ポリオキシンAL水溶剤、アフェットフロアブル
	ワタアブラムシ	ベストガード粒剤、ダントツ粒剤、ベストガード水溶剤、チェス顆粒水和剤、コルト顆粒水和剤
洋ラン（カトレア）	ウイルス病	発病株は早めに除去する
	炭疽病	冬期の寒さや夏期の高温障害、日焼け、肥料切れなど、栽培管理に注意する
	ランシロカイガラムシ	虫をこすり落とす。カイガラムシエアゾール
洋ラン（シンビジウム）	褐色腐敗病	新しい植え込み材料を使う
	葉枯病	高温障害などが原因で発生するので管理に注意する
	炭疽病	モスピラン・トップジンMスプレー、トップジンMゾル
	カイガラムシ類	虫をこすり落とす、カイガラムシエアゾール
	アブラムシ類	ダントツ水溶剤、スタークル／アルバリン顆粒水溶剤
洋ラン	軟腐病	被害株を処分する
	チャコウラナメクジ	マイキラー、スラゴ

植物名	病害虫名	主な農薬と防除法
アジサイ	炭疽病	トップジンM水和剤、ベンレート水和剤
	うどんこ病	トリフミン水和剤、マネージ乳剤、モレスタン水和剤
	アオバハゴロモ	3月までに枯れ枝を処分する
カイヅカイブキ	さび病	ナシ、ボケ、カリンなどを近くに植えない
	イブキチビキバガ	被害部分を取り除き処分する
	ビャクシンハダニ	バロックフロアブル
カエデ／モミジ	うどんこ病	トリフミン水和剤、マネージ乳剤、モレスタン水和剤
	首垂細菌病	発病した枝や葉を除去する
	モミジニタイケアブラムシ	アドマイヤーフロアブル（カエデ）、マツグリーン液剤2、スミチオン乳剤
	カイガラムシ類	マツグリーン液剤2、スプラサイド乳剤40、アプロードフロアブル
カシ類（ウバメガシ、アラカシなど）	うどんこ病	フルピカフロアブル、マネージ乳剤、モレスタン水和剤
	紫かび病	トップジンM水和剤、ポリベリン水和剤、フルピカフロアブル
	マイマイガ	スミパイン乳剤、トレボン乳剤、スタークル／アルバリン顆粒水溶剤
	オオトビモンシャチホコ	アセルプリン、トレボン乳剤、スタークル／アルバリン顆粒水溶剤
	オビカレハ	トレボン乳剤
	チャハマキ	ディアナSC
	ミノガ類（ミノムシ）	ディプテレックス乳剤
	クリオオアブラムシ	マツグリーン液剤2、スミチオン乳剤、アディオン乳剤
カナメモチ／シャリンバイ	ごま色斑点病	ベンレート水和剤、トップジンM水和剤、ベニカXスプレー（カナメモチ）
	シャリンバイさび病	剪定し処分する
キンモクセイ（モクセイ、ヒイラギを含む）	ヘリグロテントウノミハムシ	捕殺する。被害葉は処分する
	マエアカスカシノメイガ	被害葉ごと摘み取り捕殺する
	モクセイハダニ	バロックフロアブル
	ヒイラギハマキワタムシ	被害枝を切り取り処分する
サクラ	てんぐ巣病	トップジンMペースト（罹病枝切除後塗布する）
	アブラムシ類	マツグリーン液剤2、アディオン乳剤、スミチオン乳剤
	アメリカシロヒトリ	オルトランカプセル、ゼンターリ顆粒水和剤、トレボン乳剤、スタークル／アルバリン顆粒水溶剤
	オビカレハ	スティンガーフロアブル、トレボン乳剤、スタークル／アルバリン顆粒水溶剤
	モンクロシャチホコ	オルトラン水和剤、スタークル／アルバリン顆粒水溶剤

植物名	病害虫名	主な農薬と防除法
サルスベリ	うどんこ病	モレスタン水和剤、トリフミン水和剤、マネージ乳剤
	サルスベリヒゲマダラアブラムシ	マツグリーン液剤2、アディオン乳剤、スミチオン乳剤
	サルスベリフクロカイガラムシ	マツグリーン液剤2、スプラサイド乳剤40、アプロードフロアブル
サンゴジュ	サンゴジュハムシ	ベニカ液剤、オルトラン液剤、マツグリーン液剤2、イマージ液剤
	アブラムシ類	イマージ液剤、マツグリーン液剤2、ディプテレックス乳剤、スミチオン乳剤
	サンゴジュニセスガ	被害枝を切り取り処分する
ジンチョウゲ	白絹病	モンカットフロアブル40、リゾレックス水和剤
	黒点病	マネージ乳剤
ツゲ	ツゲノメイガ	被害枝を切り取り処分する
	クロネハイイロハマキ	ディアナSC
	チビコブハダニ	バロックフロアブル
ツタ	褐色円斑病	発病葉は集めて処分する
	トビイロトラガ	幼虫を見つけしだい捕殺する
ツツジ／サツキ	もち病	Zボルドー、バシタック水和剤75
	褐斑病	トップジンM水和剤、ダコニール1000
	ツツジグンバイ	オルトラン水和剤、ジェイエース水溶剤、スタークル/アルバリン顆粒水溶剤
	ベニモンアオリンガ	オルトラン液剤、チューリサイド水和剤
	ルリチュウレンジ	オルトランS
	ツツジコナジラミ	サンヨール
ツバキ／サザンカ	もち病	被害部分を切り取り処分する
	輪紋葉枯病	ベンレート水和剤、Zボルドー、トップジンM水和剤
	チャドクガ	ジェイエース水溶剤、オルトラン液剤、オルトラン水和剤、トレボン乳剤、バシレックス水和剤
	ロウムシ類	カダンK
バラ	うどんこ病	トリフミン水和剤、マネージ乳剤、モレスタン水和剤、パンチョTF顆粒水和剤
	黒星病	トップジンM水和剤
	灰色かび病	ジマンダイセン水和剤、フルピカフロアブル、ポリベリン水和剤、ゲッター水和剤
	根頭がんしゅ病	バクテローズ、バスアミド／ガスタード微粒剤（土壌消毒）
	アカスジチュウレンジ	ベニカXファインエアゾール
	クロケシツブチョッキリ	ベニカR乳剤、ベニカXファインスプレー、オルトランDX粒剤
	イバラヒゲナガアブラムシ	ベニカ水溶剤、アドマイヤー1粒剤、スタークル／アルバリン顆粒水溶剤
	ナミハダニ	ダニ太郎、コロマイト水和剤

植物名	病害虫名	主な農薬と防除法
ピラカンサ	ウメエダシャク	スミパイン乳剤、トレボン乳剤、ディプテレックス乳剤
プラタナス	プラタナスグンバイ	マツグリーン液剤 2、オルトランカプセル
マキ（イヌマキなど）	チャノキイロアザミウマ	オルトラン水和剤
	マキアブラムシ	スミチオン乳剤、アディオン乳剤、マツグリーン液剤 2
マサキ	うどんこ病	マネージ乳剤、モレスタン水和剤、パンチョ TF 顆粒水和剤
	ユウマダラエダシャク	ディプテレックス乳剤、トレボン乳剤、カルホス乳剤
	カメノコロウムシ	カダンK、ベニカ DX
	マサキナガカイガラムシ	スプラサイド乳剤 40、カルホス乳剤
マツ類	葉ふるい病	キノンドー水和剤 40、ドウグリン水和剤
	マツカレハ	スミパイン乳剤、マツグリーン液剤 2、スタークル／アルバリン顆粒水溶剤、スピノエース顆粒水和剤
	マツノマダラカミキリ	スミパイン乳剤、マツグリーン液剤 2
	マツノザイセンチュウ	グリンガード、センチュリーエース注入剤
	マツノゴマダラノメイガ	巣を取り除き処分する
	トドマツノハダニ	バロックフロアブル
	カサアブラムシ類	スミチオン乳剤、マツグリーン液剤 2、モスピラン顆粒水溶剤
	マツオオアブラムシ	スミチオン乳剤、マツグリーン液剤 2、モスピラン顆粒水溶剤

植物名	病害虫名	主な農薬と防除法
アスパラガス	茎枯病	ダコニール 1000、ベルクート水和剤、ベンレート水和剤、アミスター 20 フロアブル、アフェットフロアブル
	ネギアザミウマ	スピノエース顆粒水和剤、スタークル / アルバリン顆粒水溶剤、プレオフロアブル、ハチハチフロアブル
イチゴ	炭疽病	ファンベル顆粒水和剤、シグナム WDG、ベルクート水和剤（育苗期）、アミスター 20 フロアブル、ゲッター水和剤
	うどんこ病	ピカットフロアブル、ガッテンフロアブル 2、プロパティフロアブル、パンチョ TF 顆粒水和剤、ベルクート水和剤
	灰色かび病	ピクシオ DF、アミスター 20 フロアブル、セイビアーフロアブル 20、スミレックス水和剤、フルピカフロアブル
	萎黄病	バスアミド／ガスタード微粒剤（土壌消毒）、ベンレート水和剤
	ウイルス病	アブラムシ類の防除を徹底する
	輪斑病	ベルクートフロアブル、アフェットフロアブル
	アブラムシ類	アドマイヤー 1 粒剤、ベストガード水溶剤、チェス顆粒水和剤
	ハダニ類	バロックフロアブル、コロマイト水和剤、マイトコーネフロアブル、スパイデックス（施設栽培）、スパイカル EX
	チャノキイロアザミウマ、ミカンキイロアザミウマ	ディアナ SC、ハチハチフロアブル
	ハスモンヨトウ	カスケード乳剤、アファーム乳剤、ディアナ SC
	コガネムシ類	ダイアジノン粒剤 5、ダイアジノンＳＬゾル
	チャコウラナメクジ	スラゴ
	ヨトウムシ	アファーム乳剤
エダマメ	べと病	ライメイフロアブル、ランマンフロアブル、アミスター 20 フロアブル
	黒根腐病	連作密植を避ける
	紫斑病	ゲッター水和剤、ベンレート水和剤、キヒゲンR－2 フロアブル（種子消毒）
	シロイチモジマダラメイガ	トレボン乳剤、スミチオン乳剤
	カメムシ類	トレボン乳剤、スタークル／アルバリン顆粒水溶剤
	アブラムシ類	モスピラン粒剤、ウララ DF、アクタラ顆粒水溶剤
	ハスモンヨトウ	トレボン乳剤、プレバソンフロアブル 5、アファーム乳剤
エンドウ（実エンドウ）	褐紋病	アミスター 20 フロアブル、ペンコゼブフロアブル、トップジン M 水和剤
	うどんこ病	サンヨール、ハチハチフロアブル、トリフミン水和剤、ラリー水和剤

植物名	病害虫名	主な農薬と防除法
エンドウ（実エンドウ）	アブラムシ類	アドマイヤー顆粒水和剤、スタークル／アルバリン顆粒水溶剤
	モザイク病	病気を媒介するアブラムシ類の防除を徹底する
	ナモグリバエ	スピノエース顆粒水和剤、パダン SG 水溶剤、マラソン乳剤
	※成熟した種子を収穫する「えんどうまめ」の場合は、登録内容が異なりますので注意してください	
オクラ	ワタアブラムシ	コルト顆粒水和剤、ダントツ水溶剤
	フタトガリコヤガ	幼虫を捕殺する
	ワタノメイガ	幼虫を捕殺する
カボチャ	うどんこ病	ガッテン乳剤、アフェットフロアブル、パンチョ TF 顆粒水和剤、カルビオ、ラリー水和剤
	ウリハムシ	モスピラン顆粒水溶剤、マラソン乳剤、ダントツ水溶剤
	ワタアブラムシ	コルト顆粒水和剤、スタークル／アルバリン粒剤、モスピラン顆粒水溶剤
キャベツ	べと病	レーバスフロアブル、ライメイフロアブル、ベネセット／カンパネラ水和剤、リドミルゴールド MZ、ジマンダイセン／ペンコゼブ水和剤
	黒腐病	オリゼメート粒剤、キノンドーフロアブル、バリダシン液剤 5、アグリマイシン -100、カスミンボルドー / カッパーシン水和剤
	根こぶ病	ネビリュウ、オラクル粉剤、フロンサイド粉剤、ランマンフロアブル
	萎黄病	発病株を速やかに処分。苗床、本田土壌の消毒
	菌核病	ファンタジスタ顆粒水和剤、スクレアフロアブル、アフェットフロアブル、ミニタン WG
	アブラムシ類	モスピラン粒剤、ジュリボフロアブル、ダントツ粒剤、ウララ DF、コルト顆粒水和剤
	アオムシ	アファーム乳剤、トレボン乳剤、トルネードエース DF、プリンスフロアブル
	コナガ	ベネビア OD、ディアナ SC、ゼンターリ顆粒水和剤、アファーム乳剤
	ヨトウムシ	アディオン乳剤、スピノエース顆粒水和剤、エスマルク DF、アファーム乳剤
	ハイマダラノメイガ	ベリマーク SC、プレバソンフロアブル 5、ディアナ SC
	ハスモンヨトウ	プレオフロアブル、アタブロン乳剤、フェニックス顆粒水和剤
	ウワバ類	プレバソンフロアブル 5、アクセルキングフロアブル、プレオフロアブル
キュウリ	炭疽病	ファンベル顆粒水和剤、ジマンダイセン／ペンコゼブ水和剤、ドーシャスフロアブル、アミスター 20 フロアブル
	褐斑病	ファンベル顆粒水和剤、ジマンダイセン／ペンコゼブ水和剤、ベルクート水和剤、ゲッター水和剤、アミスター 20 フロアブル

植物名	病害虫名	主な農薬と防除法
キュウリ	うどんこ病	ピカットフロアブル、ラミック顆粒水和剤、ガッテンフロアブル 2、トリフミン乳剤、モレスタン水和剤
	べと病	ゾーベックエニケード、ザンプロ DM フロアブル、エトフィンフロアブル、ランマンフロアブル、ホライズンドライフロアブル、プロポーズ顆粒水和剤
	疫病	ジマンダイセン水和剤
	斑点細菌病	キノンドーフロアブル、カスミンボルドー、カッパーシン水和剤、ジーファイン水和剤
	灰色かび病	ピクシオ DF、ファンタジスタ顆粒水和剤、トップジン M 水和剤 、スミブレンド水和剤、セイビアーフロアブル 20
	菌核病	スクレアフロアブル、ピクシオ DF、スミレックス水和剤、トップジン M 水和剤、ゲッター水和剤
	つる割病	ベンレート水和剤
	つる枯病	トップジン M 水和剤、ロブラール水和剤、トップジン M ペースト
	モザイク病	アブラムシ類の飛来を防止する。症状株は早めに除去する
	ワタアブラムシ	アドマイヤー 1 粒剤、スタークル／アルバリン粒剤、アクタラ顆粒水溶剤、ウララ DF、チェス顆粒水和剤
	ウリノメイガ（ワタヘリクロノメイガ）	アファーム乳剤、プレバソンフロアブル 5、スピノエース顆粒水和剤、デルフィン顆粒水和剤、コテツフロアブル
	ウリハムシ	アディオン乳剤、マラソン乳剤、スタークル／アルバリン顆粒水溶剤
	ミナミキイロアザミウマ	モベントフロアブル、ベストガード水溶剤、アファーム乳剤、プレオフロアブル、スワルスキー（施設栽培）
	オンシツコナジラミ、タバココナジラミ	モベントフロアブル、サンマイトフロアブル、スタークル／アルバリン顆粒水溶剤、サンクリスタル乳剤、スワルスキー（施設栽培）
	ネコブセンチュウ	ネマトリンエース粒剤、ネマキック粒剤、ラグビー MC 粒剤
	ハモグリバエ類	スタークル／アルバリン粒剤、プレオフロアブル
クワイ	赤枯症	ベンレート T 水和剤 20（種イモ消毒）
	火ぶくれ病	コサイド 3000、Z ボルドー
	クワイホソハマキ	幼虫を捕殺する
	ハスクビレアブラムシ	スタークル／アルバリン粒剤、アドマイヤーフロアブル、ウララ DF
サツマイモ（かんしょ）	黒斑病	ベンレート T 水和剤 20（挿し苗消毒）、トップジン M水和剤（苗茎部浸漬）
	斑紋モザイク病	アブラムシ類を防除する
	ハスモンヨトウ	ベネビア OD、プレバソンフロアブル 5、プレオフロアブル、トレボン乳剤、アファーム乳剤
	ナカジロシタバ	トルネードエース DF、プレオフロアブル、トレボン乳剤

植物名	病害虫名	主な農薬と防除法
サツマイモ（かんしょ）	エビガラスズメ	アグロスリン水和剤
	イモコガ	アディオン乳剤、スミチオン乳剤
	コガネムシ類	ダイアジノン粒剤 5、アドマイヤー 1 粒剤、ラグビー MC 粒剤、ダイアジノン SL ゾル
サトイモ	汚斑病	実害は少ない
	黒斑病	トップジン M 水和剤、ベンレート T 水和剤 20（種いも消毒）
	モザイク病	無病の種芋を移植する。アブラムシを防除する
	ワタアブラムシ	モスピラン粒剤、ウララ DF、アドマイヤー顆粒水和剤
	ハスモンヨトウ	トレボン乳剤、コテツフロアブル、エルサン乳剤、プレオフロアブル
	セスジスズメ	幼虫を捕殺する
シソ	斑点病	キノンドー水和剤 40、ダコニール 1000、アミスター 20 フロアブル、ストロビーフロアブル、エコショット
	そうか病	畑から発病株を除去する
	炭疽病	発病した葉を畑から取り除く
ジャガイモ（ばれいしょ）	疫病	ゾーベックエニケード、フェスティバル水和剤、エトフィンフロアブル、レーバスフロアブル、ジマンダイセン／ペンコゼブ水和剤
	そうか病	アタッキン水和剤、フロンサイド粉剤、ネビジン粉剤
	夏疫病	アミスター 20 フロアブル、ロブラール水和剤
	ニジュウヤホシテントウ	ダントツ水溶剤、スミチオン乳剤、アディオン乳剤
	アブラムシ類	アクタラ粒剤 5、アドマイヤー 1 粒剤、ダントツ水溶剤、チェス顆粒水和剤、アディオン乳剤
シュンギク	べと病	Z ボルドー
	炭疽病	アミスター 20 フロアブル
	立枯病	発病した栽培槽やタンク、配管などを十分消毒する
	葉枯病	高温期は遮光などで温度を下げ、風通しをよくする。土壌の跳ね上がりを防ぐ
	ハモグリバエ類	スタークル / アルバリン粒剤、アファーム乳剤、トリガード液剤
	ヨトウムシ、シロイチモジヨトウ、ハスモンヨトウ	アファーム乳剤（シロイチモジヨトウ）、ゼンターリ顆粒水和剤、カスケード乳剤（ヨトウムシ、ハスモンヨトウ）
	アザミウマ類	アファーム乳剤、カスケード乳剤、ボタニガード ES
スイカ	炭疽病	ダコニール 1000、ベルクート水和剤、アミスター 20 フロアブル、トップジン M 水和剤、ベンレート水和剤
	白絹病	クロールピクリン（土壌消毒）
	つる割病	連作を避ける。多発の場合は 5 年以上あける。土壌消毒を行う。ベンレート T 水和剤 20（種子消毒）
	つる枯病	ダコニール 1000、ロブラール水和剤、アミスター 20 フロアブル、ベンレート水和剤、トップジンMペースト

植物名	病害虫名	主な農薬と防除法
スイカ	モザイク病／アブラムシ類	発病株は早めに除去する。モスピラン粒剤、アドマイヤーフロアブル、ウララ DF
	疫病	ジマンダイセン水和剤、Z ボルドー
	ハダニ類	コロマイト乳剤、マイトコーネフロアブル、ダニトロンフロアブル、ダブルフェースフロアブル
	ミナミキイロアザミウマ	モベントフロアブル、アファーム乳剤、スピノエース顆粒水和剤
	ウリハムシ	ダイアジノン粒剤 3、ダントツ水溶剤、モスピラン顆粒水溶剤、マラソン乳剤
ダイコン	萎黄病	発病株は畑から持ち出し処分する。土壌消毒を行う
	軟腐病	バイオキーパー水和剤、スターナ水和剤、カスミンボルドー、バリダシン液剤 5
	モザイク病	アブラムシ類により媒介するので、防除する
	バーティシリウム黒点病	発病株は早めに除去する
	べと病	Z ボルドー
	菌核病	発病株は早めに除去する
	白さび病（わっか症）	ジーファイン水和剤、アミスター 20 フロアブル、ランマンフロアブル
	黒腐病	Z ボルドー、コサイドボルドー
	アオムシ	プレバソンフロアブル 5、デルフィン顆粒水和剤、アファーム乳剤、スピノエース顆粒水和剤
	カブラハバチ	モスピラン顆粒水溶剤、ディアナ SC
	ヨトウムシ	プレバソンフロアブル 5、アタブロン乳剤、エスマルク DF、プレオフロアブル、
	キスジノミハムシ	プリロッソ粒剤、スタークル／アルバリン粒剤
	ハイマダラノメイガ	プレバソンフロアブル 5、ベネビア OD、ディアナ SC
タマネギ	さび病	ジマンダイセン水和剤、カリグリーン
	黒斑病	ジマンダイセン／ペンコゼブ水和剤、ロブラール水和剤
	べと病	ジマンダイセン／ペンコゼブ水和剤、ザンプロ DM フロアブル、レーバスフロアブル、ランマン 400SC、ホライズンドライフロアブル
	白色疫病	ジマンダイセン水和剤、ダコニール 1000、ホライズンドライフロアブル、レーバスフロアブル、ザンプロ DM フロアブル
	灰色腐敗病	ベルクート水和剤、ファンタジスタ顆粒水和剤、セイビアーフロアブル 20、トップジン M 水和剤、ロブラール水和剤
	軟腐病	アグリマイシン 100、スターナ水和剤、バリダシン液剤 5、キノンドー水和剤 40
トウモロコシ（未成熟）	アワノメイガ	トレボン乳剤、プレバソンフロアブル 5、パダンＳＧ水溶剤
	アワヨトウ	トレボン乳剤、アグロスリン乳剤
	アブラムシ類	アクタラ顆粒水溶剤、コルト顆粒水和剤、モスピラン顆粒水溶剤

植物名	病害虫名	主な農薬と防除法
トマト	葉かび病	ファンタジスタ顆粒水和剤、ベルクート水和剤、シグナム WDG、ラリー乳剤、カンタスドライフロアブル
	輪紋病	ダコニール 1000、ロブラール水和剤
	すすかび病	ダコニール 1000、トリフミン水和剤、アフェットフロアブル
	疫病	ランマンフロアブル、ホライズンドライフロアブル、プロポーズ顆粒水和剤
	うどんこ病	アフェットフロアブル、ベルクートフロアブル、スコア顆粒水和剤、イオウフロアブル、カリグリーン
	灰色かび病	フルピカフロアブル、ロブラール水和剤、ゲッター水和剤、セイビアーフロアブル 20、カンタスドライフロアブル
	尻腐病	カルシウム欠乏症、過湿、窒素過多で発生増加。土壌の急速な乾燥を防ぐ
	かいよう病	カスミンボルドー / カッパーシン水和剤
	軟腐病	カスミンボルドー / カッパーシン水和剤
	萎凋病	土壌消毒、ベンレートT水和剤 20（種子消毒）、ホーマイ水和剤（種子消毒）、ベンレート水和剤
	青枯病	土壌消毒、抵抗性台木への接ぎ木栽培
	モザイク病	アブラムシ類の飛来を防ぐ。発病した畑の土壌や育苗箱を消毒する。抵抗性品種を用いる
	アブラムシ類	モスピラン粒剤、アドマイヤー 1 粒剤、ダントツ水溶剤、ウララ DF、チェス顆粒水和剤
	オンシツコナジラミ、タバココナジラミ	スタークル／アルバリン粒剤、コルト顆粒水和剤、ベストガード水溶剤、コロマイト乳剤、エンストリップ（施設栽培）
	黄化葉巻病	タバココナジラミの防除を行うと発生が少ない
	ハモグリバエ類	スタークル／アルバリン粒剤、ダントツ水溶剤、スピノエース顆粒水和剤
	オオタバコガ	アファーム乳剤、プレバソンフロアブル 5、スピノエース顆粒水和剤、プレオフロアブル、エスマルク DF
	ハダニ類	サンクリスタル乳剤、マイトコーネフロアブル、
	トマトサビダニ	マイトコーネフロアブル、アファーム乳剤、コテツフロアブル、サンクリスタル乳剤
	吸蛾類	防虫ネットを用いて蛾の侵入を防ぐ
	アザミウマ類	モベントフロアブル、ディアナ SC、ベリマーク SC、プリロッソ粒剤
	※ミニトマトは登録内容が異なるため、ミニトマトでお調べください	
ナス	うどんこ病	パンチョ TF 顆粒水和剤、ラリー水和剤、アフェットフロアブル、ベルクート水和剤、スコア顆粒水和剤
	すすかび病	ダコニール 1000、シグナム WDG、ラリー水和剤、カンタスドライフロアブル、アフェットフロアブル
	灰色かび病	ファンタジスタ顆粒水和剤、ピクシオ DF、セイビアーフロアブル 20、ゲッター水和剤、カンタスドライフロアブル
	菌核病	スミレックス水和剤、ピクシオ DF、ロブラール水和剤、ゲッター水和剤、カンタスドライフロアブル

植物名	病害虫名	主な農薬と防除法
ナス	黒枯病	アミスターオプティフロアブル、ロブラール水和剤、ベルクートフロアブル、トップジン M 水和剤、ゲッター水和剤
	褐色腐敗病	レーバス水和剤、ドーシャスフロアブル、ホライズンドライフロアブル、フォリオゴールド、ランマンフロアブル、
	半身萎凋病	バスアミド／ガスタード微粒剤（土壌消毒）、ベンレート水和剤
	青枯病	バスアミド／ガスタード微粒剤（土壌消毒）
	苗立枯病	オーソサイド水和剤 80、リゾレックス水和剤
	モザイク病	伝染源となる雑草除去とアブラムシ類の防除に努める
	褐紋病	ベンレート水和剤、スクレアフロアブル
	黄化えそ病	アザミウマ類の防除を徹底する
	ミカンキイロアザミウマ	モベントフロアブル、アファーム乳剤、スピノエース顆粒水和剤、スワルスキー
	ミナミキイロアザミウマ	モベントフロアブル、アファーム乳剤、ベストガード水溶剤、プレオフロアブル、スワルスキー
	ハダニ類	マイトコーネフロアブル、ダニサラバフロアブル、スターマイトフロアブル、コロマイト乳剤、スパイカル EX
	チャノホコリダニ	ピラニカ EW、カネマイトフロアブル、コテツフロアブル、スワルスキー
	オンシツコナジラミ、タバココナジラミ	モベントフロアブル、コルト顆粒水和剤、ベストガード水溶剤、スワルスキー（施設栽培）
	アブラムシ類	プリロッソ粒剤、アドマイヤー 1 粒剤、ウララ DF、トレボン乳剤
	ニジュウヤホシテントウ	アディオン乳剤、モスピラン顆粒水溶剤、コテツフロアブル、アクセルフロアブル
	ハスモンヨトウ	ディアナ SC、プレオフロアブル、フェニックス顆粒水和剤、ゼンターリ顆粒水和剤
	チャコウラナメクジ	スラゴ
	オオタバコガ	プレバソンフロアブル5，ディアナ SC、プレオフロアブル
ニンジン	うどんこ病	アミスターオプティフロアブル、トリフミン水和剤、ベルクートフロアブル
	黒すす病	収穫後表面に傷をつけないようにし過湿を避ける
ネギ	さび病	ジマンダイセン／ペンコゼブ水和剤、アミスター 20 フロアブル、ラリー水和剤、サプロール乳剤
	黒斑病	ジマンダイゼン／ペンコゼブ水和剤、ベルクート水和剤、ストロビーフロアブル、ロブラール水和剤
	シロイチモジヨトウ	スピノエース顆粒水和剤、ディアナ SC、アファーム乳剤、プレオフロアブル、ヨトウコン-S
	ハスモンヨトウ	シロイチモジヨトウの防除により被害は減少する
	ヨトウムシ	シロイチモジヨトウの防除により被害は減少する
	ネキリムシ類	カルホス微粒剤 F、フォース粒剤、ガードベイト A
	ネギアブラムシ	アグロスリン乳剤、ハチハチ乳剤

植物名	病害虫名	主な農薬と防除法
ネギ	ネギアザミウマ	アクタラ粒剤5、スタークル／アルバリン顆粒水溶剤、ディアナSC、リーフガード顆粒水和剤
	ネギハモグリバエ	アクタラ粒剤5、スタークル／アルバリン顆粒水溶剤、ディアナSC、リーフガード顆粒水和剤
	ネギコガ	フェニックス顆粒水和剤、ディアナSC
	※ワケギは登録内容が異なるため、ワケギでお調べください	
ハクサイ	べと病	ゾーベックエニケード、メジャーフロアブル、エトフィンフロアブル、ランマンフロアブル、プロポーズ顆粒水和剤
	軟腐病	バイオキーパー水和剤、アグリマイシン100、バリダシン液剤5、スターナ水和剤、オリゼメート粒剤
	白斑病	プロポーズ顆粒水和剤、ロブラール水和剤、トップジンM水和剤、ストロビーフロアブル、ダコニール1000
	黒斑病	ネクスターフロアブル、ベジセーバー、アミスター20フロアブル、プロポーズ顆粒水和剤、ロブラール水和剤
	根こぶ病	オラクル粉剤、ネビジン粉剤、オラクル顆粒水和剤、フロンサイド粉剤、ランマンフロアブル、ネビリュウ
	ネキリムシ類	ネキリベイト、アクセルベイト
	キスジノミハムシ	スタークル／アルバリン顆粒水溶剤、プリンスフロアブル
	アブラムシ類	スタークル／アルバリン粒剤、ウララDF、モスピラン顆粒水溶剤、トレボン乳剤
	モザイク病	アブラムシ類により伝染するので、アブラムシ類の防除を行う
	ハクサイダニ	発生株は早めに除去する
	アオムシ	デルフィン顆粒水和剤、トレボン乳剤、プレバソンフロアブル5
	コナガ	プリロッソ粒剤、ゼンターリ顆粒水和剤、アファーム乳剤、スピノエース顆粒水和剤、トルネードエースDF
	ヨトウムシ	トレボン乳剤、ノーモルト乳剤、ゼンターリ顆粒水和剤、アファーム乳剤、プレバソンフロアブル5
ピーマン	疫病	レーバスフロアブル、ライメイフロアブル、ドーシャスフロアブル、ランマンフロアブル
	炭疽病	ベジセーバー、シグナムWDG、ダコニール1000、アミスターオプティフロアブル
	白斑病	発病株は早めに除去する
	モザイク病	アブラムシ類により伝染するので、アブラムシ類の防除を行う
	ハスモンヨトウ	デルフィン顆粒水和剤、ファルコンフロアブル、ゼンターリ顆粒水和剤、プレバソンフロアブル5
	ヨトウムシ	ゼンターリ顆粒水和剤、バシレックス水和剤
	タバコガ	プレオフロアブル、アグロスリン水和剤
	ミナミキイロアザミウマ	モベントフロアブル、ディアナSC、ボタニガードES、スワルスキー（施設栽培）
	チャノホコリダニ	ハチハチ乳剤、モレスタン水和剤

植物名	病害虫名	主な農薬と防除法
非結球アブラナ科葉菜類	根こぶ病	ネビジン粉剤、オラクル粉剤、ネビリュウ
	白さび病	ランマンフロアブル、ライメイフロアブル
	白斑病	ベンレート水和剤
	ナモグリバエ	スピノエース顆粒水和剤、アファーム乳剤
	アブラムシ類	スタークル／アルバリン粒剤、モスピラン顆粒水溶剤、スタークル／アルバリン顆粒水溶剤、ウララ DF
	アオムシ	カスケード乳剤、エスマルク DF、マッチ乳剤
	コナガ	カスケード乳剤、アファーム乳剤、コテツフロアブル、ディアナ SC
	ヨトウムシ	ゼンターリ顆粒水和剤、スピノエース顆粒水和剤
	ナガメ	防虫ネットをかけて栽培する
	キスジノミハムシ	スタークル／アルバリン粒剤、フォース粒剤
	カブラハバチ	モスピラン顆粒水溶剤
フキ	白絹病	リゾレックス水和剤、バリダシン液剤 5、モンカット水和剤 50、リゾレックス粉剤
	半身萎凋病	健全苗の確保、太陽熱土壌消毒、バスアミド／ガスタード微粒剤、クロールピクリンによる土壌消毒
	フキアブラムシ	スタークル／アルバリン粒剤、アドマイヤーフロアブル
ブロッコリー	黒腐病	オリゼメート粒剤、キノンドー水和剤 40、カスミンボルドー / カッパーシン水和剤
	ハスモンヨトウ	ファルコンエースフロアブル、アクセルフロアブル
ホウレンソウ	苗立枯病	タチガレン液剤（ピシウム菌）、リゾレックス水和剤（リゾクトニア菌）、モンカット水和剤 50（リゾクトニア菌）、バスアミド／ガスタード微粒剤による土壌消毒
	萎凋病	バスアミド／ガスタード微粒剤による土壌消毒
	べと病	レーバスフロアブル、ランマンフロアブル、ライメイフロアブル、コサイド 3000、アリエッティ水和剤
	ミナミキイロアザミウマ	パダン粒剤 4、スピノエース顆粒水和剤、アグロスリン乳剤
	モモアカアブラムシ	ダントツ水溶剤、アディオン乳剤、アグロスリン乳剤、アドマイヤーフロアブル
	ヨトウムシ	アグロスリン乳剤、ノーモルト乳剤、ゼンターリ顆粒水和剤
	シロオビノメイガ	カスケード乳剤、ディアナ SC、スピノエース顆粒水和剤
	ハモグリバエ類	ディアナ SC
ミツバ	べと病	ランマンフロアブル、アリエッティ水和剤
	立枯病	バリダシン液剤 5、リゾレックス水和剤
	根腐病	オクトクロス（水耕栽培）、タチガレン液剤
	株枯病	種子消毒や栽培槽などの消毒を行う
	ハダニ類	コロマイト乳剤、カスケード乳剤、アファーム乳剤
	アザミウマ類	ボタニガード ES

植物名	病害虫名	主な農薬と防除法
レタス	べと病	ゾーベックエニケード、メジャーフロアブル、ザンプロ DM フロアブル、ベジセイバー、ライメイフロアブル
	軟腐病	キノンドーフロアブル、バイオキーパー水和剤、バリダシン液剤 5、スターナ水和剤
	ビッグベイン病	フロンサイド粉剤、ダコニール 1000
	アブラムシ類	モスピラン粒剤、ダントツ水溶剤、トレボン乳剤、モスピラン顆粒水溶剤
	ヨトウムシ	アディオン乳剤、スピノエース顆粒水和剤、フェニックス顆粒水和剤

植物名	病害虫名	主な農薬と防除法
イチジク	株枯病	ルミライト水和剤、トリフミン水和剤、オンリーワンフロアブル、IC ボルドー 66D
	疫病	アミスター 10 フロアブル、ランマンフロアブル、ライメイフロアブル、Z ボルドー、ダコニール 1000
	コナカイガラムシ類	モスピラン顆粒水溶剤、アプロードエースフロアブル
	アザミウマ類	ディアナ WDG、アディオン乳剤、スピノエース顆粒水和剤、ダントツ水溶剤
	カミキリムシ類	バイオリサ・カミキリ、モスピラン顆粒水溶剤（キボシカミキリ)、園芸用キンチョール E（クワカミキリ)、ガットサイド S、ロビンフッド
	ハダニ類	ダニトロンフロアブル、ニッソラン水和剤、バロックフロアブル、マイトコーネフロアブル、ダニサラバフロアブル
	イチジクモンサビダニ	ダニトロンフロアブル、ピラニカ水和剤
	イチジクヒトリモドキ	アディオン乳剤、モスピラン顆粒水溶剤、デルフィン顆粒水和剤
ウメ	輪紋病	健全な苗を確保する。アブラムシ類を防除する
	黒星病	ストロビードライフロアブル、トリフミン水和剤、トップジン M 水和剤、チオノックフロアブル
	アブラムシ類	モスピラン顆粒水溶剤、アクタラ顆粒水溶剤、スミチオン乳剤、アディオン乳剤、コルト顆粒水和剤
	ウメシロカイガラムシ	スプレーオイル、石灰硫黄合剤、スプラサイド乳剤 40
	タマカタカイガラムシ	スプレーオイル、石灰硫黄合剤、スプラサイド乳剤 40
カキ	炭疽病	ベルクート水和剤、トップジンM水和剤、ペンコゼブ水和剤、ジマンダイセン水和剤
	うどんこ病	ベルクート水和剤、トリフミン水和剤、ストロビードライフロアブル
	落葉病	ジマンダイセン水和剤、ペンコゼブ水和剤、トップジン M 水和剤、ベルクート水和剤
	カメムシ類	アディオン乳剤、スミチオン乳剤、MR. ジョーカー水和剤、スタークル／アルバリン顆粒水溶剤
	カキクダアザミウマ	オルトラン水和剤、ジェイエース水溶剤、アディオン乳剤、モスピラン顆粒水溶剤
	カキノヘタムシガ	スミチオン乳剤、フェニックスフロアブル、バシレックス水和剤、アディオン乳剤
	イラガ類	オリオン水和剤 40、フェニックスフロアブル、バシレックス水和剤、スミチオン乳剤

植物名	病害虫名	主な農薬と防除法
カンキツ類	そうか病	トップジンM水和剤（みかん）、ストロビードライフロアブル、ゲッター水和剤、マネージ水和剤、ファンタジスタ顆粒水和剤
	かいよう病	ICボルドー66D、カスミンボルドー
	黒点病	ファンタジスタ顆粒水和剤、ジマンダイセン／ペンコゼブ水和剤、ストロビードライフロアブル、ラビライト水和剤（みかん）
	ミカンハモグリガ	アディオン乳剤、ダントツ水溶剤、スタークル／アルバリン顆粒水溶剤
	ロウムシ類	スプラサイド乳剤40、アクタラ顆粒水溶剤
	ヤノネカイガラムシ	マシン油乳剤95、アプロード水和剤、スプラサイド乳剤40
	ミカンコナジラミ	スプラサイド乳剤40、アドマイヤー顆粒水和剤、エルサン乳剤
	ゴマダラカミキリ	スプラサイド乳剤40、モスピラン顆粒水溶剤、ダントツ水溶剤、園芸用キンチョールE
	コアオハナムグリ	スタークル／アルバリン顆粒水溶剤、マブリック水和剤20、モスピラン顆粒水溶剤、ロディー乳剤
	ミカンサビダニ	機械油乳剤95、マイトコーネフロアブル、コテツフロアブル、コロマイト水和剤、ダニトロンフロアブル
	ミカンハダニ	ハーベストオイル、マイトコーネフロアブル、コロマイト水和剤、スターマイトフロアブル、ダニエモンフロアブル
	アブラムシ類	モスピラン顆粒水溶剤、アドマイヤーフロアブル、ロディー乳剤、コルト顆粒水和剤
	ナシマルカイガラムシ	スプレーオイル、スプラサイド乳剤40、モスピラン顆粒水溶剤
クリ	炭疽病	ベンレート水和剤、ベルクートフロアブル
	コウモリガ	サッチューコートSセット、ガットサイドS
	モモノゴマダラメイガ	フェニックスフロアブル、エルサン乳剤、モスピラン顆粒水溶剤
	クリミガ	モスピラン顆粒水溶剤
	クリシギゾウムシ	アディオン乳剤、マブリック水和剤20、モスピラン顆粒水溶剤
	カツラマルカイガラムシ	スプラサイド乳剤40、アプロード水和剤、機械油乳剤95
	クリタマバチ	アディオン乳剤、マブリック水和剤20
	クリオオアブラムシ	モスピラン顆粒水溶剤
	クスサン	エスマルクDF

植物名	病害虫名	主な農薬と防除法
ブドウ	晩腐病	ベフラン液剤 25、スイッチ顆粒水和剤、ドーシャスフロアブル、ファンタジスタ顆粒水和剤、オンリーワンフロアブル
	黒とう病	ジマンダイセン／ペンコゼブ水和剤、ストロビードライフロアブル、ファンタジスタ顆粒水和剤、アフェットフロアブル、ボルドー液
	べと病	IC ボルドー（66D、48Q）、ホライズンドライフロアブル、ストロビードライフロアブル、ライメイフロアブル、レーバスフロアブル
	褐斑病	オーソサイド水和剤 80、ホライズンドライフロアブル、アフェットフロアブル、オンリーワンフロアブル
	さび病	ジマンダイセン水和剤、バシタック水和剤 75、オンリーワンフロアブル、IC ボルドー 66D
	うどんこ病	オンリーワンフロアブル、トップジン M 水和剤、トリフミン水和剤、オマイト水和剤、アフェットフロアブル
	つる割病	ベンレート水和剤
	灰色かび病	スイッチ顆粒水和剤、ピクシオ DF、オンリーワンフロアブル、アフェットフロアブル、ファンタジスタ顆粒水和剤
	ブドウトラカミキリ	トラサイド A 乳剤、ガットキラー乳剤、モスピラン顆粒水溶剤、スミチオン乳剤
	ブドウスカシバ	フェニックスフロアブル
	チャノキイロアザミウマ	スタークル／アルバリン顆粒水溶剤、コルト顆粒水和剤、モスピラン顆粒水溶剤
	クワコナカイガラムシ	モスピラン顆粒水溶剤、スプラサイド水和剤、アプロードフロアブル、スタークル／アルバリン顆粒水溶剤、石灰硫黄合剤
	フタテンヒメヨコバイ	アディオン水和剤、アドマイヤー顆粒水和剤、モスピラン顆粒水溶剤、スタークル／アルバリン顆粒水溶剤
	カンザワハダニ	スパイカルプラス、マイトコーネフロアブル、スターマイトフロアブル、コロマイト水和剤
	ドウガネブイブイ	モスピラン顆粒水溶剤、アディオン水和剤、ダントツ水溶剤
	アメリカシロヒトリ	アディオン水和剤、エスマルク DF、デルフィン顆粒水和剤、フェニックスフロアブル、サムコルフロアブル 10
	トビイロトラガ	エスマルク DF、デルフィン顆粒水和剤、フェニックスフロアブル、サムコルフロアブル 10
	ハスモンヨトウ	ヨトウコン-H、フェニックスフロアブル
	クワゴマダラヒトリ	フェニックスフロアブル、サムコルフロアブル 10、エスマルク DF、デルフィン顆粒水和剤
	アカガネサルハムシ	スミチオン水和剤 40
	ブドウヒメハダニ	石灰硫黄合剤

植物名	病害虫名	主な農薬と防除法
モモ	縮葉病	石灰硫黄合剤、IC ボルドー 412、チオノックフロアブル、オキシラン水和剤、カスミンボルドー
	黒星病	ストロビードライフロアブル、チオノックフロアブル、ベルクート水和剤、オンリーワンフロアブル、石灰硫黄合剤
	炭疽病	オンリーワンフロアブル、ナリア WDG
	灰星病	ベルクート水和剤、トップジン M 水和剤、パスワード顆粒水和剤、ストロビードライフロアブル、チオノックフロアブル
	せん孔細菌病	IC ボルドー 412、バリダシン液剤 5、チオノックフロアブル、スターナ水和剤、マイコシールド
	モモノゴマダラノメイガ	袋かけする
	ナシヒメシンクイ	アディオン乳剤、モスピラン顆粒水溶剤、サムコルフロアブル 10
	アブラムシ類	スタークル／アルバリン顆粒水溶剤、アディオン乳剤、テルスター水和剤、モスピラン顆粒水溶剤
	モモハモグリガ	アディオン乳剤、サムコルフロアブル 10、カスケード乳剤、モスピラン顆粒水溶剤、ディアナ WDG
	コスカシバ	ガットサイド S、サッチューコート S、トラサイド A 乳剤、フェニックスフロアブル
	ハダニ類	バロックフロアブル、サンマイト水和剤、スターマイトフロアブル、マイトコーネフロアブル、コロマイト乳剤
	カメムシ類	アドマイヤー顆粒水和剤、アディオン乳剤、アーデント水和剤、スミチオン水和剤 40、スタークル／アルバリン顆粒水溶剤
	クビアカツヤカミキリ	ロビンフッド、バイオリサ・カミキリ スリム（サクラにはこの他に園芸用キンチョール E、アクセルフロアブル、マツグリーン液剤２の登録がある）
	モモスズメ	見つけしだい枝（葉）ごと捕殺、処分する
	ヒメシロモンドクガ	見つけしだい枝（葉）ごと捕殺、処分する
	ウスバツバメ	見つけしだい枝（葉）ごと捕殺、処分する

植物名	病害虫名	主な農薬と防除法
イネ	ばか苗病	テクリードCフロアブル、スポルタックスターナSE、タフブロックSP、エコホープDJによる種子消毒
	苗立枯病	タチガレン粉剤（フザリウム菌、ピシウム菌）、ダコニール1000（リゾープス菌）、バリダシン液剤5（リゾクトニア菌）、ベンレート水和剤（トリコデルマ菌）
	いもち病	オリゼメート粒剤、ゴウケツ粒剤、コラトップ粒剤5、フジワン粒剤、ブラシンフロアブル
	ごま葉枯病	ブラシンフロアブル
	白葉枯病	オリゼメート粒剤、ブイゲット粒剤、ルーチン粒剤
	紋枯病	リンバー粒剤、モンカット粒剤、バリダシン液剤5、モンガリット粒剤
	もみ枯細菌病	オリゼメート粒剤、コラトップ粒剤5、ブラシンフロアブル、スターナ水和剤
	稲こうじ病	ブラシンフロアブル、モンガリット粒剤
	ツマグロヨコバイ	アドマイヤー箱粒剤、スタークル/アルバリン顆粒水溶剤、スタークル/アルバリン箱粒剤、トレボン乳剤、なげこみトレボン
	萎縮病	媒介虫のツマグロヨコバイを防除する
	ヒメトビウンカ	アドマイヤー箱粒剤、プリンス粒剤、アプロード水和剤、スタークル/アルバリン顆粒水溶剤
	縞葉枯病	媒介虫のヒメトビウンカを防除する
	ニカメイチュウ	フェルテラ箱粒剤、パダンSG水溶剤、トレボン粒剤
	フタオビコヤガ	フェルテラ箱粒剤、パダン粒剤4
	イネツトムシ	フェルテラ箱粒剤、パダンSG水溶剤
	コブノメイガ	フェルテラ箱粒剤、パダンSG水溶剤、トレボン乳剤
	トビイロウンカ	フェルテラチェス箱粒剤、プリンス粒剤、アプロード水和剤、トレボン乳剤、スタークル/アルバリン顆粒水溶剤
	セジロウンカ	アドマイヤー箱粒剤、フェルテラチェス箱粒剤、アプロード水和剤、トレボン乳剤、スタークル/アルバリン顆粒水溶剤
	イネミズゾウムシ	プリンス粒剤、ダントツ粒剤、フェルテラ箱粒剤、シクロパック粒剤、なげこみトレボン
	イネドロオイムシ	プリンス粒剤、ダントツ粒剤、フェルテラ箱粒剤、シクロパック粒剤、なげこみトレボン

植物名	病害虫名	主な農薬と防除法
イネ	イネシンガレセンチュウ	スミチオン乳剤
	スクミリンゴガイ	スクミノン、スクミンベイト3、パダン粒剤4
	イナゴ類	プリンス粒剤、トレボン乳剤、MR.ジョーカーEW、シクロパック粒剤
	斑点米カメムシ類	トレボン乳剤、スミチオン乳剤、スタークル／アルバリン顆粒水溶剤、スタークル／アルバリン粒剤、ダントツ粒剤

索引

病害虫名索引

【ア】

青枯病（インパチェンス）……8
青枯病（トマト）……139
青枯病（ナス）……148
アオキシロカイガラムシ（観葉植物）……13
アオバハゴロモ（アジサイ）……45
アオムシ（キャベツ）……96
アオムシ（ダイコン）……128
アオムシ（ハクサイ）……164
アオムシ（非結球アブラナ科葉菜類）……171
アカガネサルハムシ（ブドウ）……211
赤枯症（クワイ）……107
アカスジカスミカメ（イネ）……231
アカスジチュウレンジ（バラ）……70
赤ダニ → カンザワハダニ
秋ウンカ → トビイロウンカ
アザミウマ類（イチジク）……184
アザミウマ類（カーネーション）……12
アザミウマ類（シュンギク）……119
アザミウマ類（トマト）……144
アザミウマ類（ミツバ）……179
アブラムシ類（アイリス類）……7
アブラムシ類（イチゴ）……83
アブラムシ類（ウメ）……187
アブラムシ類（エダマメ）……88
アブラムシ類（エンドウ）……90
アブラムシ類（カンキツ類）……197
アブラムシ類（キク）……18
アブラムシ類（キャベツ）……95
アブラムシ類（サクラ）……56
アブラムシ類（サンゴジュ）……59
アブラムシ類（ジャガイモ）……116
アブラムシ類（トウモロコシ）……133
アブラムシ類（トマト）……140
アブラムシ類（ナス）……152
アブラムシ類（ハクサイ）……163
アブラムシ類（パンジー）……35
アブラムシ類（非結球アブラナ科葉菜類）……170
アブラムシ類（モモ）……215
アブラムシ類（レタス）……181
アブラムシ類（洋ラン（シンビジウム））……43
アメリカシロヒトリ（サクラ）……57
アメリカシロヒトリ（ブドウ）……210
アワノメイガ（トウモロコシ）……133
アワヨトウ（トウモロコシ）……133

【イ】

萎黄病（イチゴ）……81
萎黄病（キャベツ）……94
萎黄病（ダイコン）……124
萎縮病（イネ）……223
イチジクヒトリモドキ（イチジク）……185
イチジクモンサビダニ（イチジク）……185
萎凋細菌病（カーネーション）……11
萎凋病（カーネーション）……11
萎凋病（トマト）……139
萎凋病（ナデシコ）……32
萎凋病（ホウレンソウ）……175
イチモンジセセリ（イネ）……226
稲こうじ病（イネ）……222
イナゴ類（イネ）……230
イネアオムシ（イネ）……225
イネシンガレセンチュウ（イネ）……229
イネツトムシ（イネ）……226
イネドロオイムシ（イネ）……228
イネミズゾウムシ（イネ）……228
イバラヒゲナガアブラムシ（バラ）……71
イブキチビキバガ（カイヅカイブキ）……46
イモキバガ（サツマイモ）……111
イモコガ（サツマイモ）……111
いもち病（イネ）……220
イラガ類（カキ）……191

【ウ】

ウイルス病（イチゴ）……82
ウイルス病（洋ラン（カトレア））……41
ウスバツバメ（モモ／ウメ）……218
うどんこ病（アジサイ）……45
うどんこ病（イチゴ）……80
うどんこ病（エンドウ）……89
うどんこ病（カエデ／モミジ）……47
うどんこ病（カキ）……189
うどんこ病（カシ類）……49
うどんこ病（カボチャ）……92
うどんこ病（キュウリ）……99
うどんこ病（コスモス）……23
うどんこ病（サルスベリ）……58
うどんこ病（トマト）……136
うどんこ病（ナス）……145

うどんこ病（ニンジン）……155
うどんこ病（バラ）……68
うどんこ病（ヒョウタン）……37
うどんこ病（ブドウ）……205
うどんこ病（マサキ）……74
ウメエダシャク（ピラカンサ）……72
ウメシロカイガラムシ（ウメ）……188
ウリキンウワバ（ヒョウタン）……37
ウリノメイガ（キュウリ）……104
ウリバエ → ウリハムシ
ウリハムシ（カボチャ）……92
ウリハムシ（キュウリ）……104
ウリハムシ（スイカ）……123
ウワバ類（キャベツ）……97

【エ】

疫病（イチジク）……183
疫病（キュウリ）……100
疫病（ジャガイモ）……115
疫病（スイカ）……122
疫病（セントポーリア）……30
疫病（トマト）……136
疫病（ピーマン）……165
えそ病（キク）……16
エビガラスズメ（サツマイモ）……110

【オ】

黄化えそ病（ナス）……150
黄化葉巻病（トマト）……142
オオタバコガ（キク）……21
オオタバコガ（トマト）……143
オオタバコガ（ナス）……154
オオタバコガ（ヒマワリ）……36
オオトビモンシャチホコ（カシ類）……50
汚斑病（サトイモ）……112
オビカレハ（カシ類）……51
オビカレハ（サクラ）……57
オンシツコナジラミ（キュウリ）……105
オンシツコナジラミ（トマト）……141
オンシツコナジラミ（ナス）……152

【カ】

カイガラムシ類（カエデ／モミジ）……48
かいよう病（カンキツ類）……192
かいよう病（トマト）……138
カキクダアザミウマ（カキ）……190
カキノヘタムシガ（カキ）……191
カキミガ（カキ）……191
カサアブラムシ類（マツ類）……78
褐色円斑病（ツタ）……62
褐色腐敗病（ナス）……147
褐色腐敗病（洋ラン（シンビジウム））……42
褐斑病（キク）……14
褐斑病（キュウリ）……98
褐斑病（ツツジ／サツキ）……63
褐斑病（ブドウ）……204
褐紋病（エンドウ）……89
褐紋病（ナス）……149
カツラマルカイガラムシ（クリ）……201
株枯病（イチジク）……182
株枯病（ミツバ）……179
カブラハバチ（ダイコン）……128
カブラハバチ（非結球アブラナ科葉菜類）……172
カブラヤガ → ネキリムシ
カミキリムシ類（イチジク）……184
カメノコロウムシ（マサキ）……75
カメムシ類（エダマメ）……87
カメムシ類（カキ）……190
カメムシ類（モモ）……217
カンザワハダニ（コスモス）……23
カンザワハダニ（サルビア）……24
カンザワハダニ（ブドウ）……209
カンザワハダニ（マリーゴールド）……39

【キ】

キクスイカミキリ（キク）……20
キクモンサビダニ（キク）……19
キスジノミハムシ（ダイコン）……129
キスジノミハムシ（ハクサイ）……162
キスジノミハムシ　（非結球アブラナ科葉菜類）……172
吸蛾類（トマト）……144
吸汁ヤガ類（カンキツ類）……198
菌核病（キク）……16
菌核病（キャベツ）……95
菌核病（キュウリ）……101
菌核病（ダイコン）……126
菌核病（ナス）……146

【ク】

茎えそ病（キク）……17
茎枯病（アスパラガス）……79
茎腐病（ゼラニウム）……29
クスサン（クリ）……202

クビアカツヤカミキリ（モモ）……217
首腐病（フリージア／グラジオラス）……38
首垂細菌病（カエデ／モミジ）……47
クリオオアブラムシ（カシ類）……52
クリオオアブラムシ（クリ）……202
クリシギゾウムシ（クリ）……200
クリタマバチ（クリ）……201
クリミガ（クリ）……200
クロケシツブチョッキリ（バラ）……70
黒さび病（キク）……15
黒すす病（ニンジン）……155
黒枯病（ナス）……147
黒腐病（キャベツ）……93
黒腐病（ダイコン）……127
黒腐病（ブロッコリー）……174
黒根腐病（エダマメ）……86
クロネハイイロハマキ（ツゲ）……61
黒星病（ウメ）……187
黒星病（バラ）……68
黒星病（モモ）……213
クワイホソハマキ（クワイ）……108
クワコナカイガラムシ（ブドウ）……208
クワゴマダラヒトリ（ブドウ）……211

【コ】

コアオハナムグリ（カンキツ類）……196
コウモリガ（クリ）……199
コガネムシ類（イチゴ）……85
コガネムシ類（サツマイモ）……111
コガネムシ類（シバ）……28
黒点病（カンキツ類）……193
黒点病（ジンチョウゲ）……60
黒とう病（ブドウ）……203
黒斑病（キク）……14
黒斑病（サツマイモ）……109
黒斑病（サトイモ）……112
黒斑病（タマネギ）……132
黒斑病（ネギ）……156
黒斑病（ハクサイ）……161
コスカシバ（モモ）……216
コナガ（キャベツ）……96
コナガ（ハクサイ）……164
コナガ（非結球アブラナ科葉菜類）……171
コナカイガラムシ類（イチジク）……183
コナカイガラムシ類（セントポーリア）……30
コバネイナゴ → イナゴ類
コバネササキリ（イネ）……230
コブノメイガ（イネ）……226
ゴマダラカミキリ（カンキツ類）……195
ごま色斑点病　（カナメモチ／シャリンバイ）
……53
ごま葉枯病（イネ）……220
根頭がんしゅ病（キク）……16
根頭がんしゅ病（バラ）……69

【サ】

さび病（カーネーション）……10
さび病（カイズカイブキ）……46
さび病（カナメモチ／シャリンバイ）……53
さび病（タマネギ）……132
さび病（ナデシコ）……32
さび病（ネギ）……156
さび病（ブドウ）……205
サルスベリヒゲマダラアブラムシ（サルスベリ）
……58
サルスベリフクロカイガラムシ（サルスベリ）
……58
サンゴジュニセスガ（サンゴジュ）……59
サンゴジュハムシ（サンゴジュ）……59
サンホーゼカイガラムシ → ナシマルカイガラムシ

【シ】

シクラメンホコリダニ（セントポーリア）……30
シバオサゾウムシ（シバ）……28
シバツトガ（シバ）……27
シバヨトウ（シバ）……27
紫斑病（エダマメ）……86
縞葉枯病（イネ）……224
ジャンボタニシ（イネ）……229
縮葉病（モモ）……212
白絹病（アイリス類）……7
白絹病（ジンチョウゲ）……60
白絹病（スイカ）……120
白絹病（フキ）……173
白星病（ナデシコ）……32
尻腐症（トマト）……137
シロイチモジマダラメイガ（エダマメ）……87
シロイチモジヨトウ（カーネーション）……12
シロイチモジヨトウ（キク）……21
シロイチモジヨトウ（ネギ）……157
白色疫病（タマネギ）……130
シロオビノメイガ（ケイトウ）……22
シロオビノメイガ（ホウレンソウ）……177
白さび病（キク）……15

白さび病（ダイコン）……127
白さび病（非結球アブラナ科葉菜類）……169
白ダニ → ナミハダニ
白葉枯病（イネ）……221

【ス】

スクミリンゴガイ（イネ）……229
スジキリヨトウ（シバ）……27
すすかび病（トマト）……135
すすかび病（ナス）……145

【セ】

セジロウンカ（イネ）……227
セスジスズメ（インパチェンス）……9
セスジスズメ（サトイモ）……113
せん孔細菌病（モモ）……212

【ソ】

そうか病（カンキツ類）……192
そうか病（シソ）……114
そうか病（ジャガイモ）……115

【タ】

ダイコンシンクイ（キャベツ）……97
ダイコンシンクイ（ダイコン）……129
立枯病（インパチェンス）……8
立枯病（カーネーション）……11
立枯病（シュンギク）……118
立枯病（パンジー）……33
立枯病（ミツバ）……178
タバコガ（ピーマン）……167
タバココナジラミ（キュウリ）……106
タバココナジラミ（トマト）……141
タバココナジラミ（ナス）……154
タブカキカイガラムシ（洋ラン（シンビジウム））……43
タマカタカイガラムシ（ウメ）……188
タマナヤガ → ネキリムシ
ダラースポット病（シバ）……26
炭疽病（アジサイ）……45
炭疽病（イチゴ）……80
炭疽病（カキ）……189
炭疽病（キュウリ）……98
炭疽病（クリ）……199
炭疽病（シクラメン）……25
炭疽病（シソ）……114
炭疽病（シュンギク）……117
炭疽病（スイカ）……120
炭疽病（ピーマン）……165
炭疽病（モモ）……213
炭疽病（洋ラン（カトレア））……41
炭疽病（洋ラン（シンビジウム））……42

【チ】

チビコブハダニ（ツゲ）……61
チャコウラナメクジ（イチゴ）……85
チャコウラナメクジ（ナス）……153
チャコウラナメクジ（マリーゴールド）……39
チャコウラナメクジ（洋ラン）……44
チャドクガ（ツバキ／サザンカ）……67
チャノキイロアザミウマ（イチゴ）……83
チャノキイロアザミウマ（ブドウ）……208
チャノキイロアザミウマ（マキ）……73
チャノホコリダニ（ナス）……151
チャノホコリダニ（ピーマン）……168
チャハマキ（カシ類）……51
チューリップサビダニ（チューリップ）……31
チューリップヒゲナガアブラムシ （チューリップ）……31

【ツ】

ツゲノメイガ（ツゲ）……61
ツツジグンバイ（ツツジ／サツキ）……64
ツツジコナジラミ（ツツジ／サツキ）……65
ツマグロヒョウモン（パンジー）……34
ツマグロヨコバイ（イネ）……223
つる枯病（キュウリ）……102
つる枯病（スイカ）……121
つる割病（キュウリ）……102
つる割病（スイカ）……121
つる割病（ブドウ）……206

【テ】

てんぐ巣病（サクラ）……56
テントウムシダマシ（ジャガイモ）……116
テントウムシダマシ（ナス）……153
テンマクケムシ → オビカレハ

【ト】

ドウガネブイブイ（ブドウ）……209
トゲシラホシカメムシ（イネ）……231
トドマツノハダニ（マツ類）……78
トビイロウンカ（イネ）……227
トビイロトラガ（ツタ）……62

トビイロトラガ（ブドウ）……210
トマトサビダニ（トマト）……143

【ナ】

苗立枯病（イネ）……219
苗立枯病（ナス）……149
苗立枯病（ホウレンソウ）……175
ナガオコナカイガラムシ（観葉植物）……13
ナガクロホシカイガラムシ　（洋ラン（シンビジウム））……43
ナカジロシタバ（サツマイモ）……110
ナガメ（非結球アブラナ科葉菜類）……172
ナシヒメシンクイ（モモ）……214
ナシマルカイガラムシ（カンキツ類）……198
夏ウンカ → セジロウンカ
夏疫病（ジャガイモ）……116
ナミハダニ（バラ）……71
ナモグリバエ（エンドウ）……90
ナモグリバエ（非結球アブラナ科葉菜類）……170
軟腐病（ダイコン）……124
軟腐病（タマネギ）……131
軟腐病（トマト）……138
軟腐病（ハクサイ）……160
軟腐病（レタス）……180
軟腐病（洋ラン）……44

【ニ】

ニカメイガ（イネ）……225
ニカメイチュウ（イネ）……225
ニジュウヤホシテントウ（ジャガイモ）……116
ニジュウヤホシテントウ（ナス）……153

【ネ】

ネギアザミウマ（アスパラガス）……79
ネギアザミウマ（ネギ）……159
ネギアブラムシ（ネギ）……158
ネギコガ（ネギ）……159
ネギハモグリバエ（ネギ）……159
ネキリムシ類（ネギ）……158
ネキリムシ類（ハクサイ）……162
根腐病（パンジー）……33
根腐病（ミツバ）……178
ネコブセンチュウ類（キュウリ）……106
根こぶ病（キャベツ）……94
根こぶ病（ハクサイ）……162
根こぶ病（非結球アブラナ科葉菜類）……169

【ハ】

バーティシリウム黒点病（ダイコン）……125
灰色かび病（イチゴ）……81
灰色かび病（キュウリ）……101
灰色かび病（シクラメン）……25
灰色かび病（トマト）……137
灰色かび病（ナス）……146
灰色かび病（バラ）……69
灰色かび病（パンジー）……34
灰色かび病（ブドウ）……206
灰色腐敗病（タマネギ）……131
灰星病（モモ）……213
ハイマダラノメイガ（キャベツ）……97
ハイマダラノメイガ（ダイコン）……129
葉かび病（トマト）……134
ばか苗病（イネ）……219
ハガレセンチュウ（キク）……19
葉枯病（シバ）……26
葉枯病（シュンギク）……118
葉枯病（ユリ）……40
葉枯病（洋ラン（シンビジウム））……42
ハクサイダニ（ハクサイ）……163
葉腐病（シバ）……26
白斑病（ハクサイ）……161
白斑病（ピーマン）……166
白斑病（非結球アブラナ科葉菜類）……170
ハスクビレアブラムシ（クワイ）……108
ハスモンヨトウ（イチゴ）……84
ハスモンヨトウ（エダマメ）……88
ハスモンヨトウ（キャベツ）……97
ハスモンヨトウ（サツマイモ）……110
ハスモンヨトウ（サトイモ）……113
ハスモンヨトウ（ナス）……153
ハスモンヨトウ（ネギ）……157
ハスモンヨトウ（ピーマン）……167
ハスモンヨトウ（ヒマワリ）……36
ハスモンヨトウ（ブドウ）……210
ハスモンヨトウ（ブロッコリー）……174
ハダニ類（イチゴ）……83
ハダニ類（イチジク）……185
ハダニ類（カーネーション）……12
ハダニ類（キク）……18
ハダニ類（スイカ）……123
ハダニ類（トマト）……143
ハダニ類（ナス）……151
ハダニ類（ミツバ）……179

ハダニ類（モモ）……216
葉ふるい病（マツ類）……76
ハモグリバエ類（キュウリ）……106
ハモグリバエ類（シュンギク）……119
ハモグリバエ類（トマト）……142
ハモグリバエ類（ホウレンソウ）……177
ハンエンカタカイガラムシ（観葉植物）……13
半身萎凋病（ナス）……148
半身萎凋病（フキ）……173
斑点細菌病（キュウリ）……100
斑点病（インパチェンス）……8
斑点病（カーネーション）……10
斑点病（シソ）……114
斑点病（パンジー）……33
斑点病（ヒマワリ）……36
斑点米カメムシ類（イネ）……231
晩腐病（ブドウ）……203
斑紋モザイク病（サツマイモ）……109

【ヒ】

ヒイラギハマキワタムシ（キンモクセイ）……55
ビッグベイン病（レタス）……180
火ぶくれ病（クワイ）……107
ヒメシロモンドクガ（モモ／ウメ）……218
ヒメトビウンカ（イネ）……224
ビャクシンハダニ（カイズカイブキ）……46

【フ】

フキアブラムシ（フキ）……173
フタオビコヤガ（イネ）……225
フタテンヒメヨコバイ（ブドウ）……209
フタトガリコヤガ（オクラ）……91
ブドウスカシバ（ブドウ）……207
ブドウトラカミキリ（ブドウ）……207
ブドウヒメハダニ（ブドウ）……211
プラタナスグンバイ（プラタナス）……72

【ヘ】

べと病（エダマメ）……86
べと病（キャベツ）……93
べと病（キュウリ）……99
べと病（シュンギク）……117
べと病（ダイコン）……126
べと病（タマネギ）……130
べと病（ハクサイ）……160
べと病（ブドウ）……204
べと病（ホウレンソウ）……175
べと病（ミツバ）……178
べと病（レタス）……180
ベニスズメ（インパチェンス）……9
ベニモンアオリンガ（ツツジ／サツキ）……64
ヘリグロテントウノミハムシ（キンモクセイ）……54

【ホ】

ホコリダニ類（インパチェンス）……9
ホコリダニ類（ケイトウ）……22
ホコリダニ類（サルビア）……24
ホソハリカメムシ（イネ）……231

【マ】

マイマイガ（カシ類）……50
マエアカスカシノメイガ（キンモクセイ）……54
マキアブラムシ（マキ）……73
マサキナガカイガラムシ（マサキ）……75
マツオオアブラムシ（マツ類）……78
マツカレハ（マツ類）……76
マツノゴマダラノメイガ（マツ類）……77
マツノマダラカミキリ（マツ類）……77
マルカメムシ（エダマメ）……88

【ミ】

ミカンキイロアザミウマ（イチゴ）……84
ミカンキイロアザミウマ（キク）……21
ミカンキイロアザミウマ（ナス）……150
ミカンコナジラミ（カンキツ類）……195
ミカンサビダニ（カンキツ類）……196
ミカンハダニ（カンキツ類）……197
ミカンハモグリガ（カンキツ類）……193
実炭疽病（クリ）……199
ミナミアオカメムシ（イネ）……231
ミナミキイロアザミウマ（キク）……20
ミナミキイロアザミウマ（キュウリ）……105
ミナミキイロアザミウマ（スイカ）……123
ミナミキイロアザミウマ（ナス）……154
ミナミキイロアザミウマ（ピーマン）……168
ミナミキイロアザミウマ（ホウレンソウ）……176
ミノガ類（カシ類）……52
ミノムシ（カシ類）……52

【ム】

紫かび病（カシ類）……49

【モ】

モクセイハダニ（キンモクセイ）……55
モザイク病（エンドウ）……90
モザイク病（キュウリ）……103
モザイク病（サトイモ）……112
モザイク病（スイカ）……122
モザイク病（ダイコン）……125
モザイク病（チューリップ）……31
モザイク病（トマト）……140
モザイク病（ナス）……149
モザイク病（ハクサイ）……163
モザイク病（ピーマン）……166
モザイク病（フリージア／グラジオラス）……38
もち病（ツツジ／サツキ）……63
もち病（ツバキ／サザンカ）……66
モミジニタイケアブラムシ （カエデ／モミジ）……48
もみ枯細菌病（イネ）……222
モモアカアブラムシ（ホウレンソウ）……176
モモスズメ（モモ／ウメ）……218
モモノゴマダラノメイガ（クリ）……200
モモノゴマダラノメイガ（モモ）……214
モモハモグリガ（モモ）……215
紋枯病（イネ）……221
モンクロシャチホコ（サクラ）……57
モンシロチョウ → アオムシ

【ヤ】

ヤノネカイガラムシ（カンキツ類）……194

【ユ】

ユウマダラエダシャク（マサキ）……74
ユキヤナギアブラムシ（コスモス）……23

【ヨ】

ヨトウガ → ヨトウムシ
ヨトウムシ（イチゴ）……85
ヨトウムシ（キャベツ）……96
ヨトウムシ（ゼラニウム）……29
ヨトウムシ（ダイコン）……128
ヨトウムシ（ネギ）……157
ヨトウムシ（ハクサイ）……164
ヨトウムシ（パンジー）……35
ヨトウムシ（ピーマン）……167
ヨトウムシ（非結球アブラナ科葉菜類）……171
ヨトウムシ（ホウレンソウ）……176
ヨトウムシ（レタス）……181
ヨトウムシ類（シュンギク）……119

【ラ】

ラージパッチ（シバ）……26
落葉病（カキ）……190
ランシロカイガラムシ （洋ラン（カトレア））……41

【リ】

輪斑病（イチゴ）……82
輪紋葉枯病（ツバキ／サザンカ）……66
輪紋病（ウメ）……186
輪紋病（トマト）……134

【ル】

ルリチュウレンジ（ツツジ／…サツキ）……65

【ロ】

ロウムシ類（カンキツ類）……194
ロウムシ類（ツバキ／サザンカ）……67

【ワ】

ワタアブラムシ（オクラ）……91
ワタアブラムシ（カボチャ）……92
ワタアブラムシ（キュウリ）……103
ワタアブラムシ（サトイモ）……113
ワタアブラムシ（サルビア）……24
ワタアブラムシ（ヒョウタン）……37
ワタアブラムシ（マリーゴールド）……39
ワタアブラムシ（ユリ）……40
ワタノメイガ（オクラ）……91
ワタヘリクロノメイガ（キュウリ）……104

【T】

TSWV → 黄化えそ病
TYLCV → 黄化葉巻病

植物別病害虫索引

アイリス類

アブラムシ類……7
白絹病……7

アジサイ

アオバハゴロモ……45
うどんこ病……45
炭疽病……45

アスパラガス

茎枯病……79
ネギアザミウマ……79

イチゴ

アブラムシ類……83
萎黄病……81
ウイルス病……82
うどんこ病……80
コガネムシ類……85
炭疽病……80
チャコウラナメクジ……85
チャノキイロアザミウマ……83
灰色かび病……81
ハスモンヨトウ……84
ハダニ類……83
ミカンキイロアザミウマ……84
ヨトウムシ（ヨトウガ）……85
輪斑病……82

イチジク

アザミウマ類……184
イチジクヒトリモドキ……185
イチジクモンサビダニ……185
疫病……183
株枯病……182
カミキリムシ類……184
コナカイガラムシ類……183
ハダニ類……185

イネ

アカスジカスミカメ……231
秋ウンカ → トビイロウンカ
萎縮病……223
イチモンジセセリ……226
稲こうじ病……222
イナゴ類……230
イネアオムシ……225
イネシンガレセンチュウ……229
イネツトムシ……226
イネドロオイムシ……228
イネミズゾウムシ……228
いもち病……220
コバネイナゴ → イナゴ類
コバネササキリ……230
コブノメイガ……226
ごま葉枯病……220
縞葉枯病……224
ジャンボタニシ……229
白葉枯病……221
スクミリンゴガイ……229
セジロウンカ……227
ツマグロヨコバイ……223
トゲシラホシカメムシ……231
トビイロウンカ……227
苗立枯病……219
夏ウンカ → セジロウンカ
ニカメイチュウ（ニカメイガ）……225
ばか苗病……219
斑点米カメムシ類……231
ヒメトビウンカ……224
フタオビコヤガ……225
ホソハリカメムシ……231
ミナミアオカメムシ……231
もみ枯細菌病……222
紋枯病……221

インパチェンス

青枯病……8
セスジスズメ……9
立枯病……8
斑点病……8
ベニスズメ……9
ホコリダニ類……9

ウメ

アブラムシ類……187
ウスバツバメ……218
ウメシロカイガラムシ……188
黒星病……187

タマカタカイガラムシ……188
ヒメシロモンドクガ……218
モモスズメ……218
輪紋病……186

エダマメ

アブラムシ類……88
カメムシ類……87
黒根腐病……86
紫斑病……86
シロイチモジマダラメイガ……87
ハスモンヨトウ……88
べと病……86
マルカメムシ……88

エンドウ

アブラムシ類……90
うどんこ病……89
褐紋病……89
ナモグリバエ……90
モザイク病……90

オクラ

フタトガリコヤガ……91
ワタアブラムシ……91
ワタノメイガ……91

カーネーション

アザミウマ類……12
萎凋細菌病……11
萎凋病……11
さび病……10
シロイチモジヨトウ……12
立枯病……11
ハダニ類……12
斑点病……10

カイヅカイブキ

イブキチビキバガ……46
さび病……46
ビャクシンハダニ……46

カエデ／モミジ

うどんこ病……47
カイガラムシ類……48
首垂細菌病……47
モミジニタイケアブラムシ……48

カキ

イラガ類……191
うどんこ病……189
カキクダアザミウマ……190
カキノヘタムシガ……191
カキミガ……191
カメムシ類……190
炭疽病……189
落葉病……190

カシ類

うどんこ病……49
オオトビモンシャチホコ……50
オビカレハ……51
クリオオアブラムシ……52
チャハマキ……51
テンマクケムシ → オビカレハ
マイマイガ……50
ミノガ類……52
ミノムシ……52
紫かび病……49

カトレア → 洋ラン（カトレア）

カナメモチ／シャリンバイ

ごま色斑点病……53
さび病……53

カボチャ

うどんこ病……92
ウリバエ → ウリハムシ
ウリハムシ……92
ワタアブラムシ……92

カンキツ類

アブラムシ類……197
かいよう病……192
吸汁ヤガ類……198
コアオハナムグリ……196
黒点病……193
ゴマダラカミキリ……195
サンホーゼカイガラムシ → ナシマルカイガラムシ
そうか病……192
ナシマルカイガラムシ……198
ミカンコナジラミ……195
ミカンサビダニ……196

ミカンハダニ……197
ミカンハモグリガ……193
ヤノネカイガラムシ……194
ロウムシ類……194

観葉植物

アオキシロカイガラムシ……13
ナガオコナカイガラムシ……13
ハンエンカタカイガラムシ……13

キク

アブラムシ類……18
えそ病……16
オオタバコガ……21
褐斑病……14
キクスイカミキリ……20
キクモンサビダニ……19
菌核病……16
茎えそ病……17
黒さび病……15
黒斑病……14
根頭がんしゅ病……16
シロイチモジヨトウ……21
白さび病……15
ハガレセンチュウ……19
ハダニ類……18
ミカンキイロアザミウマ……21
ミナミキイロアザミウマ……20

キャベツ

アオムシ……96
アブラムシ類……95
萎黄病……94
ウワバ類……97
菌核病……95
黒腐病……93
コナガ……96
ダイコンシンクイ……97
根こぶ病……94
ハイマダラノメイガ……97
ハスモンヨトウ……97
べと病……93
モンシロチョウ → アオムシ
ヨトウムシ（ヨトウガ）……96

キュウリ

うどんこ病……99
ウリノメイガ……104
ウリバエ → ウリハムシ
ウリハムシ……104
疫病……100
オンシツコナジラミ……105
褐斑病……98
菌核病……101
タバココナジラミ……106
炭疽病……98
つる枯病……102
つる割病……102
ネコブセンチュウ類……106
灰色かび病……101
ハモグリバエ類……106
斑点細菌病……100
べと病……99
ミナミキイロアザミウマ……105
モザイク病……103
ワタアブラムシ……103
ワタヘリクロノメイガ……104

キンモクセイ

ヒイラギハマキワタムシ……55
ヘリグロテントウノミハムシ……54
マエアカスカシノメイガ……54
モクセイハダニ……55

グラジオラス

首腐病……38

クリ

カツラマルカイガラムシ……201
クスサン……202
クリオオアブラムシ……202
クリシギゾウムシ……200
クリタマバチ……201
クリミガ……200
コウモリガ……199
炭疽病……199
実炭疽病……199
モモノゴマダラノメイガ……200

クワイ

赤枯症……107
クワイホソハマキ……108
ハスクビレアブラムシ……108
火ぶくれ病……107

ケイトウ

シロオビノメイガ……22
ホコリダニ類……22

コスモス

赤ダニ → カンザワハダニ
うどんこ病……23
カンザワハダニ……23
ユキヤナギアブラムシ……23

サクラ

アブラムシ類……56
アメリカシロヒトリ……57
オビカレハ……57
クビアカツヤカミキリ……217
てんぐ巣病……56
テンマクケムシ → オビカレハ
モンクロシャチホコ……57

サザンカ → ツバキ／サザンカ

サツキ → ツツジ／サツキ

サツマイモ

イモキバガ……111
イモコガ……111
エビガラスズメ……110
コガネムシ類……111
黒斑病……109
ナカジロシタバ……110
ハスモンヨトウ……110
斑紋モザイク病……109

サトイモ

汚斑病……112
黒斑病……112
セスジスズメ……113
ハスモンヨトウ……113
モザイク病……112
ワタアブラムシ……113

サルスベリ

うどんこ病……58
サルスベリヒゲマダラアブラムシ……58
サルスベリフクロカイガラムシ……58

サルビア

赤ダニ → カンザワハダニ
カンザワハダニ……24
ホコリダニ類……24
ワタアブラムシ……24

サンゴジュ

アブラムシ類……59
サンゴジュニセスガ……59
サンゴジュハムシ……59

シクラメン

炭疽病……25
灰色かび病……25

シソ

そうか病……114
炭疽病……114
斑点病……114

シバ

コガネムシ類……28
シバオサゾウムシ……28
シバツトガ……27
シバヨトウ……27
スジキリヨトウ……27
ダラースポット病……26
葉枯病……26
葉腐病……26
ラージパッチ……26

ジャガイモ

アブラムシ類……116
疫病……115
そうか病……115
テントウムシダマシ……116
夏疫病……116
ニジュウヤホシテントウ……116

シャリンバイ → カナメモチ／シャリンバイ

シュンギク

アザミウマ類……119
立枯病……118
炭疽病……117
葉枯病……118

ハモグリバエ類……119
べと病……117
ヨトウムシ類……119

ジンチョウゲ

黒点病……60
白絹病……60

シンビジウム → 洋ラン（シンビジウム）

スイカ

ウリバエ → ウリハムシ
ウリハムシ……123
疫病……122
白絹病……120
炭疽病……120
つる枯病……121
つる割病……121
ハダニ類……123
ミナミキイロアザミウマ……123
モザイク病……122

ゼラニウム

茎腐病……29
ヨトウムシ（ヨトウガ）……29

セントポーリア

疫 病……30
コナカイガラムシ類……30
シクラメンホコリダニ……30

ダイコン

アオムシ……128
萎黄病……124
カブラハバチ……128
キスジノミハムシ……129
菌核病……126
黒腐病……127
白さび病……127
ダイコンシンクイ……129
軟腐病……124
バーティシリウム黒点病……125
ハイマダラノメイガ……129
べと病……126
モザイク病……125
モンシロチョウ → アオムシ
ヨトウムシ（ヨトウガ）……128

タマネギ

黒斑病……132
さ び 病……132
白色疫病……130
軟腐病……131
灰色腐敗病……131
べと病……130

チューリップ

チューリップサビダニ……31
チューリップヒゲナガアブラムシ……31
モザイク病……31

ツゲ

クロネハイイロハマキ……61
チビコブハダニ……61
ツゲノメイガ……61

ツタ

褐色円斑病……62
トビイロトラガ……62

ツツジ／サツキ

褐斑病……63
ツツジグンバイ……64
ツツジコナジラミ……65
ベニモンアオリンガ……64
もち病……63
ルリチュウレンジ……65

ツバキ／サザンカ

チャドクガ……67
もち病……66
輪紋葉枯病……66
ロウムシ類……67

トウモロコシ

アブラムシ類……133
アワノメイガ……133
アワヨトウ……133

トマト

青枯病……139
アザミウマ類……144
アブラムシ類……140
萎凋病……139

うどんこ病……136
疫病……136
黄化葉巻病……142
オオタバコガ……143
オンシツコナジラミ……141
かいよう病……138
吸蛾類……144
尻腐症……137
すすかび病……135
タバココナジラミ……141
トマトサビダニ……143
軟腐病……138
灰色かび病……137
葉かび病……134
ハダニ類……143
ハモグリバエ類……142
モザイク病……140
輪紋病……134
TYLCV → 黄化葉巻病

ナス

青枯病……148
アブラムシ類……152
うどんこ病……145
黄化えそ病……150
オオタバコガ……154
オンシツコナジラミ……152
褐色腐敗病……147
褐紋病……149
菌核病……146
黒枯病……147
すすかび病……145
タバココナジラミ……154
チャコウラナメクジ……153
チャノホコリダニ……151
テントウムシダマシ……153
苗立枯病……149
ニジュウヤホシテントウ……153
灰色かび病……146
ハスモンヨトウ……153
ハダニ類……151
半身萎凋病……148
ミカンキイロアザミウマ……150
ミナミキイロアザミウマ……154
モザイク病……149
TSWV → 黄化えそ病

ナデシコ

萎凋病……32
さび病……32
白星病……32

ニンジン

うどんこ病……155
黒すす病……155

ネギ

カブラヤガ → ネキリムシ
黒斑病……156
さび病……156
シロイチモジヨトウ……157
タマナヤガ → ネキリムシ
ネギアザミウマ……159
ネギアブラムシ……158
ネギコガ……159
ネギハモグリバエ……159
ネキリムシ類……158
ハスモンヨトウ……157
ヨトウムシ（ヨトウガ）……157

ハクサイ

アオムシ……164
アブラムシ類……163
カブラヤガ → ネキリムシ
キスジノミハムシ……162
黒斑病……161
コナガ……164
タマナヤガ → ネキリムシ
軟腐病……160
ネキリムシ類……162
根こぶ病……162
ハクサイダニ……163
白斑病……161
べと病……160
モザイク病……163
モンシロチョウ → アオムシ
ヨトウムシ（ヨトウガ）……164

バラ

アカスジチュウレンジ……70
イバラヒゲナガアブラムシ……71
うどんこ病……68
クロケシツブチョッキリ……70

黒星病……68
根頭がんしゅ病……69
白ダニ → ナミハダニ
ナミハダニ……71
灰色かび病……69

パンジー

アブラムシ類……35
立枯病……33
ツマグロヒョウモン……34
根腐病……33
灰色かび病……34
斑点病……33
ヨトウムシ（ヨトウガ）……35

ピーマン

疫病……165
タバコガ……167
炭疽病……165
チャノホコリダニ……168
白斑病……166
ハスモンヨトウ……167
ミナミキイロアザミウマ……168
モザイク病……166
ヨトウムシ（ヨトウガ）……167

非結球アブラナ科葉菜類

アオムシ……171
アブラムシ類……170
カブラハバチ……172
キスジノミハムシ……172
コナガ……171
白さび病……169
ナガメ……172
ナモグリバエ……170
根こぶ病……169
白斑病……170
モンシロチョウ → アオムシ
ヨトウムシ（ヨトウガ）……171

ヒマワリ

オオタバコガ……36
ハスモンヨトウ……36
斑点病……36

ヒョウタン

うどんこ病……37
ウリキンウワバ……37
ワタアブラムシ……37

ピラカンサ

ウメエダシャク……72

フキ

フキアブラムシ……173
白絹病……173
半身萎凋病……173

ブドウ

アカガネサルハムシ……211
赤ダニ → カンザワハダニ
アメリカシロヒトリ……210
うどんこ病……205
褐斑病……204
カンザワハダニ……209
クワコナカイガラムシ……208
クワゴマダラヒトリ……211
黒とう病……203
さび病……205
チャノキイロアザミウマ……208
つる割病……206
ドウガネブイブイ……209
トビイロトラガ……210
灰色かび病……206
ハスモンヨトウ……210
晩腐病……203
フタテンヒメヨコバイ……209
ブドウスカシバ……207
ブドウトラカミキリ……207
ブドウヒメハダニ……211
べと病……204

プラタナス

プラタナスグンバイ……72

フリージア

首腐病……38
モザイク病……38

ブロッコリー

黒腐病……174
ハスモンヨトウ……174

ホウレンソウ

萎凋病……175
シロオビノメイガ……177
苗立枯病……175
ハモグリバエ類……177
べと病……175
ミナミキイロアザミウマ……176
モモアカアブラムシ……176
ヨトウムシ（ヨトウガ）……176

マキ

チャノキイロアザミウマ……73
マキアブラムシ……73

マサキ

うどんこ病……74
カメノコロウムシ……75
マサキナガカイガラムシ……75
ユウマダラエダシャク……74

マツ類

カサアブラムシ類……78
トドマツノハダニ……78
葉ふるい病……76
マツオオアブラムシ……78
マツカレハ……76
マツノゴマダラノメイガ……77
マツノマダラカミキリ……77

マリーゴールド

赤ダニ → カンザワハダニ
カンザワハダニ……39
チャコウラナメクジ……39
ワタアブラムシ……39

ミツバ

アザミウマ類……179
株枯病……179
立枯病……178
根腐病……178
ハダニ類……179
べと病……178

モミジ → カエデ／モミジ

モモ

アブラムシ類……215
ウスバツバメ……218
カメムシ類……217
クビアカツヤカミキリ……217
黒星病……213
コスカシバ……216
縮葉病……212
せん孔細菌病……212
炭疽病……213
ナシヒメシンクイ……214
灰星病……213
ハダニ類……216
ヒメシロモンドクガ……218
モモスズメ……218
モモノゴマダラノメイガ……214
モモハモグリガ……215

ユリ

葉枯病……40
ワタアブラムシ……40

洋ラン

チャコウラナメクジ……44
軟腐病……44

洋ラン（カトレア）

ウイルス病……41
炭疽病……41
ランシロカイガラムシ……41

洋ラン（シンビジウム）

アブラムシ類……43
褐色腐敗病……42
タブカキカイガラムシ……43
炭疽病……42
ナガクロホシカイガラムシ……43
葉枯病……42

レタス

アブラムシ類……181
軟腐病……180
ビッグベイン病……180
べと病……180
ヨトウムシ（ヨトウガ）……181

執筆者・写真提供者

〈編集責任者〉

草刈 眞一　大阪府植物防疫協会
岡田 清嗣　地方独立行政法人 大阪府立環境農林水産総合研究所
柴尾 学　地方独立行政法人 大阪府立環境農林水産総合研究所

〈執筆者〉

草刈 眞一　大阪府植物防疫協会
岡田 清嗣　地方独立行政法人 大阪府立環境農林水産総合研究所
柴尾 学　地方独立行政法人 大阪府立環境農林水産総合研究所
西岡 輝美　地方独立行政法人 大阪府立環境農林水産総合研究所
城塚 可奈子　地方独立行政法人 大阪府立環境農林水産総合研究所
西村 幸芳　地方独立行政法人 大阪府立環境農林水産総合研究所
金子 修治　地方独立行政法人 大阪府立環境農林水産総合研究所
瓦谷 光男　地方独立行政法人 大阪府立環境農林水産総合研究所

〈編集協力者〉

岡崎 宏樹　大阪府 環境農林水産部 農政室 推進課 病害虫防除グループ
上田 知弘　大阪府 環境農林水産部 農政室 推進課 病害虫防除グループ
井奥 由子　大阪府 環境農林水産部 農政室 推進課 病害虫防除グループ
竹内 麻里子　大阪府 環境農林水産部 農政室 推進課 病害虫防除グループ
久保田 豊　大阪府 環境農林水産部 農政室 推進課 病害虫防除グループ
宮崎 江里　大阪府 環境農林水産部 農政室 推進課 病害虫防除グループ
古本 拓也　大阪府 環境農林水産部 農政室 推進課 病害虫防除グループ

＊所属は 2018 年 3 月時点

〈旧版執筆者〉

守屋 利雄　那須 義次　谷川 典宏　梅澤 類　砂池 利浩　西濱 絢子
岡田 清嗣　田中 寛　瓦谷 光男　柴尾 学　草刈 眞一　中曽根 渡

〈写真提供者〉

田中 寛（タナカ ユタカ）　木村 裕　嘉儀 隆　草刈 眞一　中曽根 渡
田中 寛（タナカ ヒロシ）　瓦谷 光男　岡田 清嗣　柴尾 学　那須 義次
西村 十郎　森田 壽　小玉 孝司　木嶋 利男　寺井 康夫　畑本 求
小田 道宏　坂本 庵　福西 務　岡山 健夫　長田 茂　三好 孝典
佐古 勇　夏見 兼生　那須 英夫

すぐわかる 病害虫ポケット図鑑
花・庭木・野菜・果樹・水稲85品目521種

2018年8月10日　第1刷発行
2022年8月15日　第7刷発行

編者　大阪府植物防疫協会

発行所　一般社団法人　農山漁村文化協会
〒107-8668　東京都港区赤坂7-6-1
電話　03（3585）1142（営業）　03（3585）1147（編集）
FAX　03（3585）3668　振替　00120-3-144478
URL　https://www.ruralnet.or.jp/

ISBN978-4-540-18127-6
〈検印廃止〉

DTP制作／條　克己　印刷・製本／凸版印刷㈱
定価はカバーに表示
乱丁・落丁本はお取り替えいたします。